清华电脑学堂

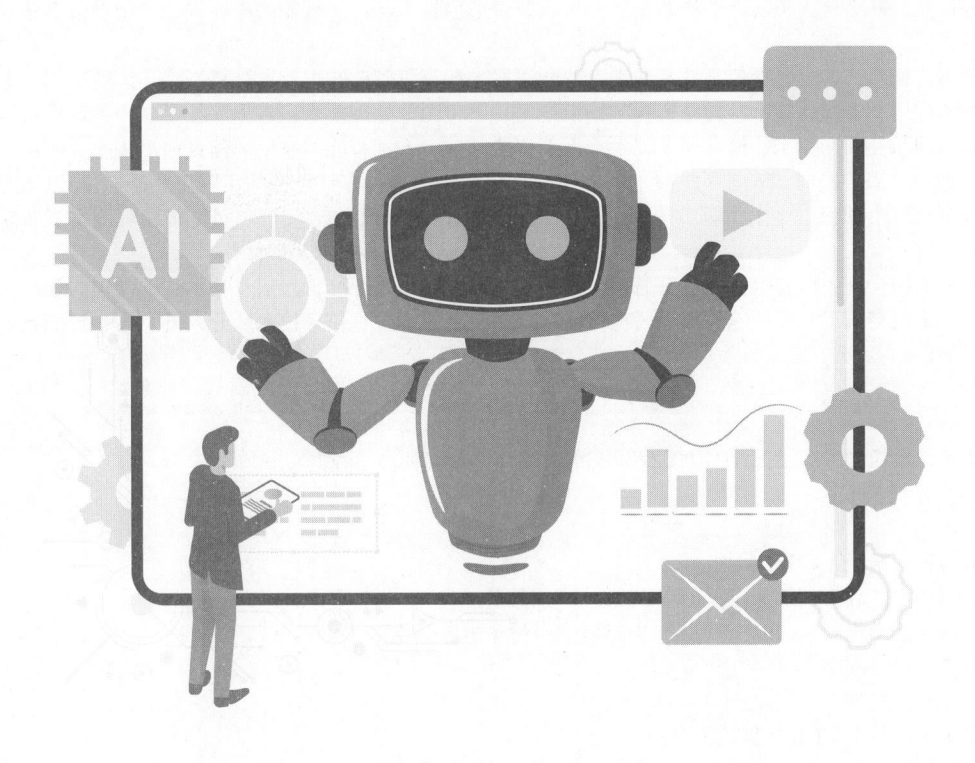

信息技术基础与人工智能

微课视频版 卢来 ◎ 编著

清华大学出版社
北京

内 容 简 介

本书是一本全面介绍信息技术与人工智能交汇领域的专业书籍，旨在为读者提供系统的计算机信息技术学习框架，并结合人工智能的最新发展，深入探讨信息技术与人工智能的深度融合，帮助读者建立清晰的学习思路。

全书共14章，内容包括信息技术与人工智能概述、计算机基础知识、计算机操作系统的应用、办公自动化技术应用、多媒体技术基础、音视频编辑技术、数字图像处理技术、数据库技术应用、计算机网络基础、局域网与互联网技术、信息安全技术、人工智能基础、人工智能的应用、信息前沿技术及应用。本书在讲解理论知识的同时，安排了大量的"动手练"板块，以进行有针对性的实践。此外，"知识拓展"板块深入剖析理论知识；"注意事项"板块强调易混淆或易错的知识点；"实训项目"板块巩固本章所学并拓宽视野。

本书结构合理、内容丰富、语言通俗、易教易学，可以作为计算机与信息技术基础课程的教材，也可以作为计算机与人工智能技术的拓展读物，还适合相关院校师生、信息技术从业人员及人工智能技术爱好者学习使用。

版权所有，侵权必究。举报：010-62782989，beiqinquan@tup.tsinghua.edu.cn。

图书在版编目（CIP）数据

信息技术基础与人工智能：微课视频版 / 卢来编著.
北京：清华大学出版社，2025.7（2025.9重印）. -- (清华电脑学堂).
ISBN 978-7-302-69772-5

Ⅰ . TP3；TP18

中国国家版本馆CIP数据核字第2025A4L143号

责任编辑：袁金敏
封面设计：阿南若
责任校对：胡伟民
责任印制：宋　林

出版发行：清华大学出版社
　　　　　网　　　址：https://www.tup.com.cn，https://www.wqxuetang.com
　　　　　地　　　址：北京清华大学学研大厦A座　　邮　　编：100084
　　　　　社 总 机：010-83470000　　邮　　购：010-62786544
　　　　　投稿与读者服务：010-62776969，c-service@tup.tsinghua.edu.cn
　　　　　质 量 反 馈：010-62772015，zhiliang@tup.tsinghua.edu.cn
　　　　　课 件 下 载：https://www.tup.com.cn，010-83470236
印 装 者：北京同文印刷有限责任公司
经　　销：全国新华书店
开　　本：185mm×260mm　　印　张：17.75　　字　数：500千字
版　　次：2025年7月第1版　　　　　　　　　印　次：2025年9月第2次印刷
定　　价：69.80元

产品编号：110435-01

前　言

首先，感谢您选择并阅读本书。

信息技术与人工智能的紧密结合，不仅改变了传统行业的运作模式，也为现代化社会注入了新的活力和创新动力。尤其是在人工智能逐渐渗透到各行各业的背景下，高等院校针对非计算机专业学生的计算机教育，应着重培养学生的复合型应用能力，使学生具备在实际问题中灵活运用计算机技术、自主学习新知识及进行创新的能力，以适应时代发展的需求。

本书以新工科和市场需求为立足点，旨在通过深入浅出的方式，引领读者理解这些技术，掌握其原理与应用，并能在实践中灵活运用。本书不仅包含计算机基础、操作系统、办公自动化、音视频、数据库、多媒体等传统知识，还加入了计算机网络、信息安全、人工智能、云计算、物联网、大数据等知识体系，力求让读者对未来的技术趋势有清晰的认知，并为职业生涯发展打下坚实的基础，实现新工科人才的培养目标。读者通过本书不仅能够系统学习信息技术基础和人工智能相关知识，紧跟科技发展的脉搏，掌握相关的基本技能和应用方法，还能注重思想和思维的培养。

▍本书主要特点

在本书的编写过程中，力求做到内容全面、准确、实用，希望本书能够帮助读者了解信息技术，结合人工智能的相关理论，全面提高对信息技术的掌握和应用能力。

系统全面、内容丰富。全面涵盖信息技术与人工智能领域的核心知识，系统地介绍了信息技术所涉及的主要学科、领域、应用等相关内容，同时结合人工智能的最新发展，深入探讨信息技术与人工智能的深度融合。

学科交叉、应用导向。结合信息技术与人工智能的交汇特点，深入探讨信息技术所涉及的领域的实际应用。每章都融入了跨学科的知识，既涵盖了技术原理，也突出了技术如何在实际工作中得以实现，为读者提供了理论与实践相结合的全面视角。

由浅入深、逐步推进。从传统知识讲解入手，结构层次清晰，帮助初学者循序渐进地掌握信息技术与人工智能的核心概念与技术方法。每章内容不仅深入探讨技术原理，还结合实际应用进行分析，帮助从业者快速提升自己的技术水平。

紧跟前沿、面向未来。不仅讲解信息技术与人工智能的传统理论，还紧跟云计算、物联网、大数据等新兴技术的发展趋势，深刻分析这些技术如何推动现代信息社会的创新和变革，帮助读者跟上技术发展的步伐，拓宽视野，增强行业敏感度。

内容概述

现如今，我们正处于数字化、智能化浪潮的前沿。信息技术的快速发展，尤其是人工智能、云计算、大数据、物联网等前沿技术，正在深刻改变我们的生活、工作方式及社会结构。人工智能逐渐渗透到各行各业，信息技术与人工智能的结合，不仅改变了传统行业的运作模式，也为现代化社会注入了新的活力和创新动力。全书共14章，各章内容见表1。

表1

章序	内容	难度指数
第1章	介绍信息基础知识与基本特征、信息技术基础知识及发展史、涉及的学科及领域、信息技术的应用领域、人工智能发展历程及核心特性、信息技术与人工智能的相互影响及融合等	★☆☆
第2章	介绍计算机的出现与发展、特点及分类、应用领域、未来发展方向、硬件系统、软件系统、基本结构、工作原理、数制及转换、字符编码、逻辑运算、多媒体信息的表示等	★★☆
第3章	介绍操作系统基础、功能和分类、进程与线程、内存管理、输入输出管理、用户管理与安全性、Windows系统界面管理、文件管理、维护及优化、Linux终端窗口、Linux文件管理、Linux软件管理、国产操作系统统信UOS的基本操作等	★★★
第4章	介绍WPS文字处理与文档管理、文档的共享与多人协作、表格数据分析与处理、公式与函数的使用、图表与数据可视化、演示文稿的制作、动画的添加与编辑、幻灯片的放映与输出等	★★★
第5章	介绍多媒体基础、多媒体类型与应用领域、多媒体数据的压缩、流媒体的原理、传输方式和种类、融媒体概念与核心特征、应用场景等	★★★
第6章	介绍数字音频基础、音频格式和编辑软件、剪辑合并与拆分、降噪与混响效果处理、视频基础、视频编辑软件、视频剪辑工具、播放速率的调整、视频过渡效果等	★★★
第7章	介绍图像色彩的属性与模式、图形图像专业术语、Photoshop的工作界面、辅助工具和选择工具的使用、修复工具组和橡皮擦工具组的使用、图像颜色效果调整、Illustrator工作界面与图形绘制、路径的编辑、填色与描边、AIGC技术的应用等	★★★
第8章	介绍数据库基础知识、数据库系统、数据库管理系统、数据模型、概念模型、常见的数据模型、关系数据库、基本运算与设计、Access数据库的基本对象、打开数据库、创建与保存数据库、数据库记录整理等	★★★
第9章	介绍网络的定义、出现与发展、功能与组成、分类、网络体系结构与参考模型、IP协议[①]、TCP与UDP协议、DNS协议、HTTP/HTTPS协议、FTP协议、网络在人工智能领域的作用、人工智能对网络技术的影响、应用、融合趋势、面向未来的网络架构等	★★☆
第10章	介绍局域网的定义、拓扑结构、组成、无线局域网、交换机与路由器的工作原理、Internet简介、接入技术、Internet技术与人工智能的结合等	★★★

---

① 为便于读者理解，本书使用IP协议，TCP协议等叫法。

（续表）

章序	内容	难度指数
第11章	介绍信息安全基础知识、安全体系架构、安全等级保护、信息加密技术、身份认证技术、访问控制技术、防火墙技术、入侵检测技术、漏洞与修复技术、无线安全技术、数据备份与还原技术、病毒与木马防范技术、自动化与智能化的安全防护等	★★★
第12章	介绍人工智能的定义、与其他学科的关系、工作原理、机器学习、深度学习与神经网络、自然语言处理、计算机视觉、专家系统与知识图谱、人工智能的典型应用、人工智能的挑战及未来的发展趋势等	★★★
第13章	介绍主流的AIGC工具、提示词的类型和优化方案、办公文案写作、表格数据精准分析、文生图及图生图、配音及配乐的生成、文生视频、数字播报人的使用等	★★☆
第14章	介绍云计算基础、服务模型、部署模式；物联网基础与架构、核心技术及应用领域；区块链基础与核心理念、应用领域与前景；大数据概念与分类、数据挖掘与分析技术、人工智能基础与发展历程等	★★☆

本书的配套素材和教学课件可扫描下面的二维码获取。如果在下载过程中遇到问题，请联系袁老师，邮箱：yuanjm@tup.tsinghua.edu.cn。书中重要的知识点和关键操作均配备高清视频，读者可扫描书中二维码边看边学。

在本书的编写过程中作者虽然力求严谨细致，但由于时间与精力有限，书中疏漏之处在所难免。如果读者在阅读过程中有任何疑问，请扫描下面的技术支持二维码，联系相关技术人员解决。教师在教学过程中有任何疑问，请扫描下面的教学支持二维码，联系相关技术人员解决。

实例文件　　教学课件　　配套视频　　技术支持　　教学支持

编　者
2025年6月

目 录

第1章 信息技术与人工智能概述

1.1 信息与信息技术 ⋯⋯⋯⋯⋯⋯⋯⋯ 1
    1.1.1 信息的概念与特征 ⋯⋯⋯⋯ 1
    1.1.2 信息技术及其发展历程 ⋯⋯ 3
    1.1.3 信息技术涉及的学科及领域 ⋯ 4
    1.1.4 信息技术的应用领域 ⋯⋯⋯ 5
1.2 人工智能概述 ⋯⋯⋯⋯⋯⋯⋯⋯ 6
    1.2.1 人工智能的发展历程 ⋯⋯⋯ 6
    1.2.2 人工智能的核心特征 ⋯⋯⋯ 7
1.3 信息技术与人工智能 ⋯⋯⋯⋯⋯ 7
    1.3.1 信息技术支撑人工智能的发展 ⋯ 8
    1.3.2 人工智能赋能信息技术升级 ⋯ 8
    1.3.3 未来融合趋势 ⋯⋯⋯⋯⋯⋯ 9
    1.3.4 人工智能在信息技术中的典型应用 ⋯ 10
1.4 实训项目 ⋯⋯⋯⋯⋯⋯⋯⋯⋯⋯ 12
    1.4.1 实训项目1：DeepSeek的启用 ⋯ 12
    1.4.2 实训项目2：DeepSeek的使用技巧 ⋯⋯⋯⋯⋯⋯⋯⋯⋯⋯ 12

第2章 计算机基础知识

2.1 计算机概述 ⋯⋯⋯⋯⋯⋯⋯⋯⋯ 13
    2.1.1 计算机的出现与发展 ⋯⋯ 13
    2.1.2 计算机的特点 ⋯⋯⋯⋯⋯ 15
    2.1.3 计算机的分类 ⋯⋯⋯⋯⋯ 16
    2.1.4 计算机的应用领域 ⋯⋯⋯ 17
    2.1.5 计算机的未来发展 ⋯⋯⋯ 19
2.2 计算机系统的组成 ⋯⋯⋯⋯⋯⋯ 20
    2.2.1 计算机的硬件系统 ⋯⋯⋯ 20
    2.2.2 计算机的软件系统 ⋯⋯⋯ 22
2.3 计算机原理 ⋯⋯⋯⋯⋯⋯⋯⋯⋯ 24
    2.3.1 计算机的基本结构 ⋯⋯⋯ 24
    2.3.2 计算机的工作原理 ⋯⋯⋯ 26
    2.3.3 计算机中的数制及转换 ⋯ 27
    2.3.4 计算机中的字符编码 ⋯⋯ 31
    2.3.5 计算机中的逻辑运算 ⋯⋯ 32
    2.3.6 计算机中的数据单位 ⋯⋯ 33
2.4 实训项目 ⋯⋯⋯⋯⋯⋯⋯⋯⋯⋯ 35
    2.4.1 实训项目1：数制的转换 ⋯ 35
    2.4.2 实训项目2：数据存储与传输的单位换算 ⋯⋯⋯⋯⋯⋯⋯⋯ 35

第3章 计算机操作系统的应用

3.1 操作系统概述 ⋯⋯⋯⋯⋯⋯⋯⋯ 36
    3.1.1 操作系统基础 ⋯⋯⋯⋯⋯ 36
    3.1.2 操作系统的功能 ⋯⋯⋯⋯ 36
    3.1.3 操作系统的分类 ⋯⋯⋯⋯ 38
3.2 操作系统的核心概念 ⋯⋯⋯⋯⋯ 39
    3.2.1 进程与线程 ⋯⋯⋯⋯⋯⋯ 39
    3.2.2 内存管理 ⋯⋯⋯⋯⋯⋯⋯ 40
    3.2.3 文件系统 ⋯⋯⋯⋯⋯⋯⋯ 41
    3.2.4 输入输出管理 ⋯⋯⋯⋯⋯ 42
    3.2.5 死锁管理 ⋯⋯⋯⋯⋯⋯⋯ 44
    3.2.6 同步与互斥 ⋯⋯⋯⋯⋯⋯ 45
    3.2.7 资源管理与分配 ⋯⋯⋯⋯ 45
    3.2.8 用户管理与安全性 ⋯⋯⋯ 46
    3.2.9 网络管理 ⋯⋯⋯⋯⋯⋯⋯ 47
3.3 Windows系统的常见操作 ⋯⋯⋯ 48
    3.3.1 Windows系统的界面管理 ⋯ 48
    动手练 设置任务栏 ⋯⋯⋯⋯⋯⋯ 49
    3.3.2 Windows系统的文件管理 ⋯ 49
    3.3.3 Windows系统的维护及优化 ⋯ 50
3.4 Linux系统的常见操作 ⋯⋯⋯⋯⋯ 52
    3.4.1 Linux系统的终端窗口操作 ⋯ 52

目录

动手练	终端窗口的清空	53
3.4.2	Linux系统的文件管理	53
动手练	RAR文件的压缩与解压	55
3.4.3	Linux系统的软件管理	55
动手练	卸载软件	56
3.5	国产操作系统的常见操作	57
3.5.1	UOS的登录与退出	57
3.5.2	UOS的桌面环境	58
3.5.3	系统个性化设置	59
3.5.4	管理软件	60
动手练	在UOS中安装Windows应用软件	61
3.6	实训项目	62
3.6.1	实训项目1：隐藏及显示文件夹	62
3.6.2	实训项目2：UOS的安全管理	62

第4章 办公自动化技术应用

4.1	WPS 文字处理与文档管理	63
4.1.1	文档的创建与保存	63
4.1.2	字体、段落与页面设置	64
4.1.3	应用样式和格式	65
4.1.4	目录的提取与更新	67
动手练	为文档添加水印	68
4.1.5	分栏、分页与页眉页脚	68
4.1.6	查找与替换文本	69
动手练	插入页码	70
4.1.7	文档修订与批注	70
4.1.8	文档加密保护	71
4.1.9	文档的共享与多人协作	72
动手练	WPS AI智能写文章	72
4.2	WPS 表格数据分析与处理	73
4.2.1	工作簿、工作表与单元格的操作	73
动手练	合并单元格	74
4.2.2	数据快速输入与格式化	74
4.2.3	数据排序与筛选	75
4.2.4	公式与函数应用	76
动手练	用函数为成绩排名	77
4.2.5	应用数据透视表	78
4.2.6	图表与数据可视化	79
动手练	设置图表样式	80
4.3	WPS演示文稿制作技巧	80
4.3.1	幻灯片的基础操作	80
4.3.2	图片与图形的插入与编辑	81
4.3.3	动画的添加与编辑	82
动手练	设置页面切换效果	84
4.3.4	幻灯片的放映与输出	84
动手练	WPS AI一键创作PPT	85
4.4	实训项目	87
4.4.1	实训项目1：为文档进行分栏设计	87
4.4.2	实训项目2：按要求筛选数据表	87

第5章 多媒体技术基础

5.1	多媒体概述	88
5.1.1	多媒体的特征	88
5.1.2	多媒体元素的类型	89
5.1.3	多媒体技术的应用领域	90
5.2	多媒体数据压缩	91
5.2.1	数据压缩技术	91
5.2.2	图像、视频、音频压缩格式	92
5.2.3	多媒体压缩工具	93
5.3	流媒体技术基础	96
5.3.1	流媒体的工作原理	96
5.3.2	流媒体的传输方式	96
5.3.3	流媒体的种类	98
5.4	融媒体技术基础	100
5.4.1	融媒体的概念	100
5.4.2	融媒体的核心特征	101
5.4.3	融媒体的应用场景	102
5.5	实训项目	105
5.5.1	实训项目1：图片格式转换与对比	105
5.5.2	实训项目2：体验流媒体的广播传输方式	105

第6章 音视频编辑技术

6.1	数字音频的处理与编辑	106
6.1.1	数字音频的概念	106
6.1.2	常见的音频格式	107
6.1.3	主流音频编辑软件	108
6.1.4	音频剪辑、合并与拆分	108
6.1.5	音频降噪、混响效果处理	110

|动手练| 模拟校园广播音效 ⋯⋯⋯⋯⋯111
6.2 视频处理与剪辑⋯⋯⋯⋯⋯⋯⋯⋯112
  6.2.1 视频的基本概念⋯⋯⋯⋯⋯112
  6.2.2 主流视频编辑软件⋯⋯⋯⋯113
  6.2.3 视频剪辑工具⋯⋯⋯⋯⋯⋯114
  6.2.4 调整播放速率⋯⋯⋯⋯⋯⋯115
  |动手练| 慢镜头短视频⋯⋯⋯⋯⋯116
  6.2.5 视频过渡效果⋯⋯⋯⋯⋯⋯118
6.3 实训项目⋯⋯⋯⋯⋯⋯⋯⋯⋯⋯⋯119
  6.3.1 实训项目1：制作空旷教室回声⋯119
  6.3.2 实训项目2：制作电子相册⋯⋯119

第7章 数字图像处理技术

7.1 图形图像基础知识⋯⋯⋯⋯⋯⋯⋯120
  7.1.1 图像的色彩属性⋯⋯⋯⋯⋯120
  7.1.2 图像的色彩模式⋯⋯⋯⋯⋯122
  7.1.3 图形图像的文件格式⋯⋯⋯122
  7.1.4 图形图像的专业术语⋯⋯⋯123
  7.1.5 图像素材的获取方式⋯⋯⋯124
7.2 位图图像处理工具——Photoshop 125
  7.2.1 工作界面⋯⋯⋯⋯⋯⋯⋯⋯125
  7.2.2 辅助工具的使用⋯⋯⋯⋯⋯126
  7.2.3 选择工具的使用⋯⋯⋯⋯⋯126
  |动手练| 快速抠图并导出⋯⋯⋯⋯129
  7.2.4 修复工具组的应用⋯⋯⋯⋯130
  7.2.5 橡皮擦工具组的应用⋯⋯⋯132
  |动手练| 擦除图像背景⋯⋯⋯⋯⋯133
  7.2.6 图像颜色效果调整⋯⋯⋯⋯133
7.3 矢量图形绘制工具——Illustrator 135
  7.3.1 工作界面⋯⋯⋯⋯⋯⋯⋯⋯135
  7.3.2 绘制基本图形⋯⋯⋯⋯⋯⋯135
  |动手练| 绘制闹钟图形⋯⋯⋯⋯⋯137
  7.3.3 绘制路径⋯⋯⋯⋯⋯⋯⋯⋯139
  7.3.4 路径的编辑⋯⋯⋯⋯⋯⋯⋯140
  |动手练| 制作线条文字⋯⋯⋯⋯⋯143
  7.3.5 填色与描边⋯⋯⋯⋯⋯⋯⋯143
7.4 探索AIGC技术的应用⋯⋯⋯⋯⋯146
  7.4.1 设计灵感与创意生成⋯⋯⋯146
  7.4.2 图形和图案的创建⋯⋯⋯⋯146
  7.4.3 人物插画和角色设计⋯⋯⋯146
  7.4.4 颜色方案和配色建议⋯⋯⋯147
  7.4.5 图像修复与优化⋯⋯⋯⋯⋯147

7.5 实训项目⋯⋯⋯⋯⋯⋯⋯⋯⋯⋯⋯149
  7.5.1 实训项目1：DeepSeek+即梦AI全流程设计⋯⋯⋯⋯⋯149
  7.5.2 实训项目2：图像的二次创作⋯149

第8章 数据库技术应用

8.1 数据库⋯⋯⋯⋯⋯⋯⋯⋯⋯⋯⋯⋯150
  8.1.1 数据库简介⋯⋯⋯⋯⋯⋯⋯150
  8.1.2 数据库的功能⋯⋯⋯⋯⋯⋯151
  8.1.3 数据库系统⋯⋯⋯⋯⋯⋯⋯153
  8.1.4 数据库管理系统⋯⋯⋯⋯⋯155
8.2 数据模型⋯⋯⋯⋯⋯⋯⋯⋯⋯⋯⋯158
  8.2.1 数据模型概述⋯⋯⋯⋯⋯⋯158
  8.2.2 概念模型⋯⋯⋯⋯⋯⋯⋯⋯159
  8.2.3 常见的数据模型⋯⋯⋯⋯⋯161
8.3 关系数据库设计⋯⋯⋯⋯⋯⋯⋯⋯163
  8.3.1 关系数据库简介⋯⋯⋯⋯⋯163
  8.3.2 关系数据库的基本运算⋯⋯164
  8.3.3 关系数据库设计⋯⋯⋯⋯⋯166
8.4 Access数据库的基本操作⋯⋯⋯⋯167
  8.4.1 Access基本对象⋯⋯⋯⋯⋯167
  |动手练| 创建多表查询⋯⋯⋯⋯⋯170
  8.4.2 打开Access数据库⋯⋯⋯⋯171
  |动手练| 固定常用的Access数据库⋯172
  8.4.3 创建与保存数据库⋯⋯⋯⋯173
  |动手练| 将数据库另存为兼容格式⋯175
  8.4.4 数据库记录的整理⋯⋯⋯⋯175
  |动手练| 根据关键字筛选信息⋯⋯178
8.5 实训项目⋯⋯⋯⋯⋯⋯⋯⋯⋯⋯⋯179
  8.5.1 实训项目1：按要求创建数据库⋯179
  8.5.2 实训项目2：将外部数据导入Access⋯⋯⋯⋯⋯⋯⋯⋯⋯⋯179

第9章 计算机网络基础

9.1 网络基础知识 ·················· 180
- 9.1.1 网络的定义 ················ 180
- 9.1.2 网络的出现与发展 ············ 180
- 9.1.3 网络的功能 ················ 183
- 9.1.4 网络的组成 ················ 184
- 9.1.5 网络的分类 ················ 184
- 9.1.6 网络体系结构与参考模型 ······· 185

9.2 常见网络协议及应用 ············ 188
- 9.2.1 IP协议 ··················· 188
- 动手练 查看设备的IP地址 ············ 191
- 9.2.2 TCP协议与UDP协议 ·········· 191
- 9.2.3 DNS协议 ················· 194
- 动手练 使用命令进行域名解析 ········ 195
- 9.2.4 HTTP/HTTPS协议 ··········· 195
- 9.2.5 FTP协议 ·················· 197
- 9.2.6 其他常见的协议 ············· 198
- 动手练 使用Ping命令测试网络连通性 ·· 199

9.3 网络与人工智能 ················ 199
- 9.3.1 网络在人工智能领域的作用 ······ 199
- 9.3.2 人工智能对网络技术的影响 ······ 200
- 9.3.3 人工智能在网络中的应用 ······· 201

9.4 实训项目 ···················· 202
- 9.4.1 实训项目1：使用TCPing检测目标的存活性 ················ 202
- 9.4.2 实训项目2：使用Wireshark抓取分析网络流量包 ············ 202

第10章 局域网与互联网技术

10.1 认识局域网 ·················· 203
- 10.1.1 局域网的定义 ·············· 203
- 10.1.2 局域网的拓扑结构 ·········· 203
- 10.1.3 局域网的组成 ·············· 206
- 10.1.4 无线局域网简介 ············ 209

10.2 局域网设备工作原理 ············ 213
- 10.2.1 交换机的工作原理 ·········· 213
- 10.2.2 路由器的工作原理 ·········· 216
- 动手练 查看当前主机的路由表 ········ 218

10.3 Internet技术 ················ 219
- 10.3.1 Internet简介 ············· 219
- 10.3.2 Internet接入技术 ··········· 219
- 10.3.3 Internet技术与人工智能的结合 ··· 221

10.4 实训项目 ···················· 223
- 10.4.1 实训项目1：局域网共享 ······· 223
- 10.4.2 实训项目2：笔记本电脑无线热点共享上网 ··············· 223

第11章 信息安全技术

11.1 信息安全概述 ················ 224
- 11.1.1 信息安全的概念 ············ 224
- 11.1.2 信息安全面临的威胁与挑战 ···· 225
- 11.1.3 信息安全体系架构 ·········· 226
- 11.1.4 信息安全等级保护 ·········· 228

11.2 常见信息安全技术 ············· 230
- 11.2.1 信息加密技术 ·············· 230
- 动手练 使用第三方工具进行强加密 ···· 231
- 11.2.2 身份认证技术 ·············· 232
- 11.2.3 数字签名及数字证书技术 ····· 234
- 11.2.4 数据完整性保护 ············ 235
- 动手练 计算文件的Hash值 ·········· 236
- 11.2.5 访问控制技术 ·············· 237
- 11.2.6 防火墙技术 ················ 238
- 11.2.7 入侵检测技术 ·············· 240
- 11.2.8 漏洞扫描与修复技术 ········· 241
- 动手练 使用"更新"功能为系统安装补丁 ·················· 243
- 11.2.9 无线安全技术 ·············· 243
- 11.2.10 数据备份与还原技术 ······· 244
- 动手练 使用DISM++对系统进行备份与还原 ··················· 247
- 11.2.11 病毒与木马的防范技术 ······ 247
- 动手练 使用系统的杀毒工具进行病毒查杀 ··············· 248

11.3 信息安全前沿技术 ············· 249
- 11.3.1 零信任架构与人工智能 ······· 249
- 11.3.2 自动化与智能化的安全防护 ···· 249
- 11.3.3 量子技术对信息安全的影响 ···· 250

11.4 实训项目 ···················· 251
- 11.4.1 实训项目1：扫描局域网主机 ··· 251
- 11.4.2 实训项目2：使用第三方安全软件查杀病毒 ················ 251

第12章 人工智能基础

12.1 人工智能概述 252
12.1.1 人工智能的定义 252
12.1.2 人工智能与其他学科的关系 252
12.1.3 人工智能的工作原理 253

12.2 人工智能的关键技术 253
12.2.1 机器学习 254
12.2.2 深度学习与神经网络 255
12.2.3 自然语言处理 255
12.2.4 计算机视觉 256
12.2.5 专家系统与知识图谱 256

12.3 人工智能的挑战与未来发展 257
12.3.1 人工智能的伦理与法律问题 257
12.3.2 算力与数据资源的限制 258
12.3.3 人工智能的社会影响与就业问题 258
12.3.4 人机协作与通用人工智能的发展 258
12.3.5 人工智能与其他技术的融合趋势 259

12.4 实训项目 261
12.4.1 实训项目1：使用人工智能生成摇奖程序 261
12.4.2 实训项目2：通过浏览器插件使用人工智能 261

第13章 人工智能的应用

13.1 主流AIGC工具 262
13.2 与AIGC高效沟通 263
13.2.1 提示词类型 263
13.2.2 提示词优化方法 264
动手练 生成朋友圈文案 265
13.3 多元化办公应用 266
13.3.1 办公文案写作 266
13.3.2 表格数据精准分析 267
动手练 一键生成语文课件 267

13.4 图片智能处理 268
13.4.1 文生图 268
13.4.2 图生图 268
动手练 抠取图片中的沙发 269
13.5 音视频高效创作 270
13.5.1 生成配音与配乐 270
13.5.2 文生视频 271
13.5.3 智能数字人播报 271
动手练 海边写真视频片段 272
13.6 实训项目 274
13.6.1 实训项目1：为装饰瓶更换背景 274
13.6.2 实训项目2：制作手机产品渲染动画 274

第14章 信息前沿技术及应用

扫码下载

第1章

信息技术与人工智能概述

计算机信息技术（以下简称信息技术）作为现代社会运转的神经系统，其演进历程映射着人类对知识与效率的不懈追求。如今，人工智能的涌现，正为这条发展脉络注入全新的活力。本章主要介绍信息技术的基础概念、发展脉络，并着重讲解人工智能如何作为推动力重塑信息技术的应用边界，同时审视这一变革带来的社会考量。

1.1 信息与信息技术

信息是知识与决策的核心，信息技术则是释放其价值的关键工具。本节将简述信息的本质特征，并概括信息技术的发展历程及其应用，以阐明二者如何共同驱动现代社会的发展。

1.1.1 信息的概念与特征

信息是指能够减少不确定性、提供知识或指导决策的内容，它反映了事物的状态、特征、关系以及变化。信息论创始人香农对信息的定义是"信息是用以消除不确定性的东西"。ISO标准化组织认为"信息是通过施加于数据上的某些约定而赋予这些数据的特定含义"。总之，信息不仅是交流的载体，也是人类理解和应对世界的基础。不同学科和领域对信息有不同的定义，但共同点在于信息总是通过某种形式被传递、处理和存储，用以支持认知、决策和行为。

信息是人类认知和决策的基础，它在不同的背景和场景下，展现出独有的特征。了解信息的基本特征有助于更好地理解其在社会、经济和技术领域的作用，并为信息的有效传递和处理提供理论支持。信息的特征不仅决定了其传播的方式，也影响着人们如何解读和利用信息。因此，对信息特征的认识至关重要。信息的基本特征如下。

（1）真实性

真实性是信息的最基本特征之一。信息如果不真实，或者被扭曲和误导，则失去了其有效性和价值。尤其在当前信息化、网络化时代，真假信息的辨别显得尤为重要。信息的真实性要求它必须反映客观世界的真实状态，经过验证和确认，不受到误导或者虚假内容的干扰。对于决策者而言，真实信息是做出合理决策的基础。例如在商业管理中，企业需要基于真实的市场数据进行战略规划；在医疗领域，医生依赖真实的患者健康数据做出诊断。

（2）及时性

信息的及时性指的是信息的传递和获取必须符合其使用的时效性。许多决策和行动依赖于信息的实时性，如果信息不能及时到达相关人员，往往会导致决策错误或者错失良机。信息的及时性尤为重要，特别是在动态变化的环境中。例如，股票市场中，投资者需要实时获取关于股票价格、市场新闻等信息，以做出快速反应；应对灾害时，及时的气象信息可以有效预防或减少损失。

（3）准确性

准确性意味着信息内容必须与现实情况一致，并精确反映出所需的细节。如果信息不准确，即使信息量庞大，也无法为决策提供有效支持。信息的准确性对于各行各业的成功运作至关重要。例如在金融行业中，信息的准确性决定了投资决策的可靠性；在法律诉讼中，准确的证据和信息可以影响案件的裁决。

（4）完整性

完整性指的是信息的全面性，涵盖了所需的所有相关信息要素。在信息的传递过程中，缺失或遗漏关键信息会导致信息解读的偏差或不全面，从而影响决策质量。信息的完整性不仅指数据的量，更包括信息内容的连贯性和逻辑性。例如在项目管理中，只有提供完整的项目进度、成本、资源和风险信息，项目经理才能做出全面而精准的调整。

（5）相关性

相关性是指信息与特定问题或决策之间的关联程度。信息的价值往往取决于与特定情境的关系，如果信息与当前需求无关，那么即使信息本身质量再高，也不会为决策提供有价值的支持。信息的相关性意味着要根据实际需求筛选出最合适的信息。例如在医学领域，医生根据患者的病史和症状提供相关的诊断信息；在市场营销中，企业根据消费者的需求和偏好提供相关的产品推荐。

（6）可操作性

可操作性是指信息的使用者是否能够基于所获得的信息做出具体行动。许多情况下，信息不仅仅是被获取，它还应当能够推动行动或决策的实施。信息的可操作性反映了其为解决问题、改进情况或创造机会所提供的实际指导。例如，在商业管理中，市场调研数据可以帮助企业制定营销策略，销售数据可以促使公司调整生产计划；在公共安全领域，警方通过分析犯罪数据制定针对性的防控措施。

（7）多样性

信息可以以多种形式进行表达和传播，如文本、图像、视频、声音等。这种多样性使得信息能够适应不同受众和不同场景的需求。随着科技的发展，信息的表达形式也越来越丰富，这不仅提高了信息传递的效率，也增强了信息传播的多维性和多感官体验。例如，教育领域通过图文结合的视频课程提供更直观的学习体验；新闻领域通过视频、实时播报等方式为观众提供更丰富的信息内容。

（8）可变性

信息是动态的，随时间、空间、背景的变化而变化。在不确定性和变化日益加剧的今天，信息的可变性尤为显著。随着外部环境的变化，信息也会不断更新。例如，股票市场的实时信息、天气变化、经济指标等，都呈现出明显的可变性；在软件开发中，随着新需求和技术的出现，信息的更新和迭代是一个持续的过程。

（9）安全性

信息的安全性涉及对信息的保护，使其不受到未经授权的访问、篡改或丢失的威胁。随着信息交换的全球化以及信息技术的广泛应用，信息的安全性成为一个关键问题。对信息安全的保护不仅包括技术防护，也涵盖信息的隐私、合规性等方面。例如在金融行业，银行和支付平台通过加密技术保障用户信息的安全；在医疗行业，患者的健康信息需要严格保密，防止泄露和滥用。

1.1.2 信息技术及其发展历程

信息技术（Information Technology, IT）是指运用计算机及其相关设备、网络和软件技术来处理、存储、传输、检索和管理信息的科学和技术。它涵盖了从数据的获取、处理到最终展示或应用的整个过程，是现代社会和经济活动中不可或缺的核心技术之一。随着科技的不断发展，信息技术不仅为各行各业提供了强大的支持，也在推动全球信息化、数字化转型的过程中起到了重要的作用。信息技术不仅仅是计算机技术的代名词，还涉及许多领域，包括硬件技术、软件技术、网络技术、人工智能、数据分析等。这些技术的结合，使得信息能够高效、安全、精准地流动和应用，带动社会各方面的变革。

信息技术的发展是人类文明进程的重要组成部分。自人类诞生以来，信息的表达、存储和传播能力一直在不断提升。信息技术的发展经历了五次重大革命性的突破，每一次都显著改变了人类交流和信息管理的方式。以下是信息技术发展史的具体阶段。

（1）语言的使用：信息技术的起点

信息技术的第一次重大突破是语言的诞生，距今约3.5万～5万年前。语言使人类拥有了独特的信息交流工具，能够传递复杂的信息，实现协作与社会组织的基本功能。语言的出现不仅帮助人类脱离了自然的局限，也为后续信息技术的发展奠定了基础。

（2）文字的创造：信息存储的开端

文字的发明标志着信息技术的第二次重大突破，大约发生在公元前3500年。文字的出现使信息能够超越口语交流，跨越时间与空间流传。象形文字、楔形文字和汉字等早期形式帮助人类记录知识并保存文化。文字的使用第一次打破了信息传输在时间和空间上的限制，促进了人类智慧的积累与交流。

（3）印刷术的发明：信息传播的扩展

印刷术的发明是信息技术发展的第三次重大突破。公元1040年，中国发明了活字印刷技术。造纸和印刷技术的结合显著提升了信息的存储和传播能力，使书籍成为重要的信息媒介。书籍的普及推动了文化传播、科学发展以及文艺复兴等重大历史事件，使人类知识的传播能力达到新的高度。

（4）电磁技术的应用：信息传输的飞跃

信息技术的第四次突破是电报、电话及广播电视等电磁技术的发明。19世纪中叶，电磁波的发现和应用使信息传输的速度大幅提高，人类开始能够利用电信号快速传递文字、声音和图像。电报的发明使远程通信成为可能，电话则实现了实时语音交流，广播和电视则将多媒体信息传递到千家万户。这一阶段的信息技术推动了全球化进程，使先进技术成为人类共享的财富。

（5）计算机与网络技术的兴起：信息技术的智能化

20世纪以来，信息技术进入了智能化发展的第五次重大突破期。1946年，世界上第一台电子计算机问世，为现代信息技术奠定了基础。随后，1948年晶体管的发明和1958年集成电路的出现推动了微电子技术的发展，使得信息处理设备变得更加小型化和高效化。

1969年，美国建成了第一个分组交换网络ARPANET，这是现代互联网的前身。随着网络技术的发展和普及，人类进入了信息时代。20世纪80年代，多媒体技术的兴起赋予计算机处理声音、图像和视频的能力，20世纪90年代互联网进入商业应用后，信息的传播范围和速度达到了前所未有的高度。

> **知识拓展**
>
> **第一台个人计算机**
>
> 1981年，IBM推出了首款个人计算机，标志着计算机进入家庭和小型企业。个人计算机的普及改变了人们的工作方式和生活方式，使计算机成为大众可及的工具，进一步推动了计算机技术的商业化和普及化。

（6）云计算、大数据与人工智能的崛起

进入21世纪后，信息技术迈入了云计算、大数据和人工智能阶段。云计算提供几乎无限的存储和计算能力，大数据技术支持从海量信息中进行提取，而人工智能的发展使得计算机能够处理更加复杂的任务，例如图像识别、语言理解和自动驾驶。与此同时，物联网技术的快速普及使得物理设备之间的信息交换更加紧密，为智能城市和工业4.0的实现提供了可能。

1.1.3 信息技术涉及的学科及领域

信息技术是一门综合性学科，涉及多个领域的知识体系，如计算机技术、操作系统、办公自动化技术、多媒体技术、数据库技术、网络技术、信息安全技术、人工智能技术、信息前沿技术等方面，这些内容对应着信息技术的不同学科及领域，也是本书介绍的重点内容。具体内容如下。

1. 计算机技术

计算机技术是信息的处理与运算基础，主要研究信息的存储、计算与传输方式，涉及计算机基础知识、硬件结构、软件系统、逻辑结构、工作原理、数值、信息编码、逻辑运算和多媒体信息的表示等。

2. 操作系统

操作系统是信息的管理与调度中心，主要研究信息的运行环境和资源管理方式，涉及进程管理、存储管理、文件系统、设备管理和安全机制等内容。操作系统为信息的存储、访问和处理提供统一的平台。

3. 办公自动化技术

办公自动化技术是信息技术的重要应用领域，主要研究信息的智能处理和高效管理，涉及文档处理、电子表格、演示文稿、邮件通信、视频会议等内容。

4. 多媒体技术

多媒体技术是信息的多维表达方式，主要研究文本、图像、音频、视频等多种信息的获取、处理与呈现，涉及图像处理、音频编辑、视频剪辑、动画制作、流媒体技术等内容。

5. 数据库技术

数据库技术是信息的组织与管理方式，主要研究数据的存储、查询、分析和优化，涉及数据库模型、SQL语言、数据索引、事务管理、大数据存储等内容。

6. 网络技术

网络技术是信息的传输与交换方式，主要研究计算机网络的体系结构、通信协议和网络设备，涉及局域网、广域网、互联网、无线通信、网络安全等内容。

7. 信息安全技术

信息安全技术是信息的防护体系，主要研究数据的机密性、完整性和可用性，涉及加密技术、身份认证、访问控制、防火墙、网络攻击防护等内容。

8. 人工智能技术

人工智能技术是信息的智能处理方式，主要研究计算机模拟和扩展人类智能的能力，涉及机器学习、深度学习、自然语言处理、计算机视觉、智能决策、人工智能的具体应用等内容。

9. 信息前沿技术

信息前沿技术是信息社会的发展方向，主要研究新兴的信息处理模式、分布式计算、智能化分析等前沿领域，涉及云计算、边缘计算、物联网、区块链、大数据分析等内容。

1.1.4 信息技术的应用领域

信息技术已广泛渗透到各行业，推动着经济、社会、文化等领域的革新与变革。以下是一些主要应用领域的说明介绍。

1. 商业与电子商务

信息技术推动商业模式转型，电子商务成为主流交易方式。在线平台依托大数据分析，实现精准营销和个性化推荐。数字支付系统（如支付宝、PayPal）确保交易便捷与安全，云计算优化库存与物流管理，提高供应链效率。

2. 金融与金融科技

信息技术驱动金融行业智能化，移动支付、在线银行、智能投顾等创新服务广泛应用。AI与大数据分析提升风控能力，提供精准的信用评估。区块链技术增强交易透明度，保障数据安全，推动数字货币和智能合约的发展。

3. 教育与远程学习

信息技术加速教育数字化，在线课程、智能学习平台让知识获取突破时空限制。云计算支持大规模远程教学，AI算法根据学习数据提供个性化辅导。VR/AR技术增强沉浸式学习体验，使教育更加高效和互动。

4. 医疗与健康管理

信息技术助力智慧医疗，远程医疗平台让患者在线问诊，减少地域限制。AI用于医学影像分析，提高疾病诊断的准确性。可穿戴设备实时采集健康数据，结合大数据分析，为个性化健康管理提供科学支持。

5. 政府与公共管理

电子政务系统借助信息技术优化行政流程，提升服务效率。大数据分析助力社会治理，智慧城市系统通过物联网监测交通、环保和公共安全，实现精准调度和智能管理。

6. 环境保护与气候变化

信息技术推动环境监测和治理。物联网传感器实时采集污染数据，云计算和大数据分析支持环境评估和政策制定。气候模拟技术提高天气预测精度，智能电网优化可再生能源管理，推动绿色发展。

7. 交通与智能交通系统

智能交通依托信息技术提升出行效率。实时监控系统基于大数据优化信号灯调控，导航系统结合AI算法规划最优路线。自动驾驶技术融合计算机视觉和深度学习，提升交通安全性和智能化水平。

8. 制造业与工业自动化

工业4.0借助信息技术实现智能制造。物联网连接生产设备，实时监测运行状态。AI与机器人技术优化生产流程，提高精度和效率。云计算支持远程协作，智能工厂实现柔性制造和高效管理。

9. 娱乐与媒体产业

信息技术推动数字娱乐产业升级。流媒体平台利用大数据个性化推荐内容，VR/AR技术提供沉浸式体验。AI参与内容创作，如自动配音、智能剪辑，提高生产效率，推动文化产业创新。

10. 安全与网络防护

信息安全依赖先进技术保障数据隐私。AI驱动的入侵检测系统实时防范网络攻击，区块链技术确保交易数据防篡改。加密技术和多重身份验证加强网络安全，提升个人与企业信息防护能力。

1.2 人工智能概述

人工智能（Artificial Intelligence，AI）是计算机科学的重要分支，旨在研究如何让机器具备类似人类的思维和学习能力。随着计算能力的提升和数据规模的增长，人工智能技术在多个领域取得了突破性进展，推动了社会和经济的发展。

1.2.1 人工智能的发展历程

人工智能的发展历程可以划分为以下几个主要阶段。

- **概念萌芽期（20世纪50年代）**：1956年，在美国达特茅斯会议上，人工智能的概念被正式提出，标志着该领域的诞生。早期研究以推理和问题求解为核心，提出了如逻辑演算、状态空间搜索等经典方法。
- **技术探索期（20世纪60—70年代）**：这一时期，专家系统成为人工智能研究的重点，通过知识库和推理规则模拟专家决策。由于计算能力和数据资源的限制，该阶段的成果未能达到预期。
- **低谷与复兴期（20世纪80—90年代）**：虽然经历了几次"人工智能寒冬"，但随着神经网络的引入和计算机硬件性能的提升，人工智能重新焕发活力，出现了如反向传播算法和模糊逻辑等技术突破。
- **深度学习崛起（21世纪初至今）**：随着大数据技术和计算能力的飞速发展，深度学习技术推动人工智能进入应用爆发期。卷积神经网络（CNN）、递归神经网络（RNN）等技术广泛应用于图像识别、语音处理和自然语言处理等领域，人工智能逐步走向产业化。

1.2.2 人工智能的核心特征

人工智能是一门关于如何模拟人类智能的学科，涉及机器学习、自然语言处理、计算机视觉等技术。人工智能的核心特征如下。

（1）模拟人类智能

人工智能技术的首要目标是模拟或模仿人类的智能行为，包括视觉、听觉、触觉、思维、决策等。例如，计算机视觉使机器具备了"看"的能力，语音识别让机器能"听懂"人说话，自然语言处理则让机器能理解和生成人类语言。

（2）自主学习

传统计算机系统只能执行人类编写的明确指令，人工智能系统则能够在大数据中自主学习，从数据中提取有用的信息和模式，进而预测新的情况。机器学习（Machine Learning）和深度学习（Deep Learning）是实现自主学习的主要技术，使得系统可以不断优化自己的行为和决策。

（3）适应性与自我改进

人工智能系统可以通过反馈机制，分析错误并改进模型。例如，在自动驾驶中，人工智能系统会在面对不同的道路情况时自主调整驾驶策略，并在错误中学习，从而不断提高行驶的安全性和准确性。

（4）环境感知与交互

人工智能系统通常具备一定的感知能力，通过传感器或摄像头等硬件感知环境，将数据输入后进行分析和决策。

1.3 信息技术与人工智能

信息技术作为现代社会的核心支撑体系，不仅承担着数据的存储、计算与传输，还深刻影响着人工智能的发展进程。人工智能的崛起离不开信息技术的支撑，而信息技术也在人工智能的赋能下实现了更高层次的智能化演进。二者的结合推动了从传统计算时代向智能化时代的全面迈进，使智能系统能够高效地理解、分析和处理复杂的信息流。随着信息技术的不断升级，人工智能正逐步渗透到各行业，并在多个领域展现出巨大潜力。

1.3.1　信息技术支撑人工智能的发展

信息技术是人工智能得以实现的基础支柱，为人工智能的训练、部署和应用提供了关键性支持。从数据采集到计算能力，再到网络通信和软件架构，每一项信息技术的进步都直接推动了人工智能的发展，使其能够更高效地处理信息、优化决策并提供智能化服务。

（1）信息技术提供的数据支撑

数据是人工智能发展的核心驱动力，信息技术的发展确保了数据的收集、存储和处理能力。大数据技术提供了庞大的数据源，为机器学习和深度学习模型提供了必要的训练材料。数据库技术支持数据的高效管理，使数据能够按照结构化和非结构化方式进行存储，并支持快速检索和分析。同时，数据挖掘技术进一步提升了人工智能从海量数据中提取有价值信息的能力，为智能决策提供强大支撑。

（2）高性能计算能力加速人工智能发展

人工智能模型的训练需要庞大的计算资源，而信息技术的发展为此提供了强有力的支撑。云计算技术使得计算资源能够灵活扩展，满足人工智能模型的深度学习和推理需求。高性能计算（HPC）加速了复杂算法的执行，尤其适用于大规模数据处理和科学计算任务。图形处理单元（GPU）的并行计算能力显著提高了人工智能算法的运行速度，使深度学习模型能够在短时间内完成训练。

（3）稳定高效的网络通信保障人工智能应用

信息技术中的网络通信技术为人工智能的广泛应用提供了坚实基础。互联网技术使数据可以在全球范围内进行高速传输，促进人工智能的跨区域应用。物联网连接了智能设备，使得人工智能能够获取来自现实世界的大量感知数据，并进行实时分析。5G通信技术的高速率、低延迟特性为自动驾驶、智能医疗等需要实时响应的人工智能应用提供了强大支持。

（4）智能化的软件平台降低人工智能开发门槛

信息技术的发展催生了众多人工智能开发工具和平台，使人工智能技术更加易用。开源框架如TensorFlow、PyTorch大幅降低了人工智能模型的开发难度，促进了算法的创新。软件定义网络提高了网络管理的灵活性，为人工智能系统的稳定运行提供了更优的环境。同时，API技术的普及使得人工智能与其他信息技术能够无缝衔接，提升了跨平台应用的开发效率。

1.3.2　人工智能赋能信息技术升级

人工智能不仅依赖信息技术的发展，同时也在不断优化和提升信息技术的能力。传统的信息技术主要侧重于数据的存储、计算和传输，而人工智能的加入，使信息技术具备了智能化处理能力，从而提高整体效率和服务质量。

（1）人工智能优化数据管理

数据管理是信息技术的重要组成部分，人工智能能够在这一领域发挥巨大作用。人工智能算法能够自动执行数据清洗、归类和整合操作，提高数据质量，减少人为错误。此外，AI驱动的知识图谱技术可以挖掘数据之间的关联性，使信息检索更加高效。人工智能的深度学习能力还可用于数据挖掘，发现数据中的隐藏模式，为企业决策提供更加精准的依据。

（2）人工智能提升网络管理能力

随着信息技术的发展，网络规模和复杂性不断增加，传统的网络管理手段已经难以满足需求。人工智能能够通过自动化方式优化网络流量分配，提高带宽利用率，减少网络拥堵。同时，人工智能的安全检测技术可以实时监测网络异常行为，自动拦截恶意攻击，增强信息系统的安全性。AI驱动的智能运维系统还能预测网络故障并提前采取措施，减少宕机时间，提高网络的稳定性。

（3）人工智能提高软件开发效率

传统的软件开发需要大量的人力投入，而人工智能的引入正在改变这一现状。AI辅助编程工具可以自动生成代码，提高开发效率，并降低人为错误的可能性。人工智能还能够执行自动化测试，快速发现软件漏洞，提高软件的安全性和稳定性。此外，人工智能可以分析用户行为数据，帮助优化软件的用户体验，使信息系统更加智能化和人性化。

（4）人工智能优化信息服务

信息技术在提供各类信息服务方面发挥着重要作用，而人工智能的加入使这些服务变得更加智能化。AI驱动的搜索引擎能够理解用户的查询意图，提供更精准的搜索结果。智能推荐系统可以根据用户的历史行为，个性化推荐相关信息或产品。此外，人工智能客服和聊天机器人能够处理大量用户请求，提供快速、高效的自动化服务，显著提升客户体验。

1.3.3 未来融合趋势

信息技术与人工智能的深度融合，正推动全球进入智能化时代。未来，二者的协同发展将带来新的技术变革，并促进多个行业的智能升级。

（1）边缘计算与人工智能结合推动智能化升级

传统的人工智能计算主要依赖云计算，边缘计算的兴起使得数据可以在本地设备上进行实时处理。人工智能与边缘计算的结合，使智能设备能够在本地完成数据分析和决策，从而降低通信延迟，提高响应速度。这一趋势在自动驾驶、智能制造、智能安防等领域尤为重要。

（2）普适计算使人工智能无处不在

随着信息技术的发展，人工智能正逐步渗透到人们的日常生活中，推动普适计算的发展。未来，智能家居、智能穿戴设备、智能办公等领域将更加依赖人工智能技术，为用户提供无缝、个性化的智能服务。

（3）人机协同开启智能工作新时代

人工智能的发展并非取代人类，而是与人类协同工作，提高生产力。未来，人机协同模式将进一步深化，人工智能将在医疗、教育、工业生产等多个领域辅助人类，提高工作效率，并促进创新。

（4）智能信息基础设施推动技术革命

未来的信息基础设施将更加智能化，能够根据用户需求进行动态优化。智能网络将自主调整带宽分配，智能存储系统能够高效管理数据资源，智能计算平台则将为人工智能提供更强大的支撑。这些技术的进步将进一步推动智能社会的构建，为人类带来更便捷的数字化体验。

信息技术作为现代社会的基础设施，不仅是数据处理和传输的工具，更是人工智能发展的关键驱动力。人工智能的崛起，正是建立在信息技术的不断进步之上，两者相互促进，共同推动智能化时代的到来。

1.3.4 人工智能在信息技术中的典型应用

随着信息技术的不断发展，人工智能在多个领域的应用逐渐成熟，并且深刻改变了传统的工作方式和商业模式。人工智能集成到信息技术中，提升了效率、精准度和用户体验。以下是人工智能在信息技术中的典型应用。

1. 智能搜索与推荐系统

人工智能通过深度学习和自然语言处理技术，在智能搜索引擎和推荐系统中扮演着重要角色。通过分析用户的历史行为、兴趣偏好等数据，人工智能能够为用户提供个性化的搜索结果和推荐内容，提升用户体验并促进内容消费，如图1-1和图1-2所示。

图 1-1 　　　　　　　　　　　　　图 1-2

2. 智能客服与自动化支持

人工智能技术使得客服系统实现自动化，人工智能客服不仅能够解答用户常见问题，还能够通过自然语言处理技术，理解复杂的用户请求并提供定制化的帮助。这不仅减少了企业的人力成本，还提升了响应效率和用户满意度，如图1-3和图1-4所示。

图 1-3 　　　　　　　　　　　　　图 1-4

3. 图像识别与语音识别

图像识别与语音识别是人工智能在信息技术中的重要应用领域。图像识别技术能够分析和处理视觉数据，实现对图片或视频内容的自动标注、分类及识别。语音识别则让机器能够理解人类的语音输入，进而进行翻译、撰写等操作。这两项技术的结合极大地拓宽了信息技术的应用场景，如自动驾驶、智慧医疗等。

4. 智能化数据分析

人工智能技术通过对大量数据进行深入分析和挖掘，能够帮助企业发现潜在的业务机会和趋势，提升数据的使用价值。例如，金融行业利用人工智能对历史交易数据进行分析，预测市场走势，帮助企业做出更为精准的投资决策，如图1-5和图1-6所示。

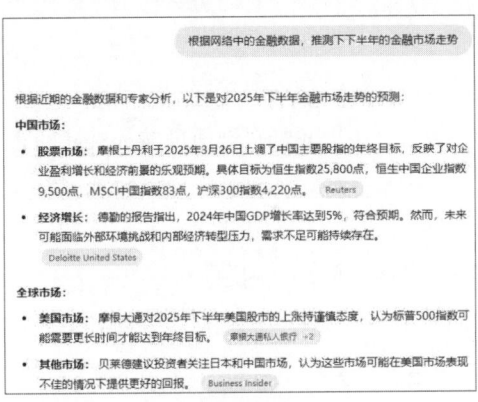

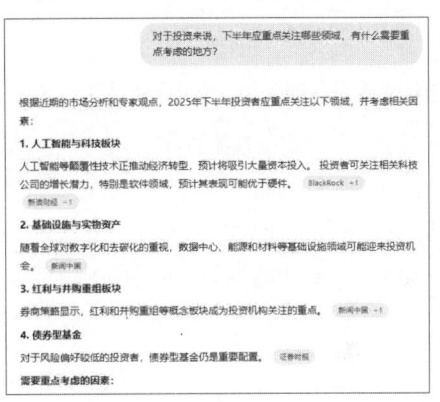

图 1-5　　　　　　　　　　　　　图 1-6

5. 智能制造与自动化控制

在制造业中，人工智能与信息技术的结合实现了生产过程的智能化。自动化控制系统如图1-7和图1-8所示，能够根据实时数据对生产线进行调整，从而优化生产效率和产品质量。机器学习算法的应用使得生产过程能够自主学习和不断优化，提高生产线的灵活性和响应速度。

图 1-7　　　　　　　　　　　　　图 1-8

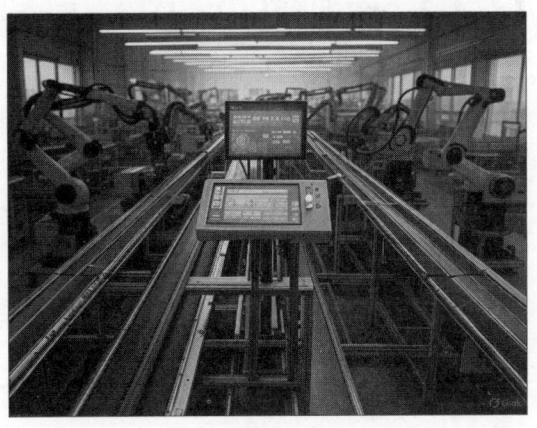

知识拓展

智能制造中的自适应生产线

在智能制造中，人工智能与物联网结合，使生产线能够实时适应变化。例如，当产品设计有小幅度变动时，自动化控制系统通过AI算法快速调整生产过程，优化资源分配和生产效率，提升灵活性和响应速度。

1.4 实训项目

DeepSeek是现在非常热门的AI大模型，我们可以使用它进行AI的学习和使用。下面通过两个实训项目了解如何进入DeepSeek以及其界面的一些常见按钮的功能。

1.4.1 实训项目1：DeepSeek的启用

【实训目的】

了解进入DeepSeek的方法。

【实训内容】

① 掌握通过搜索引擎搜索并进入DeepSeek官网的方法，或者直接通过DeepSeek的官网链接进入。

② 掌握DeepSeek的注册及登录方法。

③ 创建一个新的对话，如图1-9所示，并向DeepSeek询问一个问题。

图 1-9

1.4.2 实训项目2：DeepSeek的使用技巧

【实训目的】

了解使用DeepSeek的使用技巧。

【实训内容】

① 创建新的对话。

② 查看及设置历史记录，如图1-10所示。

③ 打开R1模式及联网搜索。

④ 上传文件进行分析。

图 1-10

第 2 章

计算机基础知识

计算机作为现代信息技术的核心工具,是人工智能得以发展的重要基础。本章将围绕计算机系统知识展开,通过分析计算机的硬件与软件组成、工作原理,以及信息表示和处理的方式,帮助读者掌握计算机与人工智能之间的内在联系,为深入理解信息处理技术及人工智能奠定理论基础。

2.1 计算机概述

计算机是一种可以按照设计程序运行、自动且高速处理海量数据的现代化智能电子设备。计算机作为现代信息技术的核心组成部分,其发展和应用已经深刻地改变了人类社会的各方面。人们日常接触较多的计算机为个人计算机,是计算机的一种。随着计算机技术的不断进步,它不仅成为了人们工作和学习的重要工具,还推动了人工智能、大数据、云计算等领域的飞速发展。

2.1.1 计算机的出现与发展

计算机的出现与发展是信息技术史上最为重要的事件之一,它标志着人类在信息处理和计算能力上的突破。从最初的机械计算工具到现代高度智能化的计算机,计算机技术经历了漫长而又革命性的变革。

1. 计算机的出现

为了计算弹道轨迹,宾夕法尼亚大学电子工程系教授约翰·莫奇利(John Mauchly)和他的研究生约翰·埃克特(John Presper Eckert)计划采用真空电子管建造一台通用的电子计算机。1943年,莫奇利和埃克特开始研制ENIAC(Eiectronic Numerical Intergrator And Computer,电子数字积分计算机),并于1946年2月14日研制成功。ENIAC被广泛认为是第一台实际意义上的电子计算机,如图2-1和图2-2所示。它通过不同部分之间的重新接线编程,并拥有并行计算能力,但功能受限制,速度也慢,并且体积和耗电量都非常大。

图 2-1

图 2-2

2. 计算机的发展

计算机发展至今，一般按照逻辑元件进行划分，主要分为以下4个阶段。

（1）第1代：电子管数字机（1946—1958年）

第1代计算机的逻辑元件采用的是真空电子管，主存储器采用汞延迟线及阴极射线示波管静电存储器、磁鼓、磁芯；外存储器采用的是穿孔卡片和纸带。软件方面采用的是机器语言、汇编语言，整个过程异常复杂。应用领域以军事和科学计算为主。特点是体积大、功耗高、可靠性差、速度慢（每秒处理几千条指令）、价格昂贵，但为以后的计算机发展奠定了基础。

（2）第2代：晶体管数字机（1958—1964年）

第2代计算机的逻辑元件采用晶体管，计算机系统初步成型。相较于电子管，晶体管体积更小，寿命更长，效率也更高。使用磁芯存储器作为内存，主要辅助存储器为磁鼓和磁带。开始使用高级计算机语言和编译程序。应用领域以科学计算、数据处理、事务管理为主，并开始进入工业控制领域。特点是体积缩小、能耗降低、可靠性提高、运算速度提高（一般为每秒数可以处理几万至几十万条指令）、性能比第1代计算机有很大的提高。

（3）第3代：集成电路数字机（1964—1970年）

第3代计算机的逻辑元件采用中、小规模集成电路，内存采用半导体存储器，外存采用磁盘、磁带。软件方面出现了分时操作系统以及结构化、规模化程序设计方法，可以实时处理多道程序。特点是速度更快（每秒几十万至几百万条指令），而且可靠性有了显著提高，价格进一步下降，产品走向了通用化、系列化和标准化。应用领域为自动控制、企业管理，并开始进入文字处理和图形图像处理领域。第3代计算机形成了一定规模的软件子系统，操作系统也日益完善。

（4）第4代：大规模集成电路机（1970年至今）

第4代计算机在硬件方面，逻辑元件采用大规模和超大规模集成电路（LSI和VLSI）。内存使用半导体存储器，外存使用磁盘、磁带、光盘等大容量存储器。操作系统也不断成熟，软件方面出现了数据库管理系统、网络管理系统和面向对象的高级语言等。处理能力大幅度提升（每秒处理上千万至万亿条指令）。

知识拓展

微处理器的出现

1971年世界上第一台微处理器在美国硅谷诞生，开创了微型计算机的新时代。应用领域从科学计算、事务管理、过程控制逐步走向家庭，并在办公自动化、数据库管理、文字编辑排版、图像识别、语音识别中，发挥更大的作用。

21世纪，随着网络的发展和计算机的更新换代，计算机从传统的单机发展成依托于网络的终端模式。多核心、多任务，更高的稳定性、处理能力，更专业的显示、存储技术出现，使计算机的应用领域和高度都达到了前所未有的程度。计算机不仅在硬件上获得了巨大的提升，人工智能技术的结合也使得计算机具备了更强的自主学习与智能决策能力。计算机与人工智能的融合推动各行各业的创新与变革，为智能化社会发展提供了强大的技术支持。

2.1.2 计算机的特点

计算机作为现代信息社会的核心工具，具有许多独特的特点，这些特点使得计算机在各行各业中得到广泛应用，并成为推动技术进步和社会变革的重要力量。

（1）高速运算能力

计算机的最大特点之一是高速运算能力。通过电子元件，计算机能够以极快的速度执行各种复杂的计算任务。相比人工计算，计算机能够在极短的时间内完成大量的运算任务，尤其在需要高精度和大量数据处理的应用中，计算机的速度和效率远远超过人类。

（2）精确性

计算机能够进行精确的计算，不会出现人为错误。无论是进行数学运算还是执行复杂的程序，计算机能够严格按照预定的逻辑和算法进行处理，确保计算结果的准确性。这一特点使计算机在科学研究、工程设计等需要高精度的领域中不可或缺。

（3）自动化处理

计算机能够根据输入的数据和指令自动执行一系列的任务，无须人工干预。通过编写程序，计算机可以完成重复性、烦琐性工作，如数据处理、信息检索等。自动化处理提高了工作效率，并减少了人为干预带来的误差。

（4）多任务处理

现代计算机具有强大的多任务处理能力，能够同时处理多个任务或进程。通过多线程和并行计算，计算机能够在一个系统中同时运行多个程序，保证系统的高效性和流畅性。在操作系统的支持下，计算机能够同时进行文件处理、网页浏览、数据分析等任务，为用户提供多种服务。

（5）可编程性

计算机具备高度的可编程性，可以根据用户的需求通过编程语言来执行不同类型的任务。通过编写程序，计算机能够进行从简单计算到复杂数据分析、图形处理等多种任务。这一特点使得计算机的应用领域非常广泛，几乎涵盖了各行各业的需求。

（6）存储与数据管理

计算机具备强大的存储与数据管理能力，能够高效存储、检索和管理大量信息。存储系统通常包括内存（RAM）和外部存储设备（如硬盘、固态硬盘、云存储等），内存用于高速数据访问，外部存储则确保数据的长期保存。同时，计算机具备数据管理与安全性功能，如自动分类、加密保护和备份恢复，确保数据的可靠性。随着云存储和分布式存储的发展，计算机的存储能力不断提升，为大数据、人工智能等技术应用提供了重要支撑。

> **知识拓展**
>
> **可扩展性**
>
> 计算机系统的可扩展性使其能够随着需求的变化进行硬件和软件的升级。通过添加硬件设备（如内存、存储器、图形处理单元等）和更新软件系统（如操作系统和应用程序），计算机能够不断提升其性能和处理能力，适应日益复杂的任务需求。

（7）人机交互性

计算机的另一大特点是人机交互性。计算机通过输入设备（如键盘、鼠标、触摸屏等）接受用户的指令，通过输出设备（如显示器、打印机等）向用户呈现结果。随着人工智能和自然语言处理技术的进步，计算机与用户的互动方式变得更加智能和便捷，进一步提升了计算机的易用性。

（8）网络功能

随着互联网的发展，现代计算机不仅具备单机功能，还能够通过网络与其他计算机或设备进行通信与协作。计算机通过互联网连接可以访问全球的信息资源，进行数据共享、信息交流和远程协作，这一特点使得计算机成为信息社会的重要组成部分。

2.1.3 计算机的分类

计算机根据不同的标准可以进行多种分类，常见的分类方式包括按用途、按处理能力、按计算机的规模、按计算机的形态等。不同类型的计算机适应不同的应用需求，涵盖从个人使用到大型企业、科研机构的广泛场景。以下是几种主要的计算机分类方式。

1. 按用途分类

根据计算机的用途，可以将其分为以下两类。

- **通用计算机**：能够执行各种任务的计算机，适用于多种应用领域。个人计算机（PC）、工作站、服务器等都属于通用计算机。它们通过软件的不同配置来满足不同用户的需求，具有较强的灵活性和可扩展性。
- **专用计算机**：为特定用途或特定任务设计的计算机，通常用于特定的行业或场景，如嵌入式计算机、工业控制计算机等。专用计算机通常具备较高的稳定性和特殊的硬件配置，以满足特定需求。

2. 按处理能力分类

计算机还可以根据其处理能力的不同，进行分级分类。根据计算机的处理速度、处理能力和存储能力的差异，常见的计算机种类如下。

- **微型计算机**：目前应用最广泛的计算机类型，通常指个人计算机（PC），它们能够执行基本的计算任务，适用于家庭、办公室等日常场景。微型计算机在处理速度、存储容量等方面相对较低，但具备较强的多任务处理能力。
- **小型计算机**：处理能力和存储容量较微型计算机高，通常用于中型企业和较大规模的计算任务。小型计算机也可以支持多用户同时使用，能够处理较为复杂的数据和任务。
- **大型计算机**：通常指大型主机（Mainframe），它们的运算能力非常强，能够处理大量的数据和复杂的计算任务，常用于大型企业、政府机构和科研单位。大型计算机具有强大的存储能力和处理速度，能够同时为成千上万的用户提供服务。
- **超级计算机**：计算能力最强的计算机类型，能够进行极为复杂和高速的计算任务。超级计算机通常用于天气预报、核试验模拟、大规模科学计算等领域。它们由成百上千的处理单元组成，并具有极高的并行计算能力。

知识拓展

分布式计算机

分布式计算机是由多个相互连接的计算机组成的系统，这些计算机通过网络协同工作，共同完成一个复杂的任务。分布式计算机能够实现资源共享，并有效地提高计算的性能，常见的应用包括云计算和大规模的网络服务。

3. 按计算机的规模分类

根据计算机的规模和处理能力，也可以将其分为以下几类。

- **个人计算机（PC）**：最常见的计算机类型，适用于个人、家庭以及小型办公室的日常需求。它包括桌面计算机和笔记本计算机，性能满足普通用户的计算需求，主要用于办公、娱乐和学习等场景。
- **工作站**：性能较高的计算机，通常用于图形设计、视频编辑、工程设计等需要强大计算能力的领域。工作站通常配备更强的处理器、显卡和内存，适合进行专业的技术计算和高负载任务。
- **服务器**：一种专门提供服务的计算机，通常用于企业、组织和机构中，承载着数据存储、资源共享、网络管理等功能。服务器能够支持多用户同时访问，并具备较强的计算能力和数据存储能力。

4. 按计算机的形态分类

根据计算机的形态，常见的分类如下。

- **台式计算机**：常见的个人计算机类型，通常由显示器、主机、键盘和鼠标组成，适合长时间使用，性能较为强大，广泛应用于办公和家庭。
- **笔记本计算机**：一种便携式计算机，能够满足日常办公、娱乐等需求。与台式计算机相比，笔记本计算机体积较小，便于携带，但通常需要在性能上做出一定的妥协。
- **嵌入式计算机**：一种为特定功能设计的计算机，通常嵌入其他设备中，如家电、汽车、工业设备等。嵌入式计算机不需要用户直接操作，其功能由外部设备控制。

2.1.4 计算机的应用领域

计算机的强大计算能力和信息处理能力，使其在各行各业中的应用愈发广泛。无论是基础的科研计算，还是工业、商业等领域的日常应用，计算机都已经成为不可或缺的工具。随着技术的不断演进，计算机的应用范围也在不断扩展。以下是计算机的一些主要应用领域。

1. 科学计算

科学计算是计算机的传统应用领域之一，主要用于处理复杂的数学模型和模拟实验。现代的科学计算不仅依赖于计算机的运算速度，还依赖于计算机的高精度和海量数据处理能力。在气象学、天文学、生物学、物理学等领域，科学家使用计算机模拟各种自然现象，并通过大规模的计算得出精准的科学结果。例如，在天气预报中，计算机模型被用来预测未来几天的气候变化。

> **知识拓展**
>
> **超级计算机与科学计算**
> 科学计算不仅仅依赖于普通计算机，在有些领域需要强大的计算能力，超级计算机则应运而生。超级计算机能够进行海量数据处理和复杂的科学模型模拟，广泛应用于气象预报、基因研究、天体物理等领域。

2. 数据处理

数据处理是计算机应用的另一个重要领域，涉及数据的采集、存储、整理、分析和利用。计算机通过高效的数据处理能力，帮助人们管理和分析大量信息。在金融、医疗、教育等领域，计算机系统能够处理复杂的数据库，提供及时的分析报告，帮助决策者做出准确的判断。例如，企业通过数据库管理系统（DBMS）存储和处理大量的业务数据，从而实现智能化管理。

3. 计算机辅助技术

计算机辅助技术包括多种专业应用，如计算机辅助设计（CAD）、计算机辅助制造（CAM）和计算机辅助教学（CAI）。这些技术使得原本依赖人工操作的领域变得更加高效和精确。例如，CAD技术被广泛应用于建筑、机械、电子等设计行业，帮助设计师实现更加精确和复杂的产品设计。CAM技术则使得生产过程实现自动化，提高了生产效率和产品质量。

4. 人工智能

人工智能通过模拟人类的思维、学习和判断能力，使计算机能够处理更加复杂的任务，如自然语言处理、图像识别、语音识别等。人工智能技术已经广泛应用于医疗诊断、智能客服、自动驾驶、智能推荐等领域。在医疗行业，AI能够辅助医生分析医疗影像，甚至在某些情况下提供诊断意见；在零售行业，AI通过分析用户的购买习惯，提供个性化的推荐服务。

5. 过程控制

计算机在工业过程控制领域的应用，极大地提高了生产过程的效率和安全性。通过计算机控制系统，能够实时监控生产环境，调节设备运作参数，确保生产过程稳定并最大限度地减少人为错误。在化工、电力、钢铁等行业中，计算机控制系统被用于生产过程的自动化和优化，大大降低了成本并提升了生产效率。

6. 网络应用

随着互联网技术的普及，计算机网络应用已成为日常生活和工作中的核心组成部分。从社交媒体、电子商务到在线教育、远程办公，计算机网络使得全球信息交换变得更加便捷高效。网络应用不仅仅限于信息的传播，还包括通过互联网进行数据存储、文件共享、云计算等。随着云计算和大数据技术的发展，计算机网络应用正在向更加智能化、定制化的方向发展。

> **知识拓展**
>
> **网络计算机**
> 网络计算机是一种通过网络连接到服务器，依赖远程资源进行计算和存储的计算机。网络计算机通常具有较少的本地存储和处理能力，而是通过网络访问服务器上的应用程序、数据和计算资源。

7. 多媒体应用

计算机的多媒体功能，使其成为信息传播和娱乐的主要平台之一。通过整合文本、图像、视频、音频等多种元素，计算机能够创造丰富的交互式内容，如视频游戏、虚拟现实和增强现实应用等。计算机多媒体技术不仅广泛应用于娱乐和教育，还在广告、营销等领域中发挥着重要作用。例如，企业可以通过多媒体广告向顾客展示产品，提升品牌影响力。

8. 安全与隐私保护

随着信息技术的广泛应用，数据安全和隐私保护问题也变得越来越重要。计算机技术在加密、身份验证、防火墙等领域的应用，极大地提高了网络和数据的安全性。尤其是在金融、电商和社交媒体等平台中，计算机安全技术被用来防止信息泄露、数据篡改和恶意攻击，保护用户的个人信息和财产安全。

2.1.5 计算机的未来发展

计算机技术的未来发展不仅影响科技领域，还将对人类社会的方方面面产生深远影响。随着人工智能、量子计算、物联网和生物计算等新兴技术的快速发展，计算机将突破传统计算模式，在更广泛的领域扮演重要角色。

1. 人工智能驱动的智能化计算机

人工智能将成为未来计算机发展的核心驱动力。通过深度学习和神经网络技术，未来的计算机将能够模拟人类的思维和行为，具备更强的自主学习和决策能力。

2. 量子计算突破传统计算极限

量子计算是未来计算机技术的一大变革。利用量子叠加和量子纠缠的原理，大幅提升计算速度和效率。在分子模拟、密码学破解、大数据分析等领域，量子计算有潜力解决传统计算机无法处理的复杂问题。随着量子硬件和算法的成熟，量子计算或将成为未来科技的支柱。

3. 生物计算机的探索与应用

生物计算机以DNA或蛋白质为基础，利用生物分子的特殊属性进行信息处理。与传统计算机相比，生物计算机具有体积小、能耗低的优势，可在医学诊断、基因编辑和新药研发等领域发挥重要作用。未来，生物计算机可能成为个性化医疗和生命科学的重要工具。

> **知识拓展**
>
> **云计算与边缘计算的深度融合**
>
> 未来的计算架构将更加注重云计算和边缘计算的结合。云计算提供强大的集中式计算能力，边缘计算则满足本地实时处理需求。通过这种融合，计算机可以实现更加高效和灵活的资源利用，为物联网、5G通信和智慧产业提供强大支持。

4. 自主学习与自主优化的能力

未来的计算机将具备自我优化和学习的能力，无须人为干预即可根据环境变化进行调整。这种能力将使计算机更高效地适应不同的任务需求，在智能制造、环境监测和资源管理等领域发挥重要作用。

5. 更加绿色环保的计算机技术

随着环保意识的增强，未来计算机的发展将更加注重能效优化和绿色技术。例如，通过研发低能耗芯片、使用可再生材料，以及改进散热技术，计算机制造和使用过程中的环境影响将被大幅降低。

6. 新型计算机架构的涌现

为适应复杂计算需求，未来可能会出现更多新型计算架构，如神经形态计算机和光子计算机。神经形态计算机模拟人脑神经元网络，适合人工智能应用；光子计算机则利用光信号进行运算，速度更快且能耗更低。这些新型架构将极大扩展计算机的应用范围。

> **知识拓展**
>
> **超导计算机**
>
> 利用超导技术研制的计算机为超导计算机，运算速度是电子计算机的100倍以上，而能耗仅仅为电子计算机的1%。

2.2 计算机系统的组成

计算机系统是一个完整的工作系统，由硬件和软件共同构成，两者紧密配合，协同完成信息的处理和传输。硬件是计算机系统的"躯体"，负责物理层面的运算和存储；软件则是计算机的"灵魂"，通过程序控制硬件，完成各种复杂的任务。为方便读者理解，本节将以读者常见的个人计算机（PC）为例，详细介绍计算机系统的组成结构，包括硬件部分和软件部分。

2.2.1 计算机的硬件系统

计算机的硬件系统是整个计算机的物理基础，其性能决定了计算机的运算能力和处理效率。计算机的硬件系统包括机箱中的内部组件以及外部的外部组件。内部组件是计算机主要的运算、中转、存储和功能中心，包括控制器、运算器、存储器、输入及输出设备。常见的计算机硬件组成部件如下。

1. CPU

CPU（Central Processing Unit）也叫中央处理器，例如Intel最新的桌面级CPU——CORE ULTRA 9 285K，如图2-3所示。CPU是计算机运算和控制的核心，由运算器、控制器、寄存器、高速缓存以及连接它们的总线构成，负责完成复杂的算术运算和逻辑判断，并协调计算机各组件之间的工作。

> **知识拓展**
>
> **计算机CPU的主要厂商和主要产品系列**
>
> 由于计算机中使用的CPU的生产过程非常精密，现在主要由Intel和AMD把控。Intel的主流桌面CPU产品是酷睿系列。AMD的主流桌面CPU产品是锐龙系列。

2. 主板

主板是计算机硬件的核心连接平台，为所有组件提供电气连接和数据通信，是各组件工作的平台。主板一般是一块大规模集成电路板，如图2-4所示，主要功能是接驳计算机的内部硬件及外部设备，并在其间提供高速的数据通道。主板的稳定性关系到整个硬件系统的稳定性。

图 2-3

图 2-4

3. 内存

内存又称为内部存储器或随机存储器，是计算机主要的内部存储设备，如图2-5所示，用来存放CPU经常用到的各种数据、程序等资源，并为CPU提供高速的数据交换。具有体积小、速度快、断电后存储的数据会被清空的特点。

4. 硬盘

硬盘是计算机主要的外部数据存储设备，具有存储容量大，无论是否有电，数据都不会丢失的特点。常见的硬盘大小有3.5英寸和2.5英寸两种，连接主板的SATA接口（SATA接口速度最大为600MB/s）。现在处在机械硬盘和固态硬盘共存的时期。常见的SSD固态硬盘如图2-6所示。

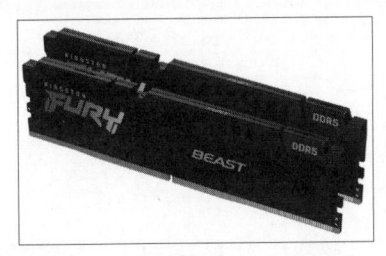

图 2-5

图 2-6

知识拓展

M.2固态

除了图2-6中的SATA接口以及mSATA接口的固态外，还有一种接口是M.2的固态，如图2-7所示。M.2接口作为一种新型固态硬盘接口，已经逐渐成为计算机的标配，提供更高的数据传输速率和更紧凑的设计。这是一种可以连接PCI-E通道的高速设备，配合NVme协议，速度可以达到3000MB/s以上。

图 2-7

5. 显卡

显卡的主要作用是为计算机提供显示数据输出，如图2-8所示。显卡除了为显示设备提供数据支持外，还在图像渲染、视频编码、深度学习等领域扮演重要角色。价格在计算机的硬件中属于最高的。显卡分为CPU自带的核显、常见的PCI-E独立显卡。在运行高性能游戏或专业图形应用时，中高端独立显卡能提供更流畅的体验。进行各种AIGC应用的计算工作，建议选择中高档的独立显卡。独立显卡也是耗电大户，现在比较主流的显卡需要外接供电才能正常工作。

图 2-8

6. 电源

电源是为计算机各组件供电的设备。计算机的内部组件无法直接使用220V交流电，只有通过电源的转化，变成不同电压的直流电，才能为各设备供电。电源的好坏直接关系到计算机的稳定性，尤其是安装中高端显卡后，必须要配备一块额定功率比较高的计算机电源。

7. CPU 散热器

CPU在工作时会产生大量的热量，越是高端CPU，发热量越大，必须及时将热量散发出去。散热器用于降低CPU工作时产生的热量，避免因高温导致的系统死机、自动重启，甚至硬件损坏。配备一款高性能的散热器是十分有必要的。常见的CPU散热器分为风冷和水冷两种。

> **知识拓展**
>
> **散热器风冷好还是水冷好**
>
> 从散热角度来说，两者并不存在好或不好的差别。只要按照CPU的TDP进行设计，能够满足CPU的散热要求即可。

8. 机箱

机箱的作用是负责安放各组件，以及隔离辐射、建立散热风道等。

9. 外部组件

以上介绍的都是计算机的内部组件，但只有内部组件是无法使用计算机的，还需要外部组件的支持。外部组件也是和用户接触最多的，主要由各种输入输出设备组成，例如键盘和鼠标（图2-9）、显示器（图2-10）、音箱、打印机、摄像头、其他信息采集和USB外设等。

图 2-9 　　　　　　　　　　图 2-10

2.2.2　计算机的软件系统

计算机的软件系统由程序和相关数据组成，通过这些程序管理硬件资源并为用户提供各种功能。软件按功能可分为系统软件、应用软件、数据库管理系统和编程工具4类，下面分别介绍其特点及作用。

1. 系统软件

系统软件是管理计算机硬件和提供底层服务的核心程序，是其他软件运行的基础。以下是系统软件的主要组成部分。

（1）操作系统（OS）

操作系统是系统软件的核心部分，负责硬件资源的管理和分配，并为用户提供友好的操作界面。常见的操作系统包括Windows、Linux和macOS，其核心功能包括任务管理、文件系统管理、设备驱动和网络功能。

（2）驱动程序

驱动程序是硬件与操作系统之间的桥梁，用于控制硬件设备。例如，显卡驱动程序可使操作系统和应用程序调用显卡功能，实现图像渲染和输出。

2. 应用软件

应用软件直接面向用户，满足用户特定的任务需求。常见的应用软件类型和代表如下。

（1）办公软件

办公软件包括文字处理（如Microsoft Word）、表格制作（如Microsoft Excel）和演示文稿（如Microsoft PowerPoint），广泛应用于企事业单位和个人日常办公。

（2）图像处理软件

图像处理软件用于图像编辑和设计，如Adobe Photoshop和GIMP，适合专业设计师和普通用户。

（3）多媒体软件

处理和播放音频、视频的多媒体软件，如VLC播放器和Adobe Premiere，用于多媒体内容创作和消费。

（4）行业专用软件

针对特定行业开发的软件，例如工程设计的AutoCAD、医疗影像处理的专业工具等，满足专业领域的独特需求。

3. 数据库管理系统（DBMS）

数据库管理系统是一种用于存储、管理和检索数据的软件工具，可分为底层支持和直接应用两种用途。

（1）底层支持型DBMS

数据库管理系统作为底层服务，提供高效的数据存储和访问功能，例如，企业的ERP系统通过DBMS存储并管理业务数据。常见的DBMS包括MySQL、Oracle和PostgreSQL。

（2）应用型DBMS

面向用户的DBMS可以直接用于数据查询、分析和管理，如Microsoft Access。这类数据库软件直观易用，适合小型企业和个人用户。

4. 编程工具

编程工具是用于开发计算机程序的软件，包括编译器、调试器和集成开发环境等。

（1）编译器和解释器

编译器将高级编程语言转换为计算机可执行的机器语言。例如，GCC是广泛使用的C/C++编译器。解释器则直接执行源代码，如Python解释器。

（2）调试工具

调试工具帮助开发者检测和修复程序中的错误，例如GDB（GNU调试器）。

（3）集成开发环境（IDE）

IDE提供了编程所需的一站式工具集，包括代码编辑、调试和版本控制。

2.3 计算机原理

计算机作为现代社会中不可或缺的重要工具，其高效运算能力和多功能特性源于其科学的设计与运行原理。理解计算机的原理不仅有助于读者深入掌握计算机技术，还能帮助开发和优化计算机系统，以应对不断变化的需求。

2.3.1 计算机的基本结构

计算机的基本结构是其能高效完成各种计算与任务的基础，由多个组件和模块组成。这些组件协同工作，实现对信息的输入、处理、存储和输出。现代计算机的基本结构大多基于"冯·诺依曼架构"，这一架构奠定了计算机设计的理论基础。由于其对计算机设计思想的突出贡献，冯·诺依曼被誉为"现代电子计算机之父"。

冯·诺依曼（John von Neumann）是现代计算机科学的奠基人之一。在第一台实际意义上的电子计算机ENIAC（Eiectronic Numerical Intergrator And Computer，电子数字积分计算机）研制成功后，冯·诺依曼开始研制EDVAC（Electronic Discrete variable Automatic Computer，离散变量自动电子计算机），并成为当时世界上计算速度最快的计算机。

冯·诺依曼的贡献不仅在于计算机的研制过程，其对于计算机的设计思想一直影响到现在。他在1945年提出了一种革命性的计算机设计理念，即"存储程序控制计算机"。该设计的核心思想是将数据和指令都存储在计算机的同一存储器中，并通过中央处理单元按顺序执行指令。这一架构的主要特点如下。

- **存储程序概念**：计算机将程序和数据一起存储在内存中，以便动态读取和处理。
- **顺序执行**：计算机按照指令存储的顺序逐步执行，除非遇到特定的跳转指令。
- **基本结构**：系统由运算器、逻辑控制装置（控制器）、存储器、输入设备和输出设备组成。

知识拓展

冯·诺依曼架构的意义

冯·诺依曼架构使计算机的设计更加简洁、统一，并奠定了现代计算机科学的理论基础。其存储程序的概念提高了计算机的灵活性和可编程性，也为后来的计算机技术发展指明了方向。现代计算机虽然在某些方面（如多核处理器、并行计算等）有所突破，但其核心设计仍然继承了冯·诺依曼架构的思想，成为计算机发展的基石。

在计算机的组成结构中，冯·诺依曼将计算机分为5个组成部分，如图2-11所示，也就是计算机的基本结构。

1. 运算器

运算器是计算机执行算术和逻辑运算的核心部件，它负责处理数据的加、减、乘、除以及逻辑判断等操作。运算器直接与控制器协同工作，完成程序执行过程中的大量计算任务。现代计算机中的运算器不仅具备强大的运算能力，还通过优化结构提升了效率，为整个计算机系统提供快速精确的运算支持。

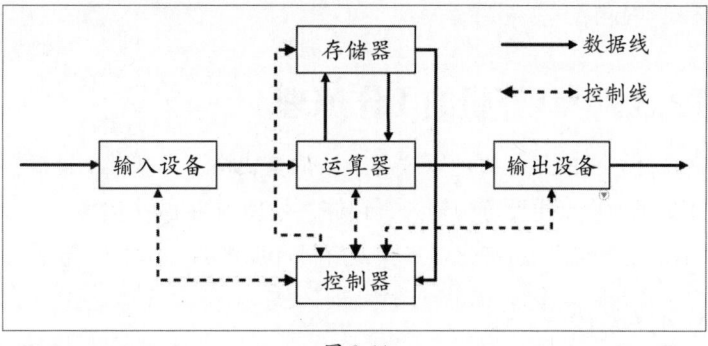

图 2-11

2. 控制器

逻辑控制装置（控制器）是计算机的"指挥中心"，负责协调和管理各部件的运行。它从存储器中提取指令并进行解码，通过一系列信号控制运算器、存储器、输入设备和输出设备的协作，以确保计算机能够有序高效地执行任务。控制器的设计直接决定了计算机的运行效率，是现代计算机性能提升的重要突破点之一。

> **知识拓展**
>
> **两者的结合**
>
> 现在的计算机中已经没有单独的运算器或控制器了，而是将两者的功能结合起来，这个设备就是前面介绍的CPU。

3. 存储器

存储器是计算机用于保存数据和程序的核心部件，可分为主存储器和辅助存储器两大类。主存储器（如内存）用于存储运行中需要的数据，其速度快，但数据会在断电后丢失；辅助存储器（如硬盘）则负责长期保存数据，虽然速度较慢，但容量更大。存储器的性能对计算机的整体运行效率影响重大，是冯·诺依曼架构中不可或缺的一部分。

4. 输入设备

输入设备将用户的指令和数据转换为计算机可以识别的形式，是人机交互的重要桥梁。常见的输入设备包括键盘、鼠标、扫描仪和摄像头等，通过这些设备，用户能够将需求传递给计算机，推动程序的执行与操作。输入设备的多样化和智能化，显著提升了计算机的适用性与操作便捷性。

5. 输出设备

输出设备是将计算机的处理结果呈现给用户的工具，以文本、图像、声音等形式展示信息。常见的输出设备包括显示器、打印机和扬声器等，它们直接影响用户体验和信息传递的效果。输出设备的性能在不断提升，为用户提供更为直观和高效的结果展示方式，是计算机功能不可或缺的一部分。

2.3.2 计算机的工作原理

计算机的工作原理以"冯·诺依曼架构"为基础，遵循存储程序和逐步执行的基本思想。计算机的运行主要分为输入、存储、处理和输出4个阶段，每个阶段由不同的硬件和软件模块协同完成。下面通过细化各步骤，解析计算机的具体工作流程。

1. 输入阶段

输入阶段是计算机获取数据和指令的起点。通过输入设备（如键盘、鼠标或传感器），用户或外部设备将数据传递给计算机系统。输入数据会先经过模数转换（若为模拟信号）或直接转换为二进制编码形式，以便后续处理。

2. 数据存储阶段

存储阶段是计算机工作的重要环节。输入的数据和指令被传递到存储器中，分为主存储器（如RAM）和辅助存储器（如硬盘）。主存储器用于存放当前正在处理的数据和程序，辅助存储器则保存长期数据。控制器通过地址总线和数据总线，从存储器中读取或写入信息。

3. 数据处理阶段

计算机在数据处理阶段的工作过程及原理是其最核心的运行机制，由CPU（中央处理器）负责执行。其主要任务包括算术运算、逻辑判断和数据转换，而控制器与运算器协同工作，确保整个系统的高效运转。控制器从存储器中取出指令，译码后交由运算器执行具体操作，同时依赖寄存器和高速缓存的配合，保证数据交换的速度与效率。具体步骤如下。

步骤01 系统从内存中取出第一条指令，并由控制器对指令进行译码，将其转换为明确的操作步骤。

步骤02 按指令要求，从存储器中提取必要的数据，随后交由运算器完成指定的运算或逻辑操作。

步骤03 操作结果按指令的地址要求存回内存。

步骤04 系统从内存中依次取出下一条指令，重复上述步骤，直至遇到停止指令。

这一按程序预设顺序自动执行指令的过程，是计算机的基本工作原理。这一原理由"计算机之父"冯·诺依曼提出，其核心思想可以概括为八个字：存储程序、程序控制。

（1）存储程序

将解题步骤编写为程序（由多条指令组成），并将程序与相关数据共同存储在计算机的存储器（通常是主存或内存）中。这种设计使计算机无须人为干预即可自动执行预设任务。

（2）程序控制

● 控制器逐条从存储器中读取指令，将其译码为具体操作，协调全机硬件完成任务。

● 每条指令的功能都独立定义，整个程序通过多条指令的组合实现复杂功能。

● 重复这一取指、译码、执行的循环操作，直到程序中所有指令执行完毕。

在整个过程中，寄存器和高速缓存扮演重要角色，用于临时存储操作数据和指令，显著提高数据交换速度和处理效率。冯·诺依曼原理为现代计算机的设计提供了理论依据，是计算机实现自动化、高效信息处理的关键。

> **知识拓展**
>
> **指令**
>
> 指令是计算机控制其组成部件进行各种具体操作的命令，有操作码和地址码两部分。本质上是一组二进制数。其中操作码规定了计算机下一步需要进行的动作，计算机会根据操作码产生相应的操作控制信息；地址码用于指出参与操作的数据或该数据的保存地址。此外，地址码还会在操作结束后，指出结果数据的保存地址，或者下一条指令的地址。

4. 输出阶段

输出阶段是计算机向用户或外部系统反馈结果的过程。经过数据处理后，最终结果被发送到输出设备（如显示器、打印机或音箱）并以人类可读的形式呈现。输出阶段还可能包括将处理结果保存到存储设备中，供未来使用。

5. 指令周期与系统控制

计算机的所有工作流程均在指令周期的控制下完成。每条指令从取指令、译码到执行，都在系统时钟的统一控制下严格按照时序运行。指令周期的高效性直接影响计算机的整体性能，而现代处理器通过流水线技术和并行计算显著提高了指令执行效率。

2.3.3 计算机中的数制及转换

数制是计算机表示和处理信息的基础，决定了数据在计算机系统中的存储和运算方式。不同的数制有各自的特点和用途，其中二进制最为重要，这也是冯·诺依曼的贡献之一。他根据电子元件双稳工作的特点，建议在电子计算机中采用二进制。二进制的采用将大大简化机器的逻辑线路，稳定且易于实现。现在的计算机也是将二进制数制作为计算机存储和运算的基础。本节将详细介绍常见数制的概念及其相互转换方法，以帮助读者理解计算机的内部工作机制。

1. 常见的数制及特点

计算机中使用的主要数制包括二进制、十进制、八进制和十六进制。可以使用"数值$_{进制}$"的形式来表示，例如十六进制的A5B4可以表示为A5B4$_{16}$。

（1）二进制

二进制是计算机内部采用的基本数制，由0和1组成，用于表示所有数据。每个二进制位（bit）可以是0或1，表示计算机硬件的开关状态。所有的数值和字符在计算机中最终都将转换为二进制形式进行处理。二进制可以使用BIN或B表示。

（2）十进制

十进制这是人类日常生活中最常使用的数制，由10个符号（0~9）组成。虽然计算机内部是以二进制处理数据，但我们通常通过十进制来表达和理解数据。十进制使用DEC或D表示。

（3）八进制

八进制采用8个符号（0~7）表示数值，常用于计算机程序员在早期处理二进制时，作为一种简便的表达方式。八进制可以使用OCT或O来表示。

（4）十六进制

十六进制使用16个符号（0～9，A～F）表示数值。它便于表示长二进制数，每四个二进制数可以转换为一个十六进制数。十六进制可以使用HEX或H来表示。

> **知识拓展**
>
> **十六进制中字母表示的数值**
>
> 在十六进制中，各字母代表的十进制数为，A代表10、B代表11、C代表12、D代表13、E代表14、F代表15。

2. 数码与权重

在计算机中，数码（digit）和权重（weight）是数制转换和数值表示中非常重要的概念。理解这两个概念，有助于我们更好地掌握数值如何在计算机中进行存储和运算。

（1）数码

数码是构成一个数值的基本元素，无论是二进制、八进制、十进制、十六进制还是其他进制，数码都起着表示和区分不同数值的作用。在十进制数制中，数码是0～9的数字。在二进制数制中，数码只有两个：0和1。在八进制数制中，数码是0～7的数字。在十六进制数制中，数码包括0～9和A～F，其中A表示10，B表示11，以此类推。

（2）权重

权重是数码在数值中的位置所赋予的"重要性"或"权值"，也可以理解为每个数码在数制中所代表的数值大小。每个数码的权重是由其所在的位数决定的，在不同的数制中，权重的计算方式会有所不同。

- 在十进制中，数码从右到左依次乘以10的幂。例如，数字543在十进制中，3的权重是10的0次方（10^0即1）、4的权重是10的1次方（10^1即10）、5的权重是10的2次方（10^2即100），所以$543=5 \times 10^2+4 \times 10^1+3 \times 10^0$。

- 在二进制中，权重是2的幂。例如，二进制数1101，从右到左，其权重分别是2的0次方（2^0即1）、2的1次方（2^1即2）、2的2次方（2^2即4）和2的3次方（2^3即8），所以，1101（二进制）$=1 \times 2^3+1 \times 2^2+0 \times 2^1+1 \times 2^0=13$（十进制）。

- 在八进制中，权重是8的幂。例如，八进制数234，从右到左，其权重分别是8的0次方（8^0即1）、8的1次方（8^1即8）和8的2次方（8^2即64），所以，234（八进制）$=2 \times 8^2+3 \times 8^1+4 \times 8^0=156$（十进制）。

- 在十六进制中，权重是16的幂。例如十六进制数A3F，其中A的权重是16的2次方（16^2即256）、3的权重是16的1次方（16^1即16）、F的权重是16的0次方（16^0即1），所以A3F（十六进制）$=A \times 16^2+3 \times 16^1+F \times 16^0=10 \times 16^2+3 \times 16^1+15 \times 16^0=2623$（十进制）。

3. 数制间的转换

在计算机系统中，数制转换是一项基本操作，尤其是在用户输入数据时，计算机需要将其转换为二进制后进行处理。常见的数制转换有二进制与十进制之间的转换、二进制与十六进制之间的转换等。前面介绍权重时，已经介绍了二进制、八进制与十六进制转换为十进制的方法。下面介绍一些其他常见的转换方法。

（1）十进制转换为二进制

十进制转二进制的基本方法是采用"除以2取余法"。具体步骤如下。

步骤 01 将十进制数除以2，记录余数。

步骤 02 将商继续除以2，直到商为0。

步骤 03 余数从下往上排列，即为该十进制数对应的二进制数。

例如，十进制数13转换为二进制的过程：

$$13÷2=6余1，6÷2=3余0，3÷2=1余1，1÷2=0余1$$

所以，13的二进制表示为1101。

知识拓展

十进制小数的转换

十进制小数转换成二进制小数通常采用"乘2取整法"，首先用2去乘要转换的十进制小数，将乘积结果的整数部分提出来，然后继续用2去乘上次乘积的小数部分，直到所得积的小数部分为0或满足所需精度为止，最后把各次整数按最先得到的为最高位、最后得到的为最低位依次排列起来，便得到所求的二进制小数。

例如将0.3565转换为二进制，则0.3565×2=0.713（取0）、0.713×2=1.426（取1）、0.426×2=0.852（取0）、0.852×2=1.704（取1）、0.704×2=1.408（取1）……

以此类推，可以得到二进制小数0.3565的近似值是0.01011₂（保留5位小数）。如果继续计算，可以获得更高精度的近似值。

注意事项 | 十进制数的转换 |

任何十进制整数都可以精确地转换成一个二进制整数，但十进制小数却不一定可以精确地转换成一个二进制小数。如果需要将一个十进制数（包含整数部分和小数部分）完全转换为二进制，可以先将整数部分和小数部分分别转换，然后将两部分拼接起来。

知识拓展

快速通过减法法则计算十进制数对应的二进制表示

二进制中的每一位都有一个对应的权重（也就是值的大小），从左到右依次是128,64,32,16,8,4,2,1。要将一个十进制数转换成二进制，可以通过减法快速计算。例如，假设要将78（十进制）转换成二进制。

步骤 01 找到不超过78的最大权重值，也就是64，说明二进制中64所在的位置是1。然后78-64=14。

步骤 02 找14中不超过它的最大权重值，显然是8，所以8的位置也是1。继续计算14-8=6。

步骤 03 对6重复上述操作，发现不超过6的最大权重值是4，对应的位置为1，再算6-4=2。

步骤 04 2对应的权重就是2，它的位置也是1，再算2-2=0。

到这里，我们已经完成了计算，得到了78的二进制表示就是01001110。在网络通信中的子网掩码计算等场景中，这种方法是比较常见的。

（2）十进制转换为其他进制

了解了十进制转换为二进制后，如果十进制转换为其他进制时，采用的都是类似的方法：十进制转换为八进制，采用"除八取余"，十进制小数转换为八进制，采用"乘八取整"；十进制转换为十六进制，采用"除十六取余"，十进制小数转换为八进制，采用"乘十六取整"。具体的过程和排序和二进制一致。注意，十六进制中10～15使用A～F表示。

（3）二进制转换为八进制或十六进制

二进制转换为八进制，如果仅是整数部分，将二进制从右开始向左每三位分成一组，不足三位在最高位补"0"凑成三位一组。每一组分别转换为八进制的一个数，然后组合起来即可。例如01000101（二进制），转换为八进制时，可以分组为001 000 101，然后每组单独转换（计算方法与二进制转十进制一致），再将得到的数组合起来，得到105（八进制）。

二进制转换为十六进制，如果仅是整数部分，将二进制从右开始向左每四位分成一组，不足四位在最高位补"0"凑成四位一组。每一组分别转换为十六进制的一个数，然后组合起来即可。例如1001001101（二进制），转换为十六进制时，可以分组为0010 0100 1101，然后每组单独转换（计算方法与二进制转十进制一致），再将得到的数组合起来，得到24D（十六进制），这里注意10～15表示为A～F。

（4）八进制或十六进制转换为二进制

八进制或十六进制转换为二进制，则与上面介绍的内容相反。八进制每位转换为3位二进制数，十六进制每位转换为4位二进制数。具体的计算方法同十进制数转换为二进制数相同，也就是"除2取余"法。例如八进制325转换为二进制，得到011 010 101，组合起来就是11010101。十六进制3AC转换为二进制，得到0011 1010 1100，组合起来就是1110101100。

知识拓展

八进制与十六进制的转换
可以通过二进制在中间进行过渡，然后进行二次转换。

4. 数制在计算机中的应用

数制在计算机的各领域都扮演着重要角色。

（1）存储与运算

计算机硬件通过二进制进行数据存储和运算，内存、CPU、硬盘等设备的数据都以二进制存储，程序员在编程时通常使用十六进制或八进制来简化代码表示。

（2）输入与输出

用户输入的数据往往是十进制，但计算机处理时需要转换为二进制进行计算。转换后的结果常常以十六进制形式输出，便于显示。

（3）网络通信

在计算机网络中，数据传输通常使用二进制进行编码传输，数据包的大小、网络协议的处理等都与数制转换密切相关。

冯·诺依曼体系结构的应用使得计算机可以通过简单的二进制信号来表示复杂的信息，使得计算机系统得以实现高效的自动化处理。

> **知识拓展**
>
> **使用工具进行转换**
>
> 除了使用以上方法进行转换外，还可以使用计算器中的"程序员"功能进行转换，如图2-12所示。或者使用一些网站进行二进制转换，如图2-13所示。
>
> 图 2-12　　　　　　　　　　图 2-13

2.3.4　计算机中的字符编码

计算机中的编码是将人类语言和符号系统转换为计算机能够处理的二进制数据的过程，是信息在计算机中表示、存储和处理的基础。其中，字符编码是最重要的编码形式之一，它为计算机处理文字、数字和符号提供了统一的标准。

1. 认识字符编码

字符编码是将自然语言中的字符集（如字母、数字、标点符号）映射到计算机中的二进制形式的规则集合。计算机通过这些规则，可以在存储、处理和传输过程中对文本信息进行操作。字符编码为计算机与人类语言的沟通搭建了桥梁，是计算机处理文本信息的基础。

2. 常见字符编码标准

字符编码标准随着计算机技术的发展不断演进，不同的标准为不同的使用场景提供了解决方案。以下是几种常见的字符编码标准。

（1）ASCII编码

ASCII（American Standard Code for Information Interchange，美国标准信息交换码）是最早被广泛使用的字符编码标准。它采用7位二进制数表示字符，可以表示128个基本字符，包括英文字母、数字、标点符号和控制字符。ASCII编码简单高效，但仅适用于英语环境。

（2）扩展ASCII

扩展ASCII在基础ASCII的基础上增加了一个高位，使用8位二进制表示256个字符。这种扩展允许添加更多特殊符号和语言字符，例如德语的变音字母或法语的重音字符，适合多语言支持的早期场景。

（3）Unicode编码

Unicode是全球通用的字符编码标准，旨在解决传统编码方案中字符集冲突的问题。Unicode覆盖了世界上几乎所有的语言文字，并通过不同的实现形式（如UTF-8、UTF-16）提供灵活的编码方式。Unicode的普及为跨语言信息交换和多语言软件开发提供了标准化的解决方案。

- UTF-8是目前最广泛使用的Unicode实现，具有向后兼容ASCII的特点，能够高效编码英语文字，同时支持世界各地的语言。
- UTF-16使用固定长度或可变长度表示字符，适合大字符集的处理需求。

（4）其他国际编码

除了ASCII和Unicode外，还有其他针对特定语言或地区的编码标准，如ISO-8859系列（支持多种欧洲语言）和EBCDIC（IBM制定的一种编码标准），但应用范围较小。

3. 常见的中文字符编码标准

GB码是中文在计算机中使用的编码，中文字符的复杂性使得其编码方案有别于其他语言，主要包括以下几个标准。

（1）GB2312

GB2312是中国制定的第一个中文字符编码标准，支持6763个常用汉字和682个符号。每个字符使用2字节表示，主要用于早期的中文处理系统。

（2）GBK

GBK（国标扩展）在GB2312的基础上扩展了字符集，支持约2万个汉字和符号，解决了早期GB2312中汉字数量不足的问题，广泛应用于20世纪90年代中文操作系统和软件。

（3）GB18030

GB18030是目前中国最新的字符编码标准，与Unicode完全兼容，支持全部中日韩字符和符号。GB18030对大字符集的支持使其成为中文信息处理的核心编码标准。

2.3.5 计算机中的逻辑运算

逻辑运算是计算机进行信息处理的核心功能之一，它通过对数据的逻辑操作完成复杂的计算和决策任务。计算机的逻辑运算是以二进制为基础，通过布尔代数的规则实现的。

1. 认识逻辑运算

逻辑运算是对二进制数据进行处理的过程，主要通过"与""或""非"等逻辑操作来实现对数据的分析、判断和选择。二进制数据只有两个取值（0或1），分别对应逻辑中的"假"和"真"。通过逻辑运算，计算机能够对复杂条件进行判断，并实现条件分支、循环控制等操作。

2. 逻辑运算类型

逻辑运算分为以下几种基本类型。

（1）与运算（AND）

与运算的规则：只有当两个操作数都为1时，结果为1；否则，结果为0。与运算符号可以写作&、∩、∧、AND。

(2)或运算（OR）

或运算的规则：只要有一个操作数为1，结果为1；只有当两个操作数都为0时，结果为0。或运算符可以写作|、OR、∨、∪。

(3)异或运算（XOR）

异或运算的规则：当两个操作数的值不同（一个为0，一个为1）时，结果为1；否则，结果为0。异或运算符可以写作XOR、⊕、^。

(4)非运算（NOT）

非运算的规则：将一个操作数的值取反，即0变为1，1变为0。非运算符可以写作"！""┐"NOT。

上述逻辑运算示例如表2-1所示。

表2-1

A	B	A AND B	A OR B	A XOR B	NOT A
0	0	0	0	0	1
0	1	0	1	1	
1	0	0	1	1	0
1	1	1	1	0	

> **知识拓展**
>
> **与非运算（NAND）和或非运算（NOR）**
>
> 这两种运算是与运算和或运算的取反结果，常用于构造逻辑电路。
> - 与非（NAND）：只有当两个操作数都为1时，结果为0，否则为1。
> - 或非（NOR）：只有当两个操作数都为0时，结果为1，否则为0。

2.3.6 计算机中的数据单位

在计算机中，所有的信息最终都以二进制数的形式表示和存储，数据单位是描述计算机存储容量、传输速度等的重要指标。

1. 数据的基本单位

计算机以比特（Bit，b）作为最基本的数据单位，比特的取值只有0和1两种状态，通常用于表示二进制的最小信息量。多个比特可以组合成更大的单位，用于表示更复杂的信息，例如字母、数字、图像像素等。基本的数据单位包括以下几种。

(1)比特（Bit，b）

比特是最小的二进制数据单位，表示一个二进制位（0或1）。

(2)字节（Byte，B）

1字节通常由8比特组成，是计算机中处理数据的基本单位。例如，一个英文字母通常占1字节。

2. 数据单位的换算关系

随着信息处理需求的增长，计算机中的数据单位逐步扩展，形成了以下常见的换算关系。

1B（Byte，字节）=8b（bit，比特）

1KB（千字节）=1024B（字节）

1MB（兆字节）=1024KB（千字节）

1GB（吉字节）=1024MB（兆字节）

1TB（太字节）=1024GB（吉字节）

1PB（拍字节）=1024TB（太字节）

注意，这里的1024来源于计算机使用的二进制表示数据，因此以2^{10}（即1024）为计算基准，而非通常十进制中的1000。

3. 数据单位的实际应用

计算机硬件（如硬盘、U盘、内存）使用数据单位来标示存储容量。例如，一块1TB的硬盘可以存储约1024B×1024B×1024B×1024B的数据。

> **知识拓展**
>
> **1TB硬盘在计算机中检测并没有1TB容量**
>
> 存储设备厂商（如硬盘、U盘等）通常采用十进制的单位换算（1000），而操作系统采用的是二进制的单位换算（1024）。两者的换算标准不同，导致了容量显示的差异。

4. 网络传输的单位

网络传输单位的换算基于十进制，网络设备和通信协议通常以十进制标准为设计基础。网络传输单位的关系如下。

1Kb/s（千比特每秒）=1000b/s（比特每秒）

1Mb/s（兆比特每秒）=1000Kb/s（千比特每秒）

1Gb/s（千兆比特每秒）=1000Mb/s（兆比特每秒）

这种定义主要是为了简化网络带宽的计算。十进制的换算更接近人们日常使用的计量方式，也便于厂家宣传网络设备的传输速率。例如，1Gb/s通常表示每秒传输10亿比特。

1Gb/s（125MB/s）的网速，如果下载/s，理论数据大小为125MB（换算关系为1000），如果存储到计算机中，则大约为119MB（换算关系为1024）。

2.4 实训项目

本章介绍了计算机的基础知识，下面通过实训项目巩固本章所学。

2.4.1 实训项目1：数制的转换

【实训目的】

了解常见数制转换的运算关系，掌握数制转换的运算方法。

【实训内容】

1. 将十进制 236.123 转换为二进制

① 采用除2取余法，先将十进制236转换为二进制。

② 采用乘2取整法，再将十进制0.123转换为二进制。

③ 将所得的二进制数组合在一起，得到236.123（D）=11101100.001（B）。

2. 将二进制 10010011 转换为十进制

① 明确这八位数每一位的权值。

② 将二进制的每一位上的数字乘以其对应的权值。

③ 将得到的十进制数相加。

二进制数10010011对应的十进制数就是147。

2.4.2 实训项目2：数据存储与传输的单位换算

【实训目的】

掌握数据存储的单位和数据传输的单位以及它们之间的换算。

【实训内容】

某公司需要搭建一个小型局域网，用于内部文件共享和数据备份。公司计划购买一台网络存储服务器（NAS）和若干台工作站。已知以下信息：

NAS存储容量需求：50TB。工作站数量：10台。每台工作站平均产生的数据量：每天20GB。局域网传输速率：1Gb/s。

① 请计算NAS的存储容量，换算为GB。

② 请计算所有工作站一天产生的数据总量，换算为TB。

③ 如果公司需要每天将所有工作站的数据备份到NAS，理论上需要多长时间（以小时为单位）？

④ 如果将局域网传输速率升级到10Gb/s，备份时间将缩短多少？

第 3 章

计算机操作系统的应用

计算机操作系统（以下简称操作系统）不仅是连接硬件与软件的桥梁，更是计算机系统高效、稳定运行的基石。本章将揭开操作系统的神秘面纱，探索其基本概念、核心功能和分类，并深入剖析其内核机制，例如进程管理、内存管理、文件系统和输入输出管理。此外，还将介绍常见操作系统的特点和使用技巧，为今后的学习和工作奠定坚实基础。

3.1 操作系统概述

操作系统是计算机系统的基础组件，它不仅管理硬件资源，还为应用程序提供支持。随着人工智能技术的发展，现代操作系统在处理复杂任务和高效资源管理方面发挥着重要作用。

3.1.1 操作系统基础

操作系统（Operating System, OS）是计算机硬件和应用程序之间的桥梁，是计算机系统的核心组件。它负责管理和协调计算机硬件资源的分配，同时为用户提供方便的接口，使得计算机能够高效、稳定地运行。操作系统不仅仅是运行软件的基础环境，它还在多任务处理、内存管理、文件管理、设备驱动等领域扮演着至关重要的角色。

从信息基础的角度看，操作系统为计算机的每一个操作提供了基本的支持：它通过操作系统内核管理硬件资源，为应用程序提供执行环境。在信息技术的日常应用中，操作系统通过简化计算机硬件的复杂性，使用户和开发者能够更加专注于信息处理和应用开发。

进入人工智能时代后，操作系统的角色进一步扩展。随着计算能力的提升和大数据处理的需求，传统的操作系统功能面临更高的要求。在人工智能领域，操作系统不仅需要管理普通的计算任务，还需要支持大规模并行计算、复杂的数据流动和机器学习任务的高效执行。例如，操作系统在深度学习训练过程中需要合理调度资源，支持GPU等硬件加速，并处理大规模数据集的存储与传输。

人工智能的兴起还要求操作系统具备更强的智能调度和自适应能力。在云计算和边缘计算环境中，操作系统必须能够动态调整资源分配，保证人工智能算法的快速响应和高效运行。因此，了解操作系统的基本概念，对于深入掌握信息技术及其在人工智能领域中的应用至关重要。

3.1.2 操作系统的功能

操作系统的主要功能是管理计算机硬件与软件资源，提供基本的操作环境，以支持应用程序的运行。作为信息系统的核心，操作系统不仅需要保证计算机系统的稳定性与安全性，还需要满足高效的资源调度和用户需求。在人工智能技术的推动下，操作系统的功能面临着更高的要求，尤其是在处理大数据和并行计算方面。

1. 资源管理与调度

操作系统的核心功能之一是资源管理，包括对计算机硬件资源（如CPU、内存、磁盘等）的调度与分配。操作系统通过多种调度算法，合理分配资源，确保系统各部分高效协同工作。在人工智能应用中，操作系统的资源管理功能尤其重要，AI模型的训练需要大量计算资源与数据存储，操作系统需要能够支持大规模并行计算与高效的数据流动。

2. 用户界面与交互

操作系统提供用户界面与交互功能，使用户能够与计算机系统进行高效沟通。传统的操作系统通过图形用户界面（GUI）或命令行界面（CLI）实现这一功能，支持用户进行文件操作、应用启动等基本任务。随着人工智能的发展，操作系统正在转向更智能化的交互模式，如语音识别、自然语言处理等。AI助手、自动化操作等功能正在成为现代操作系统的一部分，提升了用户体验并简化了操作过程。

3. 安全性与防护

操作系统负责确保系统安全，包括对用户数据的保护、系统资源的访问控制以及防范恶意软件的入侵。操作系统通常通过身份验证、访问权限管理、加密技术等手段，确保数据安全性和完整性。随着人工智能应用的普及，操作系统需要进一步提升安全性，尤其是在云计算和边缘计算环境中，保障AI系统的隐私性和防止数据泄露已成为新的挑战。

4. 网络通信与协作

操作系统还负责处理计算机之间的网络通信，管理网络连接和数据传输。在分布式计算和云计算中，网络管理变得至关重要。人工智能的分布式训练和大规模数据处理需要操作系统高效地管理网络通信。操作系统提供的网络协议栈和通信服务能够确保不同计算节点之间的数据流通，为AI应用提供强大的支持。

5. 智能调度与自适应能力

随着AI应用的不断发展，操作系统不仅需要管理硬件和软件资源，还需要具有智能调度和自适应能力。通过机器学习和优化算法，操作系统可以根据任务的需求和系统负载，动态调整资源分配和调度策略。在人工智能领域，操作系统的智能调度能力可以提高资源的利用效率，降低计算和数据处理延迟，从而为AI模型的训练和推理提供更加高效的支持。

6. 虚拟化与容器管理

现代操作系统还提供虚拟化和容器化功能，这使得多个操作系统可以在同一硬件平台上并行运行。虚拟化技术为云计算提供了基础，容器技术则促进了应用的快速部署和管理。对于人工智能应用，虚拟化与容器化能够为不同的AI任务提供隔离和资源管理，支持大规模数据处理和分布式计算，提升计算资源的利用效率。

知识拓展

操作系统的能源管理

随着绿色计算的兴起，操作系统在能源管理方面也发挥着重要作用。操作系统通过动态调整硬件资源的使用，延长设备的电池寿命。在智能手机、物联网设备中，能源管理功能尤为关键。

3.1.3 操作系统的分类

操作系统根据不同的特性和应用需求,通常可以分为几类。每种分类的操作系统都有其独特的设计理念和使用场景。随着计算技术的发展,操作系统的类型也越来越多样化,以满足各类计算环境的需求。下面介绍几种常见的操作系统分类方式。

1. 按用户数量分类

- **单用户操作系统**:仅支持一个用户使用系统,如早期的MS-DOS操作系统和Windows 95。
- **多用户操作系统**:支持多个用户同时访问计算机资源,例如UNIX、Linux等系统。多用户操作系统通常通过用户管理和权限控制确保不同用户的数据隔离。

2. 按任务处理分类

- **单任务操作系统**:只能同时处理一个任务。早期的操作系统(如MS-DOS)大多是单任务操作系统,只能运行一个程序。
- **多任务操作系统**:能够同时运行多个任务。现代操作系统,如Windows、Linux和macOS,都属于多任务操作系统,能够有效地管理多个进程并分配系统资源。

3. 按操作方式分类

- **批处理操作系统**:任务以批次的方式执行,通常用于数据处理和科学计算,用户通过提交任务的方式进行工作。早期的IBM系统就是典型的批处理操作系统。
- **分时操作系统**:通过时间共享技术,使得多个用户可以共享计算机资源,提升系统的使用效率。UNIX是分时操作系统的代表之一。

> **知识拓展**
>
> **按功能支持分类**
>
> - **通用操作系统**:设计为可以支持各种应用需求的操作系统,适用于个人计算机和工作站,例如,Windows、Linux和macOS。
> - **实时操作系统(RTOS)**:设计用于处理实时任务的操作系统,能够保证任务在严格的时间限制内完成。广泛应用于嵌入式系统、航空航天等领域。
> - **嵌入式操作系统**:专门为嵌入式系统设计的操作系统,通常具备高效、稳定和低功耗等特性。常见的嵌入式操作系统有RTOS、Android等。

4. 按开源性分类

- **开源操作系统**:源代码公开,用户可以自由修改和分发,如Linux、FreeBSD等。
- **封闭源代码操作系统**:操作系统的源代码不公开,只有厂商拥有完整的源代码,如Windows和macOS。

5. 按计算环境分类

按计算环境分类是常用的分类方式,具体可以分为如下几类。

(1)桌面操作系统

桌面操作系统是主要用于个人计算机的操作系统,如Windows、macOS和Linux桌面版本。

目前常见的Windows桌面版本为Windows 11，如图3-1所示。Linux发行版比较多，常见的Ubuntu如图3-2所示。

图 3-1

图 3-2

（2）服务器操作系统

服务器操作系统是用于管理和维护服务器的操作系统，通常具备更高的安全性、稳定性和可扩展性，如Windows Server系列系统，如图3-3所示。

（3）移动操作系统

移动操作系统是专为移动设备设计的操作系统，如HarmonyOS系统（图3-4）、Android系统、iOS系统，适用于智能手机、平板电脑等设备。

图 3-3

图 3-4

3.2 操作系统的核心概念

操作系统的核心概念涵盖系统管理和资源分配的关键领域，包括进程与线程、内存管理、文件系统等功能。掌握这些核心概念对于理解操作系统如何高效地协调硬件资源、执行任务和确保系统稳定至关重要。随着计算需求的变化和技术的进步，这些核心概念不断发展与优化，为计算环境提供坚实的基础。深入学习这些概念，我们可以更好地理解操作系统在现代计算机中的作用。

3.2.1 进程与线程

进程和线程是操作系统中最基本的概念之一，它们是计算机执行任务的基本单位。理解进程和线程的区别与联系，对于深入了解操作系统的工作原理和资源管理至关重要。

1. 认识进程

进程是计算机中正在执行的程序实例，它是操作系统资源分配的基本单位。每个进程都有自己的独立内存空间、代码和数据段。操作系统通过进程控制块（PCB）管理进程的状态信息，包括进程标识符、寄存器状态、程序计数器、内存分配等。进程通常在程序启动时由操作系统创建，并在程序结束时被销毁。

> **知识拓展**
>
> **进程与程序的关系**
>
> 程序是存储在硬盘上的静态代码和数据集合，而进程是程序在执行时的动态表现，是操作系统管理的基本单位。一个程序可以启动多个进程，每个进程都是程序的一个执行实例，具有独立的资源和执行状态。简言之，程序是任务的静态描述，进程是程序执行时的活动实体，二者通过操作系统的调度和管理相互关联。

2. 认识线程

线程是进程中的一个执行单元，它是操作系统调度的最小单位。每个进程至少有一个线程，这个线程称为主线程。线程共享进程的内存空间，但每个线程有自己的栈空间和程序计数器。由于线程之间共享数据，它们之间的通信比进程间通信更高效，因此在多核处理器和多任务操作中，线程具有更高的执行效率。

3. 进程与线程的关系

进程与线程有着密切的关系。每个进程都可以包含多个线程，每个线程则在进程的上下文中运行。进程是资源分配的基本单位，线程则是程序执行的基本单位。进程之间的资源是隔离的，进程间的通信相对复杂；线程之间由于共享进程的资源，通信更为高效，但也容易出现竞争条件和资源冲突。

4. 进程与线程的调度

操作系统通过进程调度和线程调度来管理并发任务的执行。在多任务环境下，操作系统需要通过时间片轮转、优先级调度等方式确保多个进程和线程的有效运行。进程调度通常比线程调度更为复杂，因进程拥有独立的内存和资源；线程调度则相对简单，因线程共享相同的资源。

3.2.2 内存管理

内存管理是操作系统中至关重要的一部分，它负责控制和分配计算机的内存资源，确保系统的高效运行。内存是计算机中最基本的资源之一，操作系统必须合理管理内存的使用，避免资源浪费，同时提高系统性能和稳定性。内存管理的核心任务包括内存分配、回收、虚拟内存和内存保护等。操作系统通过高效的内存管理策略，确保系统能够在有限的资源下高效运行，满足现代计算的需求。

1. 内存分配

操作系统必须有效地分配内存给正在运行的进程和程序。内存分配可以是连续分配或非连续分配。连续分配将内存连续地分配给进程,非连续分配则采用分段或分页的方式,允许内存的非连续使用。这两种方式各有优缺点,操作系统根据具体情况选择最合适的分配策略。

2. 内存回收

内存回收是指在进程结束或不再使用某块内存时,将这部分内存释放给系统。操作系统通过内存回收机制确保不会发生内存泄漏,即不会长时间占用已经不再需要的内存空间。内存回收的方式包括手动释放和自动垃圾回收,现代操作系统常采用自动垃圾回收机制,减少开发者的负担。

> **知识拓展**
>
> **内存碎片的整理**
>
> 内存碎片是指内存由于频繁的分配与回收操作导致空闲内存分布不连续,形成无法利用的小块内存。内存碎片化会影响系统的性能,甚至导致内存无法充分利用。操作系统通过内存合并、内存压缩等技术来减少碎片化现象,保持内存的有效使用。

3. 虚拟内存

虚拟内存是现代操作系统中的一项重要技术,它使得每个进程都能拥有一个独立的、连续的内存空间,尽管物理内存的空间可能有限。虚拟内存通过硬盘上的交换空间来扩展实际的内存容量,使得程序可以使用超过物理内存大小的内存。操作系统通过页面置换算法管理虚拟内存,确保在内存不足时仍能保证程序的正常执行。

4. 内存保护

内存保护是确保不同进程之间不会互相干扰的重要机制。操作系统通过内存保护技术隔离进程的内存空间,防止一个进程访问另一个进程的内存,从而提高系统的安全性和稳定性。内存保护通常依赖于硬件支持。

5. 内存共享与映射

在某些情况下,操作系统允许多个进程共享内存资源。例如,共享内存可以用于进程间的通信,提高数据交换效率。操作系统通过内存映射将文件或设备的内容映射到内存地址空间,使得进程可以直接操作这些内容,而不需要执行复杂的输入输出操作。

3.2.3 文件系统

文件系统是操作系统管理存储设备上数据的重要机制,它决定了数据的存储、访问和组织方式。通过文件系统,操作系统可以提供对文件的创建、读取、写入、删除等操作。文件系统的设计影响着存储设备的性能、可靠性及数据的管理效率。一个高效的文件系统不仅能够满足基本的文件操作需求,还应当具有良好的扩展性和容错能力,以应对复杂的存储环境。

1. 文件系统的基本概念

文件系统是操作系统与硬盘等存储介质之间的接口,提供了一个抽象层,使得用户可以通过文件的形式访问数据,而不需要关心底层存储的细节。文件系统负责组织文件和目录,提供文件名、文件属性、存取权限等信息，并对数据进行物理存储和逻辑管理。

2. 文件与目录

文件系统的基本单位是"文件"，它是存储在磁盘上的数据集合。文件可以是文本文档、图片、程序等多种形式。文件系统通常采用目录结构管理文件，目录类似于文件的容器，帮助用户对文件进行分类和层次化管理。目录结构的设计可以是平坦的，也可以是树状的或层级化的。

3. 文件的存储与访问

文件在磁盘上的存储可以采用不同的方式，包括连续存储、链式存储和索引存储等。连续存储将文件的数据按顺序存储在磁盘的连续块中，访问速度较快，但容易造成磁盘空间浪费。链式存储通过链表方式将文件的数据块链接在一起，解决了空间碎片化问题，但访问速度较慢。索引存储则为每个文件建立一个索引表，通过索引快速访问文件数据。

4. 文件的管理

操作系统通过文件控制块（FCB）管理文件，FCB存储了文件的元数据，如文件名、存储位置、大小、权限等信息。文件系统需要高效地维护和更新这些元数据，确保文件操作的正确性和一致性。

5. 文件系统的类型

根据实现方式和功能的不同，文件系统可以分为多种类型。例如，FAT（File Allocation Table）文件系统广泛用于早期的操作系统中，虽然简单，但不支持现代的高效存储管理；NTFS（New Technology File System）是Windows操作系统中的主流文件系统，支持大文件、高安全性和高性能；Linux操作系统则使用EXT系列文件系统（如EXT 4），具有较强的稳定性和兼容性。

6. 文件系统的安全性

文件系统的安全性通过访问控制、权限管理和加密技术实现。操作系统通过设置文件的访问权限，限制用户对文件的读取、写入和执行操作，确保数据的安全性。此外，一些文件系统还支持文件加密，防止数据被未授权用户访问。

> **知识拓展**
>
> **文件系统的性能优化**
>
> 为了提高文件的访问速度和存储效率，现代文件系统采用了许多优化技术，如缓存机制、预读和写回策略等。通过合理配置文件系统的块大小、目录结构和数据存储策略，可以有效提升文件系统的性能。

3.2.4 输入输出管理

输入输出管理是操作系统中的一个核心功能，它负责协调计算机系统中的输入输出设备与内存、CPU之间的数据交换。现代计算机中，输入输出设备种类繁多，包括键盘、鼠标、打印机、硬盘、显示器等，输入输出管理的目标是使这些设备的操作更加高效、透明和可靠。操作系统通过输入输出管理提供设备抽象接口，简化应用程序与硬件之间的交互。

1. 输入输出设备的分类

输入输出设备根据功能和方向可分为输入设备和输出设备。输入设备用于向计算机传输数据，如键盘、鼠标、扫描仪等；输出设备用于从计算机传输数据到外部世界，如显示器、打印机、扬声器等。除了这些基本设备，还有一些外部存储设备（如硬盘、光驱等）用于存储和读取数据。

2. 输入输出设备的工作原理

输入输出设备与计算机其他部件之间的通信通常是通过硬件接口进行的。这些接口包括串行端口、并行端口、USB接口等。操作系统通过驱动程序与硬件设备进行交互，为不同类型的设备提供统一的访问方式。设备驱动程序是与硬件设备直接交互的程序，它将硬件设备的具体操作转换为操作系统能理解的命令，并对输入输出请求与硬件设备的响应进行管理。

3. 输入输出的管理方式

操作系统管理输入输出的方式主要有两种：轮询和中断。

- **轮询方式**：操作系统定期检查设备是否有数据需要处理。当设备完成一个操作时，操作系统会继续轮询下一个设备。轮询方式简单，但效率较低，尤其是在设备数量较多或响应时间较长时。
- **中断方式**：当设备准备好数据或完成操作时，它会向CPU发出中断信号，操作系统收到中断信号后及时响应并处理相应的数据。这种方式的效率较高，能够避免不必要的等待。

4. 输入输出缓冲

为了提高输入输出操作的效率，操作系统通常使用缓冲区（Buffer）临时存储输入输出数据。缓冲区是位于内存中的一块区域，用于存储数据流。通过缓冲技术，操作系统可以避免频繁地硬件访问，减少设备和CPU之间的阻塞。在进行大文件的输入输出时，缓冲区有助于减少磁盘访问的次数，提高系统的整体性能。

5. 输入输出调度

操作系统需要通过调度算法来高效管理多个输入输出请求。对于磁盘等设备，输入输出调度策略尤为重要，常见的调度算法包括先来先服务（FCFS）、最短寻道时间优先（SSTF）和扫描算法（SCAN）。这些调度算法通过合理安排各输入输出请求的处理顺序，减少设备的空闲时间，提高整个系统的响应速度。

知识拓展

输入输出错误的处理

输入输出设备可能因硬件故障、驱动程序问题或其他原因发生错误。操作系统需要提供错误检测和处理机制，以保证系统的稳定性。当发生输入输出错误时，操作系统会采取重试、错误日志记录、设备重置或其他恢复措施，确保数据完整性和操作的成功。

3.2.5 死锁管理

死锁是指两个或多个进程在执行过程中，由于竞争资源而造成的一种僵局状态，即它们相互等待对方释放资源，导致无法继续执行。死锁是操作系统中一个严重的并发问题，会导致系统的性能下降，甚至完全停滞。因此，操作系统需要有效的死锁检测、预防和恢复机制，以避免死锁的发生或在发生时能够迅速处理。

1. 死锁的必要条件

死锁的发生通常满足以下4个必要条件。

- **互斥条件**：至少有一个资源必须处于非共享模式，即一次只能有一个进程使用该资源。
- **占有且等待条件**：一个进程持有至少一个资源，并等待其他被占用的资源。
- **不剥夺条件**：进程已获得的资源在未使用完之前不能被操作系统强行剥夺。
- **循环等待条件**：存在一个进程等待链，其中每个进程都在等待下一个进程持有的资源。

2. 死锁预防

死锁预防通过在系统中避免某些死锁必要条件的发生来实现。主要的预防策略如下。

- **破坏互斥条件**：允许多个进程共享资源，但这对于某些资源（如打印机、磁带驱动器等）并不可行。
- **破坏占有且等待条件**：要求进程在请求资源之前释放所有已占有的资源，或者只允许在进程启动时一次性请求所有资源。
- **破坏不剥夺条件**：允许操作系统在必要时强制剥夺进程占有的资源，并分配给其他进程。
- **破坏循环等待条件**：通过资源排序或图模型限制资源请求的顺序，避免形成循环等待。

> **知识拓展**
>
> **死锁避免**
>
> 死锁避免是一种动态的管理策略，在运行时通过算法来决定是否分配资源。与死锁预防不同，死锁避免允许更多的资源共享和灵活的资源请求，但要求操作系统能实时监控系统状态。经典的死锁避免算法有银行家算法，它通过检查每次资源请求是否会导致系统进入不安全状态来避免死锁。

3. 死锁检测与恢复

死锁检测通过系统的监控和分析，发现系统是否处于死锁状态。检测算法通过资源分配图等模型来跟踪进程和资源的状态，识别死锁的发生。一旦检测到死锁，操作系统需要采取相应的恢复措施。

- **终止进程**：直接终止某些或所有死锁进程，释放资源。
- **回滚进程**：将某些进程恢复到一个安全的状态，重新尝试执行。
- **资源剥夺**：强行从某些进程中夺回资源，打破死锁。

这些恢复措施通常会导致系统效率下降，因此死锁检测和恢复一般在资源充足、系统负载较低时进行。

3.2.6 同步与互斥

在多进程和多线程环境中，多个进程或线程可能需要共享资源，若不加以控制，容易引发竞态条件和数据不一致问题。同步和互斥是解决这些问题的关键。

1. 互斥

互斥是指在同一时刻，多个进程或线程对共享资源进行访问时，只允许一个进程或线程访问该资源。互斥可以通过锁机制来实现，如互斥锁（mutex），确保同一时刻只有一个进程能够操作共享资源，避免并发执行时的冲突。

2. 同步

同步则指多个进程或线程按照一定的顺序执行，保证它们之间的操作协调一致。例如，一个进程需要等待另一个进程完成某项任务后才能执行，可以通过信号量、条件变量等机制来实现同步，确保进程之间的正确执行顺序。

3. 同步与互斥的区别

互斥主要解决资源竞争问题，确保资源的独占性；同步解决进程或线程之间的执行顺序问题，保证程序逻辑的正确性。两者常常一起使用，在实际编程中，通过互斥机制控制共享资源访问，通过同步机制控制进程间的协作。

3.2.7 资源管理与分配

资源管理与分配是操作系统的核心功能之一，旨在高效、公平地分配计算机系统中的各种有限资源，如CPU时间、内存、输入输出设备等。资源的合理分配直接影响系统的性能、稳定性及用户体验。

1. 资源分配的目标

资源分配的主要目标是实现公平性、效率和合理性。公平性要求系统中的所有进程能平等获取资源，效率则确保系统能够最大化资源利用，合理性则保证系统资源分配的稳定性和可预测性，避免出现资源冲突和饥饿现象。

> **知识拓展**
>
> **资源分配的优化**
>
> 为了提升资源分配的效率，操作系统在资源管理中通常采用优化策略，如负载均衡、资源池管理、优先级调度等。这些优化策略通过合理的资源调度和分配，使系统能更高效地处理大量并发任务。

2. 资源分配的策略

操作系统根据资源的不同特性，采用不同的策略进行资源分配。

- **静态分配：** 在进程启动时预先为其分配资源，分配后资源不再变动。这种方法简单，但灵活性差。
- **动态分配：** 根据进程需求实时分配资源，进程在运行过程中动态申请和释放资源，常见于多任务操作系统中。

3. 资源分配算法

操作系统采用多种算法管理资源的分配,常见的资源分配算法如下。

- **先来先服务(FCFS)**:按照进程请求顺序分配资源,简单易实现,但可能导致低效。
- **最短作业优先(SJF)**:优先分配资源给执行时间最短的进程,减少平均等待时间,但容易导致长作业饥饿。
- **轮转调度(Round-Robin)**:为每个进程分配固定的时间片,进程执行完一个时间片后切换到下一个进程。

3.2.8 用户管理与安全性

用户管理与安全性是操作系统中至关重要的部分,确保计算机系统的正常运行与数据的保密性、完整性及可用性。随着多用户、多任务操作系统的普及,如何有效管理用户权限及保护系统免受非法访问与攻击成为一个重要课题。

1. 用户管理

操作系统通过用户管理模块控制对系统资源的访问权限。每个用户通过唯一的身份标识(如用户名)和密码进行身份验证。系统管理员可以根据用户角色和需求分配不同的权限,如读取、写入、执行等权限。

> **知识拓展**
>
> **用户隐私的保护**
>
> 操作系统需要在保护系统安全的同时,保护用户隐私。操作系统通过访问控制、加密技术和隐私政策确保用户数据不被泄露。数据隐私保护尤其重要,例如在社交媒体、在线支付等场景中,操作系统的安全性保障至关重要。

2. 安全性

操作系统的安全性管理旨在防止未经授权的访问、数据泄露、恶意软件入侵等安全风险。常见的安全措施如下。

- **身份验证**:通过用户名、密码、指纹识别等方式验证用户的身份,确保只有合法用户能够访问系统。
- **授权与审计**:授权机制确保不同用户只能访问其有权限的资源,审计功能记录用户的操作日志,便于追溯和检查不合法行为。
- **加密与防护**:操作系统通过加密技术保护敏感数据,如文件加密、磁盘加密、传输加密等,防止数据被窃取或篡改。防火墙、杀毒软件等也作为外部防护措施,保护系统免受病毒和黑客攻击。

3. 用户权限管理

操作系统中,用户权限是控制资源访问的基本手段。管理员可以通过权限控制分配给不同用户不同的访问权,这样有助于防止系统资源滥用或恶意操作。常见的权限管理方式如下。
- **基于角色的访问控制(RBAC)**:通过角色定义权限,用户被分配到特定角色,从而获得角色所拥有的权限。
- **最小权限原则**:为每个用户分配其完成任务所需的最少权限,从而降低安全风险。

4. 防止恶意攻击

操作系统通过多种机制防止恶意攻击和病毒入侵。
- **访问控制**:限制非法访问,阻止未经授权的用户修改系统设置或数据。
- **入侵检测系统(IDS)**:通过监控系统行为,检测并响应异常活动,如病毒、木马或恶意软件攻击。
- **沙箱技术**:在受控环境中运行不信任的程序,防止其对系统造成破坏。

3.2.9 网络管理

网络管理是操作系统用于管理计算机网络连接和通信的核心部分,确保网络的稳定性、效率与安全性。随着网络环境的复杂性增加,操作系统需提供强大的支持来确保数据传输的顺畅与安全。

1. 网络配置

操作系统通过配置IP地址、子网掩码等网络参数,确保计算机能正常接入网络。常见的配置方法包括DHCP自动配置和手动静态配置。

2. 网络协议

操作系统支持多种网络协议,确保设备之间的有效通信。常见协议如下。
- **TCP/UDP**:传输层协议,负责数据的可靠传输。
- **IP**:网络层协议,负责路由和寻址。
- **HTTP/FTP**:应用层协议,支持网页浏览、文件传输等。

> **知识拓展**
>
> **网络安全管理**
> 操作系统通过防火墙、VPN和入侵检测系统(IDS)等手段保护网络免受攻击,确保数据的安全传输。

3. 网络资源共享

操作系统通过网络文件系统(如NFS、SMB)和远程访问协议(如SSH)实现计算机间的文件与设备共享。

4. 网络性能优化

操作系统通过流量控制和负载均衡等技术优化网络性能,避免拥堵并提升传输效率。

3.3 Windows系统的常见操作

Windows操作系统是由微软公司开发的图形用户界面（GUI）操作系统，自1985年推出首个版本以来，已成为全球最广泛使用的操作系统之一。Windows系统的特点是易于使用、兼容性强，广泛应用于个人计算机、工作站和服务器等领域。随着计算机硬件和用户需求的发展，Windows系统不断创新，优化性能，提升安全性，并加强多任务处理能力。其界面管理、文件管理和系统维护等功能使得Windows系统成为用户日常操作的主流选择。下面以Windows桌面操作系统为例，向读者介绍一些Windows系统中的常见操作。

3.3.1 Windows系统的界面管理

Windows系统的图形用户界面（GUI）是其最显著的特点之一，用户可以通过图形界面与操作系统进行交互。Windows系统的界面设计注重易用性和直观性，使得用户无须了解复杂的命令行操作，就可以完成大部分任务。下面介绍系统界面管理的相关操作。

1. 设置界面分辨率

Windows 11界面的分辨率就是系统显示的像素点的比例和数量。用户可以在桌面上右击，在弹出的快捷菜单中选择"显示设置"选项，在"设置"界面的"屏幕"页面选择"显示器分辨率"选项，在弹出的菜单中选择所需的分辨率，如图3-5所示。

2. 设置桌面图标

新安装的系统中，桌面仅有"回收站"和"Microsoft Edge"两个图标。如果想将常用的"此计算机""网络"和用户文件夹快捷方式调出来，可以在桌面上右击，在弹出的快捷菜单中选择"个性化"选项，从功能列表的"主题"卡片中找到并选择"桌面图标设置"卡片，在弹出的界面中勾选需要在桌面上显示的图标，如图3-6所示。

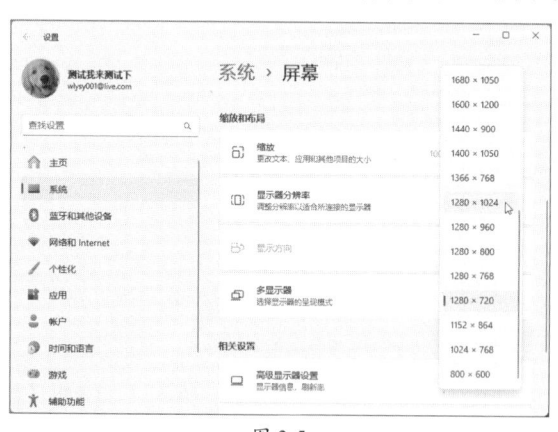

图3-5　　　　　　　　　　图3-6

3. 设置锁屏界面

Windows 11登录系统、注销或锁定当前用户登录时进入的界面就是锁屏界面，只有输入用户密码才能进入系统，用户可以设置该界面的内容。通过"个性化"界面的"锁屏界面"卡片来设置锁屏界面显示的内容，可以设置锁屏界面的背景，如默认的"Windows聚焦""图片"或多张图片轮换的"幻灯片放映"。也可以设置锁屏界面显示的内容，例如天气等，或者不显示。可以在上方查看设置后的锁屏界面效果，例如使用了系统默认的、随机变换的"Windows聚焦"，如图3-7所示。

4. 设置"开始"屏幕

"开始"屏幕就是用户按Win后弹出的界面。在新版本中，可以对"开始"屏幕进行个性化设置。用户可以通过"个性化"的"开始"卡片启动"开始"屏幕的设置界面。在这里可以设置开始菜单的布局、显示的内容，如图3-8所示。

图 3-7 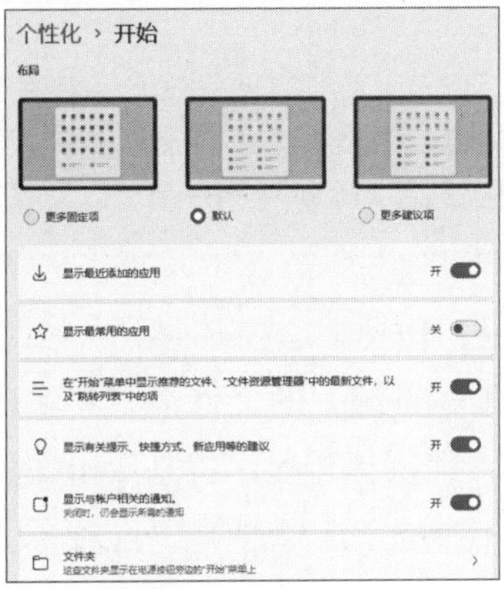　　　　　　　　　　　　　　　图 3-8

动手练 设置任务栏

系统界面的下方承载了各种系统功能图标、系统托盘图标，显示时间的矩形区域就是任务栏。用户可以通过"个性化"的"任务栏"卡片进入任务栏的设置界面，在这里可以设置任务栏显示的内容，如图3-9所示。还可以设置任务栏的对齐方式、是否隐藏、是否合并标签等，如图3-10所示。

图 3-9 　　　　　　　　　　　　　　　图 3-10

▍3.3.2　Windows系统的文件管理

Windows系统的文件管理功能是其核心功能之一，它为用户提供了高效、直观的文件存储、访问和组织方式。Windows的文件管理通过资源管理器实现，资源管理器是用户与计算机

49

文件系统交互的主要工具，允许用户进行文件和文件夹的浏览、创建、修改、删除等操作。下面重点介绍Windows系统中常见的文件管理的相关操作。

1. 查看文件扩展名

文件名由文件名和文件扩展名组成，格式为"文件名.文件扩展名"。默认情况下，系统仅显示文件名而不显示文件扩展名。如果要查看文件扩展名，可以在系统的"资源管理器"菜单栏中，在"查看"下拉菜单的"显示"级联菜单中选择"文件扩展名"选项，如图3-11所示，这样在"资源管理器"中就可以查看到文件的扩展名。

> **知识拓展**
>
> **文件扩展名的作用**
> 通过文件扩展名，系统和用户都可以了解该文件的类型、打开方式等。

2. 更改文件的打开方式

默认情况下，系统中的文件都有其默认的打开程序。判断可以用哪些软件打开的依据就是文件扩展名。默认打开程序就是双击文件后所启动的程序。如果临时需要使用其他程序打开（一次性，不影响默认打开），可以在文件上右击，在弹出的快捷菜单中选择需要打开的程序，如图3-12所示。

图 3-11 　　　　　　　　　　　　图 3-12

如果希望修改文件的默认打开程序，也就是双击文件后启动的程序，可以在图3-12中选择"选择其他应用"选项，在打开的界面中选择其他的程序后，单击"始终"按钮。

3.3.3　Windows系统的维护及优化

Windows系统的维护与优化是确保操作系统平稳运行和提高性能的关键部分。随着时间的推移，计算机可能会安装大量程序、存储过多文件或系统更新等导致运行变慢或出现故障。因此，定期进行系统维护和优化，可以延长硬件的使用寿命并提高系统的整体性能。

1. 清理临时文件

Windows系统在运行时，会产生大量临时文件，用户可以使用系统的清理功能来清理系统运行时产生的临时文件、缓存文件等。按Win+I组合键打开"设置"界面，启动"系统"选项卡中的"存储"卡片，进入其中的"临时文件"卡片，系统会扫描出更新残留、缩略图缓存、传递优化文件、各种临时文件。用户选择需要清理的选项，单击"删除文件"按钮，如图3-13所示，进行清理。

2. 自启动程序管理

有些程序在安装后会创建自启动项，在Windows开机时启动，用户可以禁用一些不需要的启动项目，在需要时手动启动，以减少资源占用，提高开机速度。按Win+I组合键打开"设置"界面，在"应用"选项卡中找到并选择"启动"卡片，此时会列出多个开机启动的项目，用户可以关闭一些不需要的启动项目，如图3-14所示。

图 3-13　　　　　　　　　　　图 3-14

3. 磁盘碎片整理

Windows在工作时会向磁盘写入数据，这些数据可能不是连续写入的，磁头在读取时会来回切换，在一定程度上增加了读取的时间。定期执行碎片整理，将文件或程序连续存储，可以提高读取的效率。

| 注意事项 | 磁盘碎片整理对磁盘的要求 |

这里的磁盘主要指的是机械硬盘，因为存储机制的不同，固态硬盘本身就采用了随机存储，不需要进行碎片整理，碎片整理反而会使固态硬盘的寿命减少。

用户可以在"此电脑"中机械硬盘的任意分区上右击，在弹出的快捷菜单中选择"属性"选项。在弹出的"属性"界面中进入"工具"选项卡，单击"优化"按钮。在弹出的"优化驱动器"对话框中单击"分析"按钮，分析碎片状态，最后单击"优化"按钮启动优化，如图3-15所示。系统会多次进行碎片整理和合并文件操作，完成后碎片会显示为0%。

4. 电源管理

通过电源管理可以优化系统的电源功能、延长电池时间。笔记本电脑建议保持默认，台式机可以按Win+I组合键打开"设置"界面，进入"系统"的"电源"卡片中，设置"电源模式"为"最佳性能"，如图3-16所示。另外，可以在这里设置计算机的屏幕关闭和进入睡眠状态的时间，开启"节能模式"或配置"电源"按钮的功能等。

图 3-15 　　　　　　　　　　　　　　　图 3-16

3.4 Linux系统的常见操作

　　Linux系统是一种强大且灵活的操作系统，广泛应用于服务器、嵌入式设备和开发环境中。它以稳定性、高性能和开源特性而闻名，支持多种用户级别的操作和自定义配置。与Windows相比，Linux的操作方式更侧重命令行工具，但其图形用户界面（GUI）也同样具备便捷性。

　　Linux的常见操作围绕终端窗口、软件管理和文件管理展开。下面以常见的Linux发行版Ubuntu为例，介绍Linux系统的基本操作。

3.4.1 Linux系统的终端窗口操作

　　Linux系统的终端是其核心工具，用户通过输入命令与系统交互。相比图形界面，终端操作更加灵活高效，也是许多Linux任务的首选方式。

1. 更改终端窗口快捷键

　　默认终端窗口的快捷键是Ctrl+Alt+T，用户可以打开"设置"界面，在"键盘"选项卡中，找到"键盘快捷键"，选择"查看及自定义快捷键"选项，如图3-17所示。在"启动器"卡片中选择"启动终端"选项，如图3-18所示，在弹出的界面中按所需快捷键就可以更改默认的快捷键。

图 3-17 　　　　　　　　　　　　　　　图 3-18

2. 终端窗口内容的复制和粘贴

　　终端窗口中显示的文本内容可以使用鼠标拖曳的方式选择。选好后，右击，在弹出的快捷菜单中选择"复制"选项进行复制，如图3-19所示。或者选择"粘贴"选项将复制的内容粘贴到终端窗口中执行。

知识拓展

使用组合键进行复制粘贴

在Ubuntu的终端窗口中，复制的组合键是Ctrl+Shift+C，粘贴的组合键是Ctrl+Shift+V。

3. 使用命令补全功能

Linux中有一个非常实用的功能，就是补全。输入命令时，不需要输入全部，只需要输入到可以确定命令的唯一性的字段时，就可以按Tab键补全所有的命令。例如输入重启命令reboot，只需输入reb，再按Tab键就可以补全整个命令。这种方法也适用于命令的参数，如文件名、路径等，可以简化输入，防止输入错误。

按Tab键补全需要输入的字符满足其唯一性。如果不满足，例如只记得命令的开头，或者想查询以输入内容作为开头的所有命令或者参数时，可以连续按两次Tab键，此时系统会将以输入内容作为开头的所有匹配内容全部显示出来。这在安装应用时非常常用，如图3-20所示。

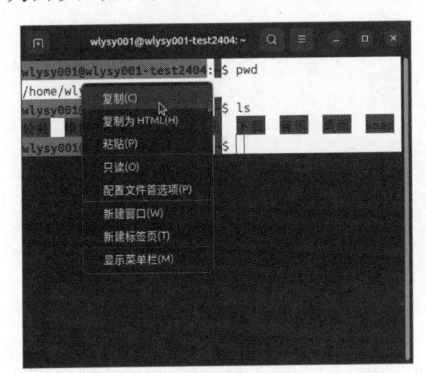

图 3-19 　　　　　　　　　　图 3-20

动手练 终端窗口的清空

如果要清空终端窗口中的内容，可以使用clear命令，会清空所有信息，并重新生成命令提示符。也可以按Ctrl+L组合键，使用后，终端窗口会将所有的内容隐藏，并另起一空白页，但用户可以通过鼠标滚轮查看隐藏起来的内容。用户还可以使用reset命令完全刷新终端窗口，过程较慢，效果和clear命令一样。

3.4.2　Linux系统的文件管理

Linux系统的文件管理包括文件的创建、复制、粘贴、移动、查看、设置权限等操作。下面介绍几个简单的文件管理操作，其他操作读者可以自行探索。

1. 目录的管理

目录的管理包括创建目录（mkdir）和复制目录（cp）、移动目录（mv）和删除目录（rmdir）。执行效果如下：

```
wlysy001@wlysy001-test2404:~$ ls                        // 查看初始状态
公共  模板  视频  图片  文档  下载  音乐  桌面  snap
wlysy001@wlysy001-test2404:~$ mkdir test                // 创建目录
wlysy001@wlysy001-test2404:~$ ls                        // 查看当前目录下的目录和文件
公共  模板  视频  图片  文档  下载  音乐  桌面  snap  test    // 创建成功
wlysy001@wlysy001-test2404:~$ cp -r test test1          // 复制目录test，命名为test1
wlysy001@wlysy001-test2404:~$ ls
公共  模板  视频  图片  文档  下载  音乐  桌面  snap  test  test1  // 创建成功
wlysy001@wlysy001-test2404:~$ mv test test2             // 移动test，并重命名为test2
wlysy001@wlysy001-test2404:~$ ls
公共  模板  视频  图片  文档  下载  音乐  桌面  snap  test1  test2  // 移动成功
wlysy001@wlysy001-test2404:~$ rmdir test1 test2         // 删除目录
wlysy001@wlysy001-test2404:~$ ls
公共  模板  视频  图片  文档  下载  音乐  桌面  snap           // 删除成功
```

2. 文件的管理

文件的管理包括创建文件（touch）和复制文件（cp）、移动文件（mv）和删除文件（rm）。执行效果如下：

```
wlysy001@wlysy001-test2404:~$ ls
公共  模板  视频  图片  文档  下载  音乐  桌面  snap
wlysy001@wlysy001-test2404:~$ touch abc.txt                      // 创建文件
wlysy001@wlysy001-test2404:~$ ls
公共  模板  视频  图片  文档  下载  音乐  桌面  abc.txt  snap     // 创建成功
wlysy001@wlysy001-test2404:~$ cp abc.txt abc.txt.bak             // 复制并重命名
wlysy001@wlysy001-test2404:~$ ls
公共  视频  文档  音乐  abc.txt       snap
模板  图片  下载  桌面  abc.txt.bak                              // 复制成功
wlysy001@wlysy001-test2404:~$ mv abc.txt def.txt                 // 移动并改名
wlysy001@wlysy001-test2404:~$ ls
公共  视频  文档  音乐  abc.txt.bak  snap
模板  图片  下载  桌面  def.txt          // 重命名成功，因为是移动，源文件消失
wlysy001@wlysy001-test2404:~$ rm -f abc.txt.bak                  // 删除复制的文件
wlysy001@wlysy001-test2404:~$ ls
公共  模板  视频  图片  文档  下载  音乐  桌面  def.txt  snap    // 删除成功
```

3. 文件的查看与编辑

文件的查看可以使用"cat""more""less""head""tail"命令等，如图3-21所示。文件的编辑可以使用vi或vim编辑器（需要安装），如图3-22所示。

图 3-21 　　　　　　　　　　　　　　　图 3-22

动手练　RAR文件的压缩与解压

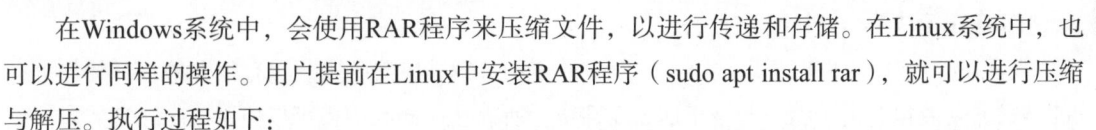

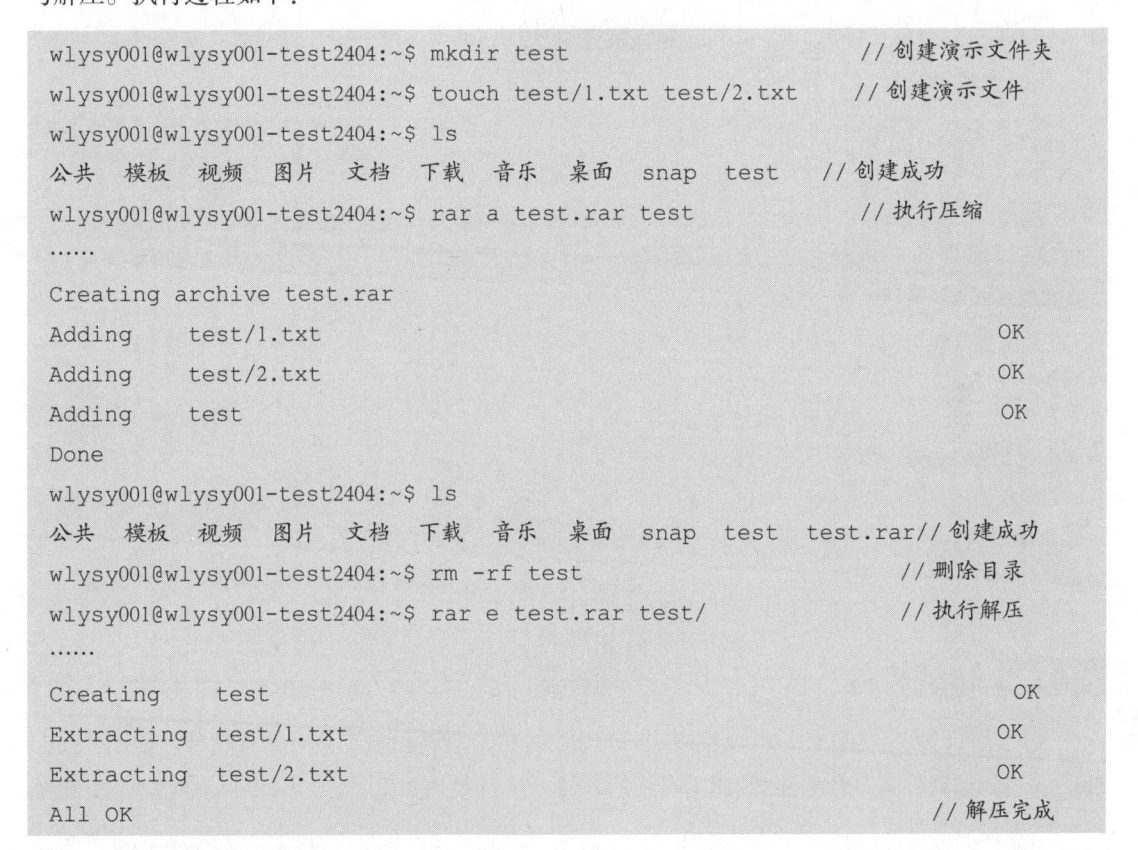

在Windows系统中，会使用RAR程序来压缩文件，以进行传递和存储。在Linux系统中，也可以进行同样的操作。用户提前在Linux中安装RAR程序（sudo apt install rar），就可以进行压缩与解压。执行过程如下：

```
wlysy001@wlysy001-test2404:~$ mkdir test                    //创建演示文件夹
wlysy001@wlysy001-test2404:~$ touch test/1.txt test/2.txt   //创建演示文件
wlysy001@wlysy001-test2404:~$ ls
公共  模板  视频  图片  文档  下载  音乐  桌面  snap  test    //创建成功
wlysy001@wlysy001-test2404:~$ rar a test.rar test           //执行压缩
……
Creating archive test.rar
Adding    test/1.txt                                                    OK
Adding    test/2.txt                                                    OK
Adding    test                                                          OK
Done
wlysy001@wlysy001-test2404:~$ ls
公共  模板  视频  图片  文档  下载  音乐  桌面  snap  test  test.rar//创建成功
wlysy001@wlysy001-test2404:~$ rm -rf test                   //删除目录
wlysy001@wlysy001-test2404:~$ rar e test.rar test/          //执行解压
……
Creating    test                                                        OK
Extracting  test/1.txt                                                  OK
Extracting  test/2.txt                                                  OK
All OK                                                      //解压完成
```

3.4.3　Linux系统的软件管理

在Linux系统中可以设置软件源，然后从软件源安装各种软件，也可以通过命令来管理和卸载软件。

1. 软件源安装软件

配置好软件源后，就可以从软件源安装软件。安装软件需要root权限，使用"sudo apt install vim-gtk3"命令就可以安装VIM软件，执行效果如下：

```
wlysy001@wlysy001-test2404:~$ sudo apt install vim-gtk3
正在读取软件包列表... 完成
正在分析软件包的依赖关系树... 完成
正在读取状态信息... 完成
将会同时安装下列软件：
  fonts-lato javascript-common libjs-jquery liblua5.1-0 libruby
……
```

2. 使用 deb 包安装软件

很多Linux应用软件也可以从第三方对应的官网下载。下载的安装包有很多种，一般都含有deb格式的安装包。由于Ubuntu基于Debian系统，所以在Ubuntu中也可以使用Debian安装包。例如从QQ官网中下载了QQ的deb安装包后，就可以使用"sudo dpkg -i 软件包名"命令安装该deb包。执行效果如下：

```
wlysy001@wlysy001-test2404:~/下载 $ ls
QQ_3.2.15_250110_amd64_01.deb                           //下载的软件包
wlysy001@wlysy001-test2404:~/下载 $ sudo dpkg -i QQ_3.2.15_250110_amd64_01.deb
[sudo] wlysy001 的密码：                                //输入密码验证
正在选中未选择的软件包 linuxqq。
(正在读取数据库 ... 系统当前共安装有 215597 个文件和目录。)
准备解压 QQ_3.2.15_250110_amd64_01.deb ...
正在解压 linuxqq (3.2.15-31363) ...
正在设置 linuxqq (3.2.15-31363) ...
正在处理用于 hicolor-icon-theme (0.17-2) 的触发器 ...
正在处理用于 gnome-menus (3.36.0-1.1ubuntu3) 的触发器 ...
正在处理用于 desktop-file-utils (0.27-2build1) 的触发器 ...      //安装成功
```

动手练 卸载软件

使用软件源安装的软件，可以使用"sudo apt remove 软件包名"命令卸载软件。使用"sudo dpkg –remove 软件名"命令卸载deb包安装的软件。执行效果如下：

```
wlysy001@wlysy001-test2404:~/下载 $ sudo apt remove vim-gtk3        //卸载vim
正在读取软件包列表... 完成
正在分析软件包的依赖关系树... 完成
正在读取状态信息... 完成
下列软件包是自动安装的并且现在不需要了：
  fonts-lato javascript-common libjs-jquery liblua5.1-0 libruby libruby3.2
```

```
......                                            //解决依赖关系并卸载成功
wlysy001@wlysy001-test2404:~/下载$ sudo dpkg --remove linuxQQ        //卸载QQ
(正在读取数据库 ... 系统当前共安装有 254937 个文件和目录。)
正在卸载 linuxqq (3.2.15-31363) ...
正在处理用于 gnome-menus (3.36.0-1.1ubuntu3) 的触发器 ...
正在处理用于 desktop-file-utils (0.27-2build1) 的触发器 ...
正在处理用于 hicolor-icon-theme (0.17-2) 的触发器 ...                //卸载成功
```

> **知识拓展**
>
> **查找软件**
>
> 如果想查看某软件是否已经安装，可以使用"apt list – installed | grep 软件名/关键字"命令。"apt search 软件包名/关键字"命令根据关键字搜索可安装的软件包。"apt show 软件包名"命令查看软件包的详细信息。

3.5 国产操作系统的常见操作

UOS（统信操作系统）是我国自主研发的一款操作系统，广泛应用于政府、企业及个人用户环境。UOS基于Linux内核，提供稳定、安全且易用的桌面与服务器系统。由于其界面操作和Windows非常类似，所以非常适合新手以及熟悉Windows操作系统的用户快速上手。下面介绍在UOS中的常见操作，以便用户能够快速上手并高效使用。

3.5.1 UOS的登录与退出

登录操作系统和退出操作系统是最基本的操作。但UOS系统的登录和退出与Windows略有不同，首先介绍UOS的登录和退出操作。

1. UOS的登录

启动计算机后，进入UOS的登录界面，输入安装时设置的登录密码，单击"登录"按钮就可以登录了，如图3-23所示。

除了使用账户和密码登录外，如果用户已经绑定了微信账户，还可以切换到微信登录，通过扫描微信二维码进行登录，如图3-24所示。

图 3-23   图 3-24

2. UOS 的退出

UOS的退出分为关机（关闭计算机）、重启（重新启动计算机）、锁屏（保留现在的工作状态，退回登录界面，再次登录后恢复工作状态）、注销（结束当前工作状态，关闭所有打开的程序，退出到登录界面，登录后和开机进入系统一样）。UOS的退出可以按Win键，在主界面左下方的启动器中单击"关机"按钮，如图3-25所示，在弹出的界面中选择所需的退出方式，如图3-26所示。

图 3-25

图 3-26

3.5.2　UOS的桌面环境

UOS的主界面和Windows非常相似，如图3-27所示。

在桌面上有一些常用的图标，如主目录、快速上手学习、浏览器、计算机、回收站、服务和支持。

桌面下方是任务栏，左侧一组图标是启动器、显示桌面和多屏幕切换按钮，打开启动器，可以快速找到系统中安装的应用并启动，如图3-28所示。

任务栏中部是软件快捷方式，默认有文件管理器、浏览器、应用商店和"设置"的快捷方式，可以快速启动应用。

任务栏右侧包括一些功能按钮，有授权管理、键盘和输入法切换、UOS AI工具、网络切换、快捷设置、桌面智能助手、关机按钮以及日期和时间显示按钮。"快捷设置"展开后，可以看到网络、主题、搜索、勿扰模式、截图、录屏、剪贴板，以及设置亮度和声音的快捷按钮，如图3-29所示。

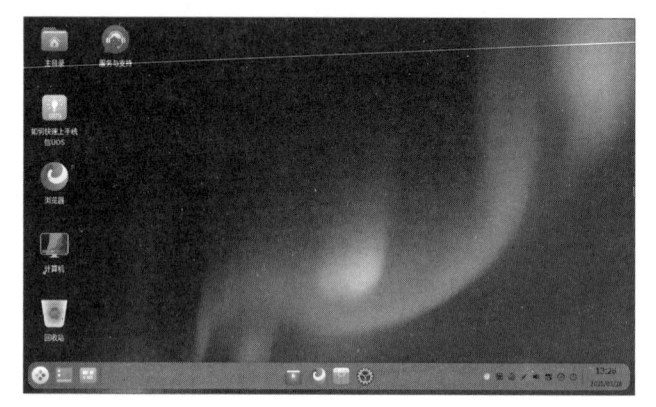

图 3-27

图 3-28

图 3-29

3.5.3 系统个性化设置

通过系统的个性化设置，可以让UOS用起来更加符合用户习惯，更加舒适，更有效率。

1. 设置分辨率

在桌面上右击，在弹出的快捷菜单中选择"显示设置"选项，如图3-30所示。在弹出的界面中单击"分辨率"下拉按钮，如图3-31所示，可以在下拉列表中选择要设置的分辨率。在该界面中，还可以设置刷新率、显示的方向、屏幕缩放等内容。

图 3-30 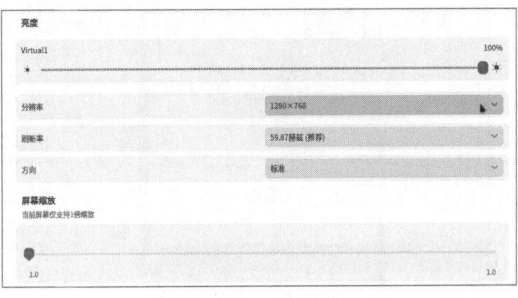　　　　　　　　　　图 3-31

2. 设置主题

主题是一组定义好的系统界面的相关设置，包括壁纸、色调、效果、透明度等。用户可以根据需要选择不同的主题来使用。用户可以在桌面上右击，在弹出的快捷菜单中选择"个性化"选项，如图3-32所示。切换到"通用"选项卡，就可以选择不同主题，也可以手动通过下方的选项设置系统界面效果，如图3-33所示。

图 3-32 　　　　　　　　　　图 3-33

3. 其他个性化设置

在"个性化"界面中，切换到"图标主题"选项，可以设置不同类型的图标、光标、字体、任务栏功能（图3-34）、壁纸、屏幕保护（图3-35）等。

图 3-34 　　　　　　　　　　图 3-35

3.5.4 管理软件

UOS可以从软件官网下载安装deb软件包，也可以命令从软件源下载安装软件。最常用的还是从UOS软件市场搜索、下载及安装软件、管理软件。

1. 搜索软件

用户可以从任务栏中单击"应用商店"按钮启动软件，并在搜索框中输入软件名称查找软件，如图3-36所示。在列表中查看及筛选软件，如图3-37所示。

图 3-36　　　　　　　　　　图 3-37

2. 安装软件

用户可以在搜索结果界面单击软件后的"安装"按钮来安装软件，也可以先进入软件说明界面，了解软件信息后，单击"安装"按钮，自动下载并安装软件，如图3-38所示。

3. 启动软件

安装完毕后可以从桌面上找到QQ的快捷图标（如果没有可手动创建），双击该软件图标就可以启动，如图3-39所示。

图 3-38　　　　　　　　　　图 3-39

4. 升级软件

打开UOS应用市场，选择"应用更新"选项卡，在右侧可以看到可以更新的软件。可以手动逐一更新，也可以单击"一键更新"按钮更新所有程序，如图3-40所示。

5. 卸载软件

打开UOS应用市场，选择"应用管理"选项卡，找到需要卸载的软件后，单击"卸载"按钮，就可以启动卸载，将软件正常删除，如图3-41所示。

第3章 计算机操作系统的应用

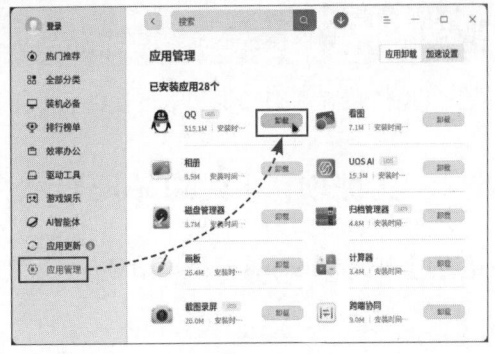

图 3-40

图 3-41

动手练 在UOS中安装Windows应用软件

在UOS中还可以安装Windows应用软件，如微信。打开UOS应用商店，搜索"微信"，找到该软件，单击"安装"按钮，启动安装，如图3-42所示。UOS会下载对应的安装程序并在Windows软件运行环境模拟器WINE中进行安装和运行。安装完毕后，就可以启动Windows版本的微信，如图3-43所示。

图 3-42

图 3-43

微软商店的搜索结果界面中，可以通过上方的筛选工具筛选出UOS软件、Windows软件、安卓软件，如图3-44所示。UOS还可以安装安卓智能手机的App软件，例如QQ音乐，安装后启动该软件，系统会自动配置运行环境，如图3-45所示，然后启动手机版本的QQ音乐，此时UOS就变成了手机模拟器，非常方便。

图 3-44

图 3-45

61

3.6 实训项目

了解了操作系统基础知识和常见操作后,下面通过实训项目巩固本章内容。

3.6.1 实训项目1:隐藏及显示文件夹

【实训目的】掌握 Windows 系统中隐藏及显示文件夹的方法。

【实训内容】

① 进入需要隐藏的文件夹的"属性"界面。

② 赋予"隐藏"属性,如图3-46所示。

③ 再次显示时,需要在"查看"中显示"隐藏的项目",如图3-47所示。

④ 再次进入文件夹"属性"界面,可以取消赋予的"隐藏"属性。

图 3-46

图 3-47

3.6.2 实训项目2:UOS的安全管理

【实训目的】掌握在 UOS 中使用安全工具进行体检和优化的方法。

【实训内容】

① 在UOS中启动安全中心,如图3-48所示。

② 使用安全中心进行系统体检,如图3-49所示。

③ 使用安全中心进行病毒查杀。

④ 使用安全中心进行垃圾清理。

图 3-48

图 3-49

第4章

办公自动化技术应用

WPS Office是一款集文字、表格、演示文稿、PDF等于一体的综合办公软件。它集文字处理、表格编辑、演示文稿制作等功能于一体，具有内存占用低、运行速度快、体积小巧、支持强大插件平台、提供免费在线存储空间及文档模板等优点。本章将对WPS Office在办公自动化领域的应用进行详细介绍。

4.1 WPS 文字处理与文档管理

WPS Office的文字处理功能强大，支持丰富的文本编辑、格式设置、样式管理以及插入图片、表格、图表等多种元素，同时提供拼写检查、语法修正、自动编号、目录生成等智能化辅助工具，极大地提升了文档编写和排版的效率与质量。

4.1.1 文档的创建与保存

启动WPS Office，在首页单击"新建"按钮，通过展开的菜单中提供的命令按钮，可以新建文档、演示文稿、表格、PDF文档等，此处单击"文字"按钮，进入"新建文档"页面，如图4-1所示。

图 4-1

在"新建文档"页面单击"空白文档"按钮，可以新建空白文档。若要创建模板文档，可以在页面顶部的搜索框搜索指定类型的模板，或从页面左侧导航栏中选择模板的类型，如图4-2所示。

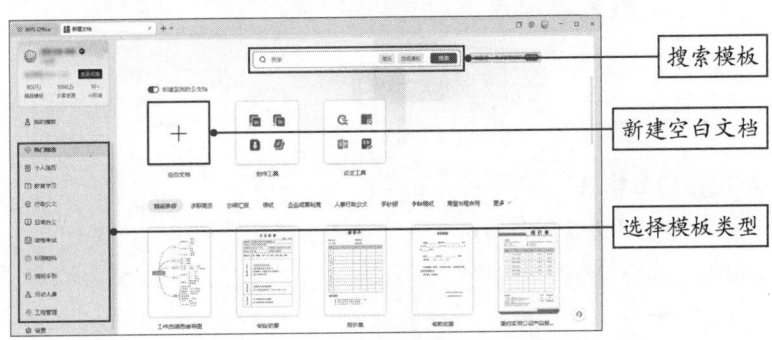

图 4-2

63

新建文档后需要对文档进行保存，用户可以根据需要选择文档的格式、存储位置并设置文件名称。在功能区的左上角单击"文件"下拉按钮，在下拉列表中选择"另存为"选项，在其下级列表中选择一个需要的文件格式，如图4-3所示。在随后弹出的"另存为"对话框中设置好文件的保存位置和文件名称，单击"保存"按钮即可保存文档，如图4-4所示。

图 4-3

图 4-4

知识拓展

若在"新建文档"页面打开"新建至我的云文档"开关，则新建的文档会默认保存至"我的云文档"，如图4-5所示。

图 4-5

4.1.2 字体、段落与页面设置

对文档的字体、段落及页面进行优化，能够增强其可读性与专业性。清晰易辨的字体和适当的文字大小可以确保观众阅读体验的舒适度。

1. 设置字体

可以在"开始"选项卡中对字体、字号、字体颜色、加粗、倾斜等效果进行设置，如图4-6所示。

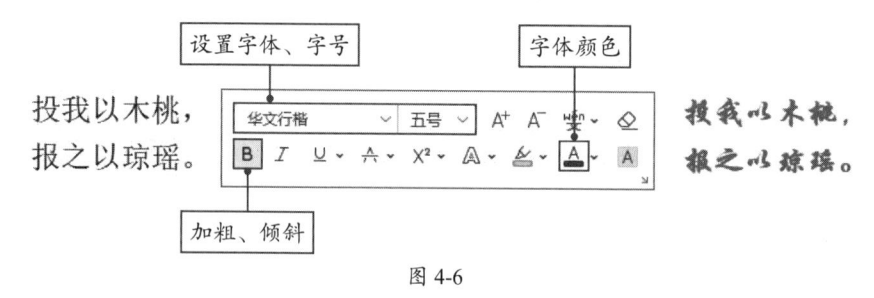

图 4-6

2. 设置段落格式

合理安排段落间距与对齐方式有助于提升文档内容的条理性与层次感。设置段落格式就是对段落的对齐方式、缩进值、行间距等进行设置，可以在"开始"选项卡中直接进行设置，如图4-7所示。

此外，在"开始"选项卡中单击"段落"对话框启动器按钮，打开"段落"对话框，在

"缩进和间距"选项卡中也可以设置对齐方式、缩进值、行间距等,如图4-8所示。

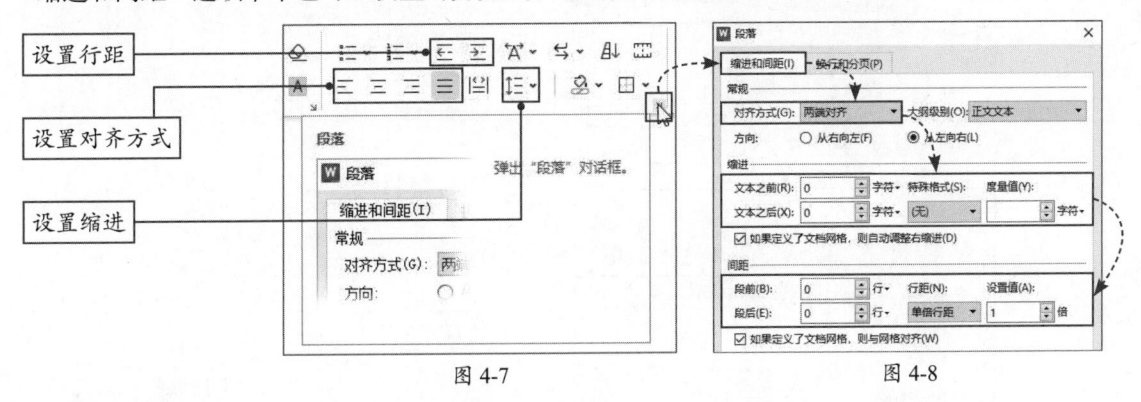

图 4-7

图 4-8

3. 设置页面效果

为了文档的美观,需要设置文档的页面,例如为文档页面设置填充背景、为页面设置边框、添加水印、设置稿纸效果等。

打开"页面"选项卡,通过该选项卡中的命令按钮可以对文档的页边距、纸张方向、纸张大小、页面边框、背景、水印等进行设置,如图4-9所示。

图 4-9

4.1.3 应用样式和格式

WPS文字的"样式和格式"功能能够便捷地为用户定义并管理多种文本样式,如标题、正文、列表等,通过预设的格式组合,快速统一文档排版,不仅支持个性化自定义,还能实现样式的批量修改,从而极大地提升文档编辑的专业度和效率。

1. 应用内置样式

WPS内置了标题样式,如标题1、标题2、标题3等。用户可以选择文本,在"开始"选项卡中单击"样式"下拉按钮,在下拉列表中选择内置的样式,即可将所选样式应用到文本上,如图4-10所示。

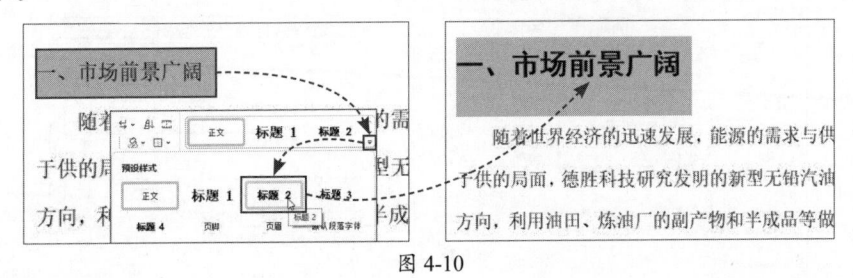

图 4-10

2. 修改样式

为文本套用样式后,用户可以根据需要修改样式。在样式上右击,在弹出的快捷菜单中选择"修改样式"选项,打开"修改样式"对话框,在该对话框中对样式的字体格式和段落格式

65

进行修改，单击"确定"按钮即可，如图4-11所示。

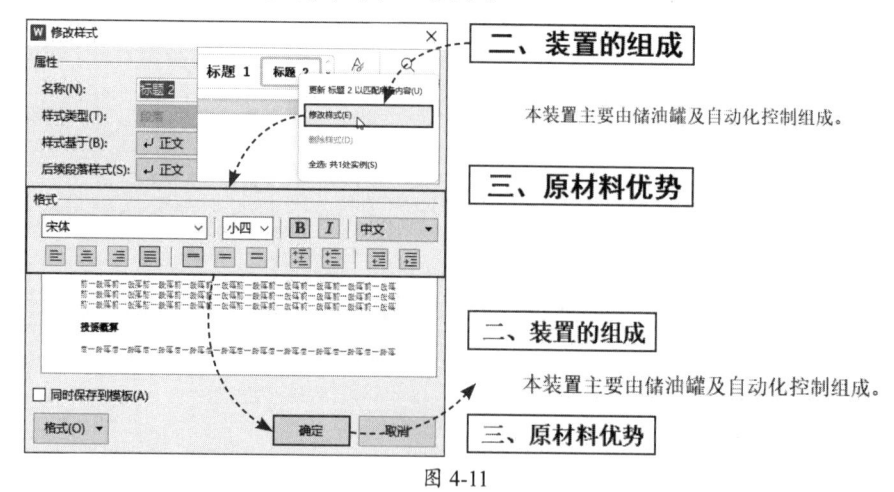

图 4-11

3. 新建样式

除了套用WPS提供的内置样式外，用户也可以新建样式。在"开始"选项卡中单击样式列表右侧的下拉按钮，在下拉列表中选择"新建样式"选项，打开"新建样式"对话框，在"属性"区域可以设置样式的"名称""样式类型""样式基于"和"后续段落样式"，如图4-12所示。

在"格式"区域单击"格式"按钮，在列表中选择"字体"选项，在打开的"字体"对话框中可以设置样式的字体、字形、字号等，如图4-13所示。

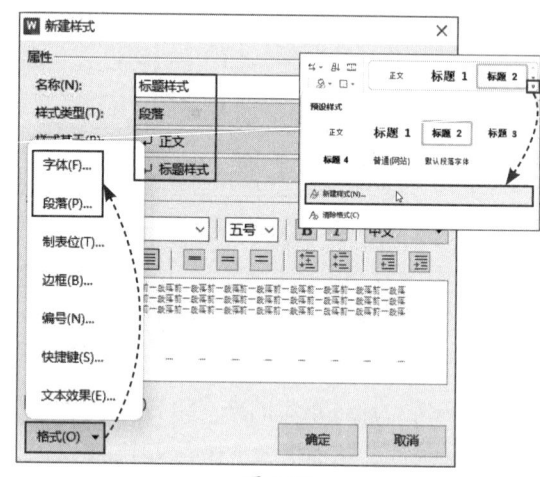

图 4-12

在"格式"列表中选择"段落"选项，在打开的"段落"对话框中可以设置样式的对齐方式、缩进值、行间距等，如图4-14所示。

图 4-13

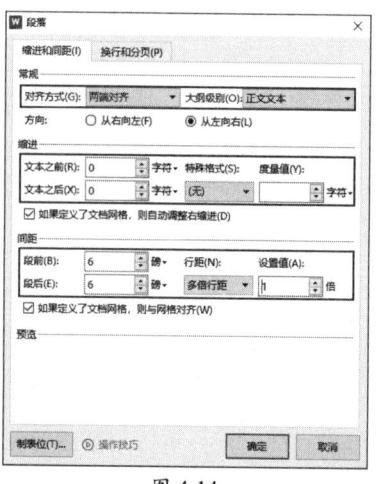

图 4-14

新建样式后,在"开始"选项卡中单击"样式"下拉按钮,在下拉列表中选择新建的样式,即可为所选文本应用样式,如图4-15所示。

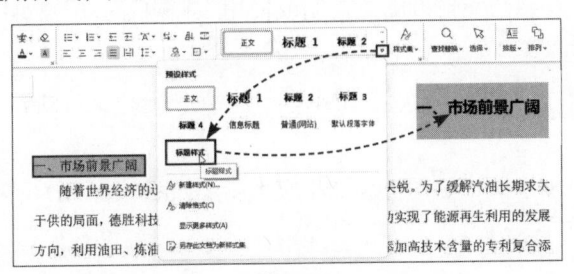

图 4-15

4.1.4 目录的提取与更新

制作长篇文档时,为了方便查看相关内容,需要为文档制作目录。WPS预设的标题样式已经设置好了大纲级别,"标题1"对应的大纲级别为"1级"、"标题2"对应的大纲级别为"2级",以此类推。用户可以先为文档中的标题依次应用预设标题样式,如图4-16所示。

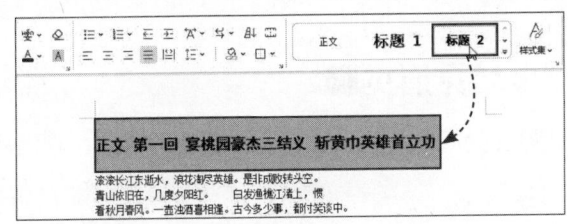

图 4-16

标题设置好后,打开"视图"选项卡,单击"导航窗格"下拉按钮,在下拉列表中选择"靠左"选项,页面左侧随即打开导航窗格。在导航窗格中可以查看到文档中的所有标题,单击某个标题则可快速定位到文档中的相应位置,如图4-17所示。

图 4-17

若要提取文档目录,可以在"引用"选项卡中单击"目录"下拉按钮,在下拉列表中选择一种目录样式,即可将标题目录提取出来,如图4-18所示。

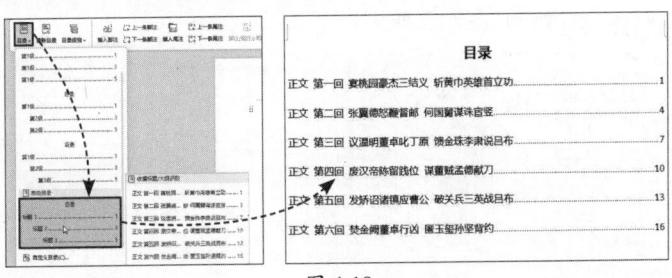

图 4-18

动手练 为文档添加水印

为文档添加水印，可以防止他人随意复制或使用文档内容。用户可以添加系统提供的预设水印样式或自定义水印样式。

步骤01 打开"页面"选项卡，单击"水印"下拉按钮，在下拉列表中选择"严禁复制"选项，如图4-19所示。

步骤02 当前文档的所有页面随即被添加相应水印，如图4-20所示。

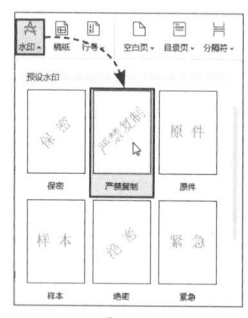

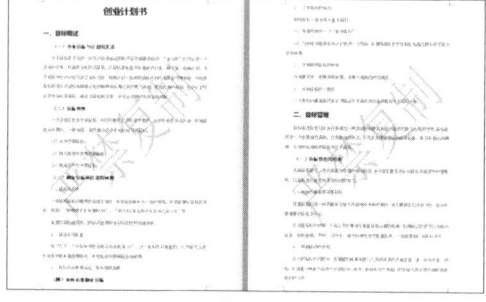

图 4-19　　　　　　　　　图 4-20

4.1.5 分栏、分页与页眉页脚

分栏、分页与页眉页脚设置都是文档设置中非常重要的部分，它们共同构成了文档的页面布局和格式设置。

1. 文档分栏

分栏可以将文档内容分割成多个并列的栏，以适应不同的排版需求。在"页面"选项卡中单击"分栏"下拉按钮，下拉列表中包含一栏、两栏、三栏3个选项，在列表中选择需要的选项，即可将文档内容分为相应栏数，如图4-21所示。

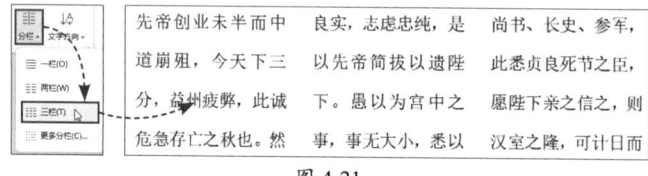

图 4-21

若用户需要将文档内容分为四栏或更多栏，可以在"分栏"下拉列表中选择"更多分栏"选项，打开"分栏"对话框，在"栏数"数值框中输入需要设置的栏数，在"宽度和间距"选项中设置栏宽和栏间距，默认情况下，各栏宽是相等的，勾选"分隔线"复选框，可以在栏与栏之间添加一条分隔线，单击"确定"按钮即可，如图4-22所示。

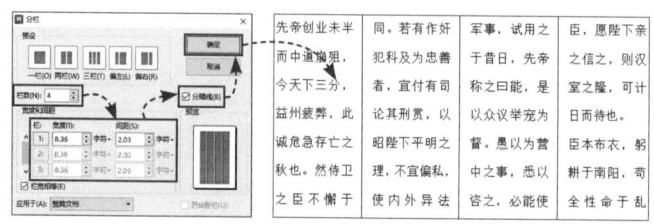

图 4-22

2. 设置分页

分页功能属于人工强制分页，即在需要分页的位置插入一个分页符，将一页中的内容分布在两页中。将光标插入需要分页的位置，打开"插入"选项卡，单击"分页"下拉按钮，在下拉列表中选择"分页符"选项，此时，光标之后的文本将会另起一页显示，如图4-23所示。

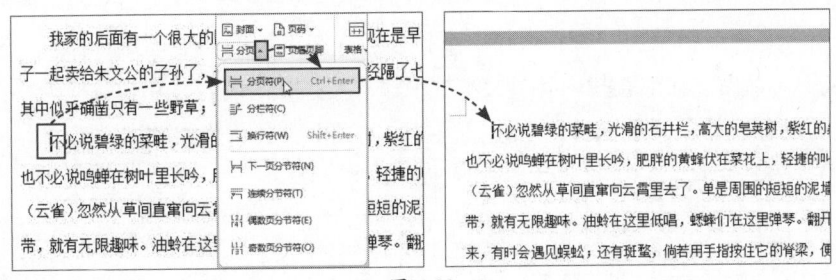

图 4-23

> **知识拓展**
>
> 用户将光标插入需要分页的位置。在"页面"选项卡中，单击"分隔符"下拉按钮，在下拉列表中选择"分页符"选项，或按Ctrl+Enter组合键，也可以为文档分页。

3. 设置页眉页脚

对于长篇文档来说，为其设置页眉和页脚，既方便浏览文档，又能使文档看起来整齐美观。

打开"页面"选项卡，单击"页眉页脚"按钮，或在文档页眉位置双击，即可切换至页眉页脚编辑状态，如图4-24所示。在页眉或页脚中定位光标并输入内容即可，如图4-25所示。若要退出页眉页脚编辑状态，可以在"页眉页脚"选项卡中单击"关闭"按钮，或按Esc键。

图 4-24 　　　　　图 4-25

在页眉页脚编辑状态下，若在"页眉页脚"选项卡中勾选"首页不同"复选框，可以为文档首页单独设置不同效果的页眉页脚。若勾选"奇偶页不同"复选框，则可以为奇偶页设置不同的页眉页脚，如图4-26所示。

图 4-26

4.1.6　查找与替换文本

查找替换功能非常强大，用户利用此功能可以在一篇文档中快速找到想要的内容，或者快速替换文档中的错误内容。

1. 查找内容

在"开始"选项卡中单击"查找替换"下拉按钮，在下拉列表中选择"查找"选项，打开"查找和替换"对话框，在"查找内容"文本框中输入要查找的内容，然后单击"突出显示查找内容"下拉按钮,在下拉列表中选择"全部突出显示"选项,即可将要查找的内容全部突出显示,如图4-27所示。除此之外,用户也可以单击"查找上一处"或"查找下一处"按钮逐个查找。

2. 替换内容

在"开始"选项卡中单击"查找替换"下拉按钮,在下拉列表中选择"替换"选项,打开"查找和替换"对话框,在"查找内容"文本框中输入要查找的内容,在"替换为"文本框中输入要替换为的内容,单击"全部替换"按钮,提示完成多少处替换,单击"确定"按钮即可完成替换,如图4-28所示。

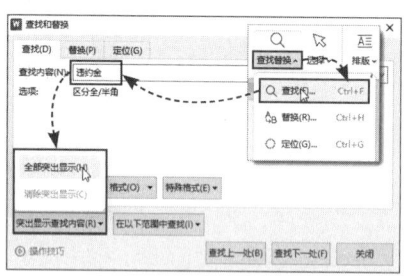

图 4-27 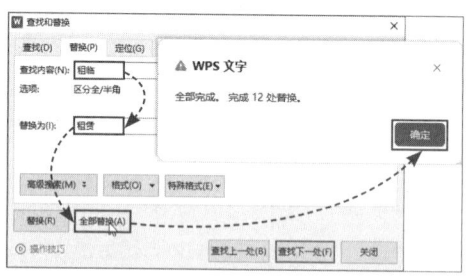　　　　　　　　　　　图 4-28

动手练　插入页码

当文档页码很多时,为了方便阅读,可以为文档添加页码。下面介绍具体的操作方法。

步骤01　在"插入"选项卡中单击"页码"下拉按钮,在下拉列表中选择一种合适的预设页码样式,如图4-29所示。

步骤02　文档随即从第一页开始插入页码,如图4-30所示。插入页码后,在"页眉和页脚"选项卡中单击"关闭"按钮即可。

图 4-29 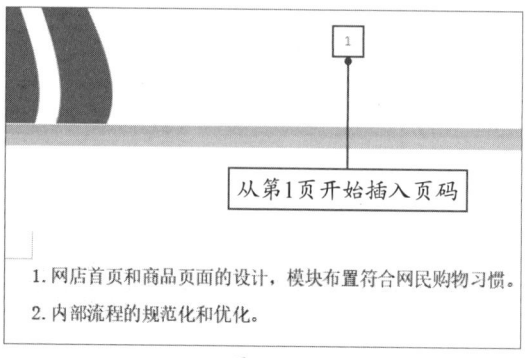　　　　　　　　　　　图 4-30

4.1.7　文档修订与批注

文档修订与批注是提升文档协作效率与质量的重要工具。修订功能能够记录文档内容的所有更改,包括添加、删除和格式调整等,便于查看和对比不同版本的差异;批注功能则允许用户在文档中的特定位置添加注释、提醒或建议,促进沟通与交流,确保信息的准确传递与理解。

1. 修订文档

在"审阅"选项卡中单击"修订"按钮，使其呈现选中状态，在文档中删除某些内容，删除的文本内容字体颜色发生改变并添加删除线。在文档中添加内容，添加的内容字体颜色发生改变并添加下画线。在文档中修改内容，修改的内容会显示先删除后添加的格式标记，如图4-31所示。

图 4-31

修订文档后，若原作者接受修改内容，则单击"接受"下拉按钮，在下拉列表中根据需要选择合适的选项，如图4-32所示。若不接受修改内容，则单击"拒绝"下拉按钮，在下拉列表中选择相应的选项即可，如图4-33所示。

图 4-32 　　　　　　图 4-33

2. 批注文档

对文档进行检查时，如果对某些内容有疑问或建议，可以为其添加批注。选择需要添加批注的文本内容，在"审阅"选项卡中单击"插入批注"按钮，在文档右侧弹出一个批注框，在其中输入相关内容即可，如图4-34所示。

图 4-34

4.1.8　文档加密保护

为了保证文档安全性，不让他人随意编辑或查看文档内容，可以对文档进行保护，为文档设置密码。

单击"文件"下拉按钮，在下拉列表中选择"另存为"选项，打开"另存为"对话框，设置好文件的保存位置、文件类型等，单击"加密"按钮，如图4-35所示。在随后弹出的"密码加密"对话框中设置打开权限和编辑权限密码，最后单击"应用"按钮即可，如图4-36所示。

图 4-35 　　　　　　图 4-36

4.1.9 文档的共享与多人协作

WPS支持多人在线协作编辑同一文档,实时共享更新,提升团队协作的效率。单击功能区右上角的"分享"按钮,在下拉列表中打开"和他人一起编辑"开关,如图4-37所示。文档随即切换至协作模式,通过"协作"列表中提供的选项,可以复制文档链接然后发送给他人,或直接单击微信、QQ图标,将文档与好友共享。另外,通过"添加协作者"与"管理协作者"选项,还可以添加和管理协作者,如图4-38所示。

图 4-37 　　　　图 4-38

动手练　WPS AI智能写文章

WPS AI能够一键生成各种类型的文章,例如工作周报、策划方案、文章大纲以及各类公文、通知、证明等。用户只需输入文章的主题和关键词,WPS AI即可生成相应的文章内容。

步骤 01 在WPS文档中按两次Ctrl键,唤起WPS AI功能,如图4-39所示。

步骤 02 在AI窗口中输入关键词,单击▶按钮发送,如图4-40所示。

图 4-39 　　　　图 4-40

步骤 03 WPS AI会根据发送的关键词自动生成文档内容。用户可以通过AI菜单栏中提供的选项对生成的内容进行更换、续写、扩写、缩写、改变风格等,此处单击"调整"下拉按钮,在下拉列表中选择"扩写"选项,如图4-41所示。

步骤 04 WPS AI随机对内容进行扩写,若对生成的内容满意,可以单击"保留"按钮,将该内容插入文档中,如图4-42所示。

图 4-41 　　　　图 4-42

4.2 WPS 表格数据分析与处理

WPS表格是一款专业的数据处理软件，它不仅可以记录数据、制作电子表格，更重要的作用是对数据进行统计和分析。下面对WPS表格的基础用法进行详细介绍。

4.2.1 工作簿、工作表与单元格的操作

工作簿是存储数据的文件，一个工作簿可以包含多张工作表。工作表是工作簿内的单页，由行和列构成网格，可以展示数据。单元格由网格交叉点构成，用于存储单个数据项。

1. 新建与保存工作簿

使用WPS Office创建工作簿与创建文档的方法基本相同，启动WPS Office，在首页单击"新建"按钮，在弹出的菜单中单击"表格"按钮，如图4-43所示。在随后打开的"新建表格"界面单击"空白表格"按钮，即可新建一个工作簿。

新建工作簿后，单击功能区左上角的"文件"下拉按钮，在下拉列表中选择"另存为"选项，在其下级列表中选择一种格式，如图4-44所示。在弹出的"另存为"对话框中设置好工作簿的保存位置以及文件名称即可。

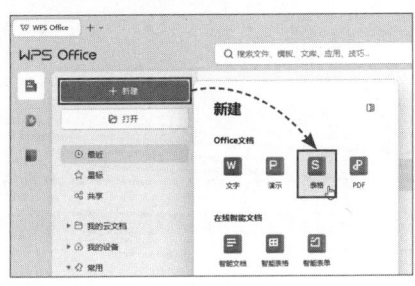

图 4-43 　　　　　　　　　　图 4-44

2. 工作表的基础操作

新建的工作簿中默认包含一张工作表，即Sheet1工作表，用户可以根据需要对工作表执行一些基础操作。

在工作簿中右击工作表标签，通过弹出的快捷菜单中提供的选项可以对工作簿执行插入工作表、删除工作表、移动工作表、隐藏工作表、重命名工作表、设置工作表标签、保护工作表等操作，如图4-45所示。

3. 单元格的基础操作

单元格是表格中的最小单位，用于存储数据。每个单元格都位于特定的行和列交叉点上。行是水平排列的一组单元格，列是垂直排列的一组单元格。用户可以对行和列进行各种操作，如插入、删除、移动或调整大小等。

图 4-45

在表格中选中一列，右击，在弹出的快捷菜单中包含删除、隐藏、在左侧插入列、在右侧插入列、列宽、清除内容等选项，利用这些选项可以对所选列执行相应操作，如图4-46所示。在WPS表格中，行和列的很多基本操作方法是相同的，右击所选行，即可通过右键菜单中的选

73

项执行相应操作，如图4-47所示。

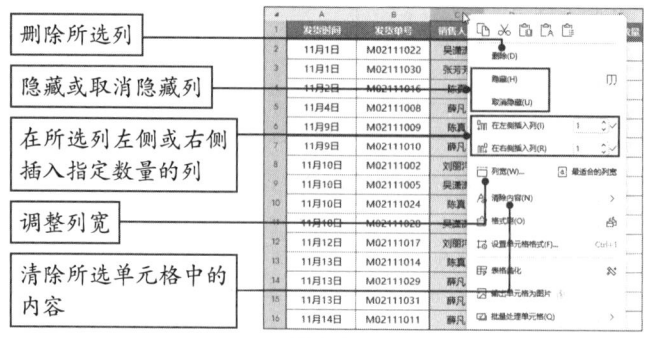

图 4-46

图 4-47

动手练 合并单元格

合并单元格是表格设计时的常用操作，它能够将多个单元格合并成一个大的单元格。下面介绍具体的操作方法。

步骤01 选中需要合并的单元格区域，在"开始"选项卡中单击"合并居中"按钮，如图4-48所示。

步骤02 所选区域的单元格即可被合并成一个单元格，并且单元格中的内容被居中显示，如图4-49所示。

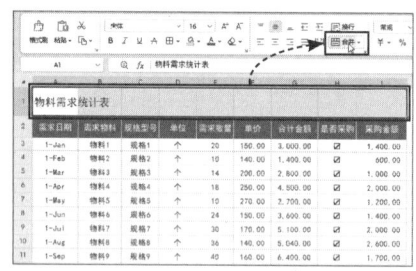

图 4-48

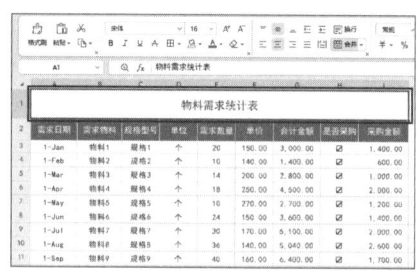

图 4-49

知识拓展：选中被合并的单元格，再次单击"合并居中"按钮可将合并的单元格重新拆分成多个单元格。

4.2.2 数据快速输入与格式化

WPS表格中的数据类型包括文本、数字、日期、逻辑值等，用户需要掌握一些数据格式的设置技巧以及字体、对齐方式和边框底纹的设置方法。

1. 设置数据格式

输入不同类型的数据时，可以在"单元格格式"对话框中设置其格式。选中要设置格式的单元格，右击，在弹出的快捷菜单中选择"设置单元格格式"选项，打开"单元格格式"对话框，在该对话框中的"数字"选项卡内可以选择数据的类型。

例如，设置数字格式时，可以在"分类"列表中选择"数值"选项，通过微调框设置小数的位数,并选择"负数"的样式,如图4-50所示;需要为数值添加货币符号时,可以选择"货币"分类,然后设置"小数位数""货币符号"等,如图4-51所示;设置日期格式时,可以选择"日期"分类,然后选择合适的日期类型,如图4-52所示。

图 4-50　　　　　　　图 4-51　　　　　　　图 4-52

2. 设置表格外观

在表格中输入数据后,为了让数据表看起来更美观,还需要对字体格式、对齐方式、边框以及底纹进行设置。

选中需要设置字体格式和对齐方式的单元格区域,单击"开始"选项卡中的命令按钮即可进行相应设置,如图4-53所示。

图 4-53

4.2.3　数据排序与筛选

排序可以按照一个或多个列的数据进行升序或降序排列,帮助用户快速整理数据;筛选则允许用户根据特定条件(如数字范围、文本模式等)显示或隐藏数据行,便于聚焦分析所需信息。

1. 数据的简单排序

选中需要排序的列中的任意一个单元格,打开"数据"选项卡,单击"排序"下拉按钮,在下拉列表中选择可以对数据执行"升序"或"降序"排序,此处选择"升序"选项,如图4-54所示。数据表随即按照所选列中的数据升序排序,如图4-55所示。

图 4-54　　　　　　　图 4-55

75

2. 筛选数据

当对不同类型的数据执行筛选时，筛选器中提供的选项也会有所不同，下面以筛选数值型数据为例进行介绍。

选中数据表中的任意一个单元格，打开"数据"选项卡，单击"筛选"下拉按钮，对当前数据表启用筛选，此时每个标题的右侧均出现一个下拉按钮，如图4-56所示。单击"销售额"右侧的下拉按钮，从筛选器中单击"数字筛选"按钮，选择"高于平均值"选项，如图4-57所示。数据表中随即筛选出销售额高于平均值的数据，如图4-58所示。

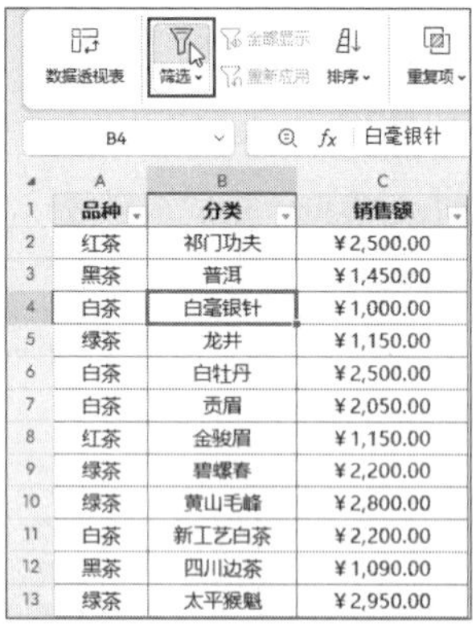

图 4-56 　　　　图 4-57 　　　　图 4-58

> **知识拓展**
>
> 进行数字筛选时，用户也可以通过在筛选器中选择"等于""不等于""大于""小于""大于或等于""小于或等于""介于"等选项，自己设置具体的筛选条件。

4.2.4 公式与函数应用

WPS的计算能力十分强大，使用公式和函数能够快速计算出复杂数据的结果，对提高工作效率会有很大的帮助。

1. 认识公式和函数

WPS公式以等号开头，公式中通常包含等号、函数、括号、单元格引用、常量、运算符等。其中，常量可以是数字、文本或其他符号，当常量不是数字时必须要使用双引号，如图4-59所示。

=IF(MOD(MID(A3,17,1),2)=1,"男","女")

图 4-59

函数其实是预定的公式，函数由函数名、括号、参数以及分隔符组成（少部分函数没有参数）。进行复杂计算时函数可以有效简化和缩短公式。

WPS表格中的函数分为财务函数、逻辑函数、文本函数、日期和时间函数、查找与引用函数、数学和三角函数、统计函数、工程函数、信息函数等。在"公式"选项卡中可查看不同类型的函数，如图4-60所示。单击任意类型的函数下拉按钮，在下拉列表中可以查看该类型的所有函数，如图4-61所示。

图 4-60 　　　　　　　　图 4-61

2. 自动计算

一些常用的简单计算，例如求和、求平均值、求最大值或最小值等，可以使用WPS的自动计算功能进行计算。

选择需要输入公式的单元格，在"公式"选项卡中单击"求和"下拉按钮，通过下拉列表中的选项可以执行求和、平均值、计数、最大值、最小值计算，此处选择"求和"选项，如图4-62所示。所选单元格中随即自动录入求和公式，按Enter键即可返回求和结果，如图4-63所示。

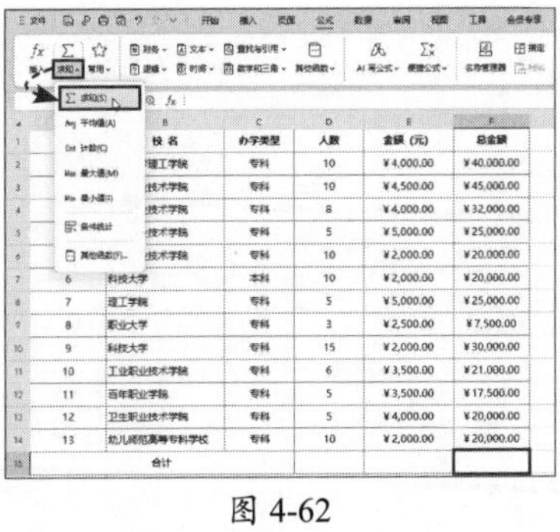

图 4-62 　　　　　　　　图 4-63

动手练　用函数为成绩排名

RANK函数是排名函数，可对一组数字按大小进行排位，排位是相对于列表中其他值的大小进行的。语法格式为RANK（数值，引用，排位方式）。下面使用RANK函数为比赛成绩进行排名。

步骤 01 选中F2单元格，输入公式"=RANK(E2,$E$2:$E$11)"，如图4-64所示。

步骤 02 公式输入完成后按Enter键返回计算结果。随后将F2单元格中的公式向下填充即可返回每个比赛成绩的排名，如图4-65所示。

图 4-64

图 4-65

4.2.5 应用数据透视表

数据透视表可以动态地改变自身的版面布置，从而按照不同方式汇总、分析、浏览和呈现数据。另外，用户还可以根据数据透视表创建数据透视图，更直观地呈现数据。

1. 创建数据透视表

选中数据源中的任意一个单元格，打开"插入"选项卡，单击"数据透视表"按钮，如图4-66所示。弹出"创建数据透视表"对话框，保持对话框中的所有选项为默认状态，单击"确定"按钮，如图4-67所示。工作簿中随即自动新建一张工作表，并在该工作表中创建数据透视表。

图 4-66

图 4-67

2. 添加和移动字段

默认情况下，选中数据透视表中的任意一个单元格，工作表右侧便会显示"数据透视表"窗格，在"字段列表"中勾选字段选项左侧的复选框即可将该字段添加到数据透视表中，如图4-68所示。

若对字段默认的显示区域不满意，可以移动字段，字段的位置可在不同区域间移动，也可在当前区域间移动。选中需要移动的字段，按住鼠标左键将该字段向目标区域拖动，当目标位置出现一条绿色的粗实线时松开鼠标左键

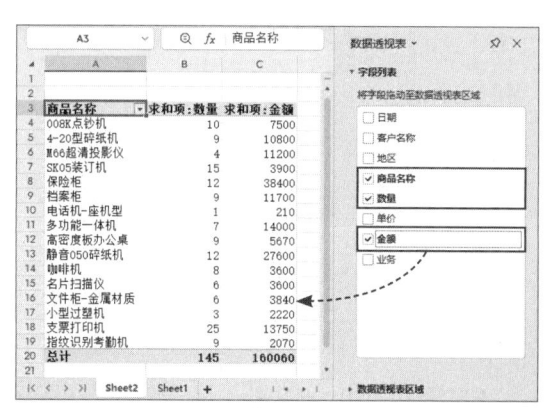

图 4-68

即可,如图4-69所示。

> **知识拓展**
> 若要删除数据透视表中的字段,只需在"数据透视表"窗格中取消指定复选框的勾选即可。

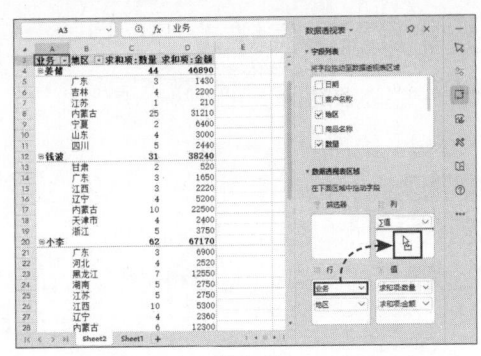

图 4-69

4.2.6　图表与数据可视化

图形和数字相比,图形能够更直观地展示数据的趋势和关系。WPS表格中的图表功能可以将数据转换成各种有利于数据展示的形状,例如柱形、条形、折线、饼形等。

1. 创建图表

WPS表格包含了十几种类型的图表,比较常见的图表类型有柱形图、折线图、饼图、条形图、点散图、雷达图等,下面介绍如何在表格中创建需要的图表类型。

选中数据区域中的任意一个单元格,打开"插入"选项卡,单击"全部图表"按钮,如图4-70所示。打开"图表"对话框,选择需要的图表分类,此处选择"折线图"选项,在窗格顶部选择需要的图表类型,随后单击"插入预设图表"按钮,即可向工作表中插入相应类型的图表,如图4-71所示。

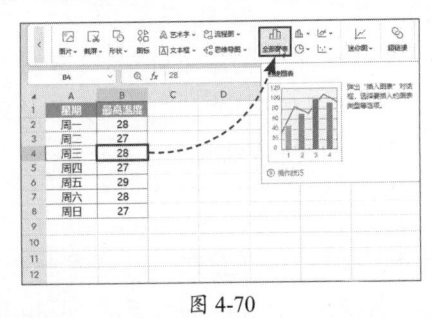

图 4-70　　　　　图 4-71

2. 添加图表元素

选中图表后,图表右上角会出现一列按钮,单击最上方的"图表元素"按钮,在展开的列表中勾选指定复选框可向图表中添加相应元素,如图4-72所示。单击该元素选项右侧的小三角按钮,在其下级列表中还可选择该元素的显示位置,如图4-73所示。

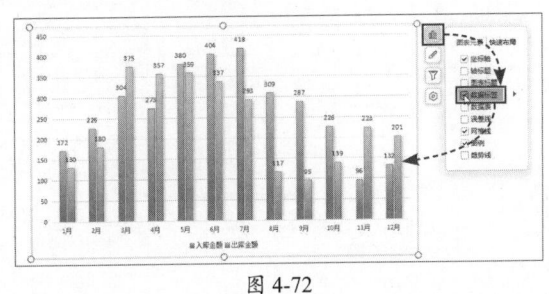

图 4-72　　　　　图 4-73

动手练 设置图表样式

使用内置的图表样式可以快速美化图表，节约工作时长，提高工作效率。下面介绍具体的操作方法。

步骤 01 选中图表，打开"图表工具"选项卡，单击图表样式组右侧的下拉按钮，在下拉列表中选择需要的图表样式，如图4-74所示。

步骤 02 所选图表即可应用相应样式，如图4-75所示。

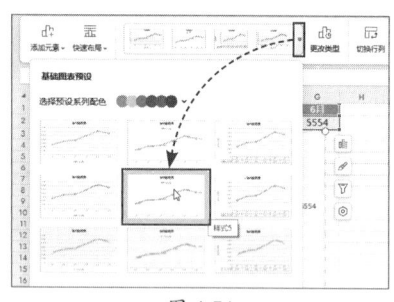

图 4-74 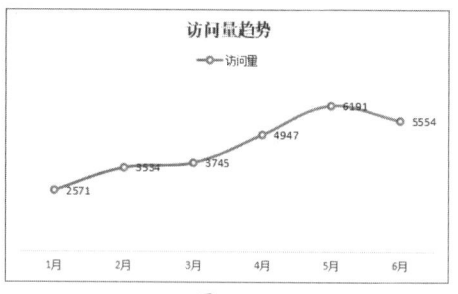　　　　　　　　图 4-75

4.3　WPS演示文稿制作技巧

日常工作中经常会用到演示文稿，在演讲中，一份出色的演示文稿更能吸引观众的眼球。

4.3.1　幻灯片的基础操作

演示文稿的基本操作包括演示文稿的创建、保存，幻灯片的添加和删除、复制、移动等。在WPS中创建和保存演示文稿的方法与创建文档和表格的方法基本相同，前文已对文档和表格的创建进行了详细介绍，此处不再赘述。下面对幻灯片的其他基础操作进行介绍。

1. 插入或删除幻灯片

选择幻灯片，在"开始"选项卡中单击"新建幻灯片"下拉按钮，在下拉列表中选择幻灯片页，此处选择"当前主题"选项，在需要的幻灯片版式上单击，即可插入一张相应版式的幻灯片，如图4-76所示。

此外，用户也可以在界面左侧"幻灯片"窗格中右击幻灯片缩览图，在弹出的快捷菜单中选择"新建幻灯片"选项，新建一张与所选幻灯片版式相同的空白幻灯片，如图4-77所示。

若要删除幻灯片，可以右击幻灯片缩览图，在弹出的快捷菜单中选择"删除幻灯片"选项，或直接按Delete键，即可将所选幻灯片删除。

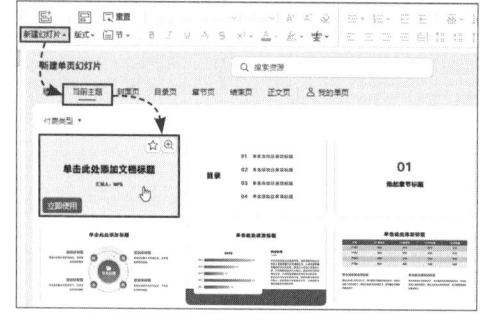

图 4-76 　　　　　　　　图 4-77

2. 移动和复制幻灯片

在"幻灯片"窗格中选择幻灯片缩览图，按住鼠标左键不放，将其拖至需要移动到的位置后释放鼠标左键即可移动幻灯片，如图4-78所示。

选择幻灯片，在"开始"选项卡中单击"复制"按钮，将光标插入需要粘贴的位置，单击"粘贴"按钮，即可复制所选幻灯片，如图4-79所示。

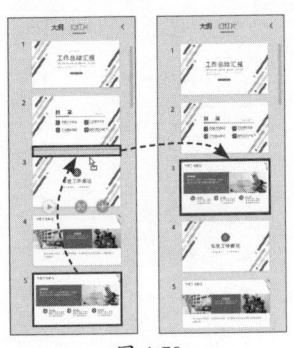

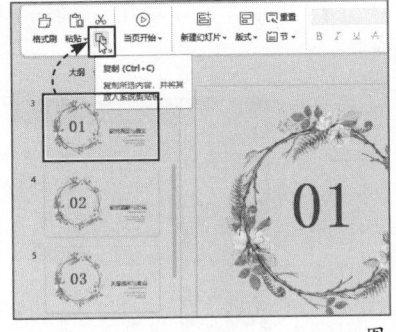

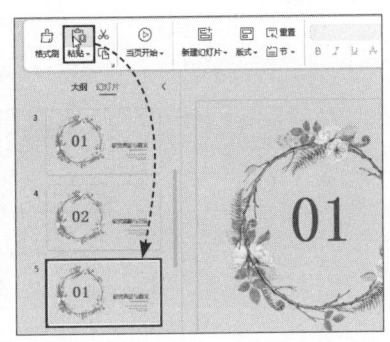

图 4-78　　　　　　　　　　　　　　图 4-79

3. 设置幻灯片大小

在演示文稿中新建的幻灯片默认大小为"宽屏（16∶9）"。用户可以根据需要更改幻灯片的大小。在"设计"选项卡中单击"幻灯片大小"下拉按钮，在下拉列表中可以将幻灯片设置为"标准（4∶3）"大小。或者选择"自定义大小"选项，打开"页面设置"对话框，在"幻灯片大小"下拉列表中选择"自定义"选项，然后设置"宽度"和"高度"参数，单击"确定"按钮，如图4-80所示。在弹出的"页面缩放选项"对话框中单击"确保适合"按钮即可，如图4-81所示。

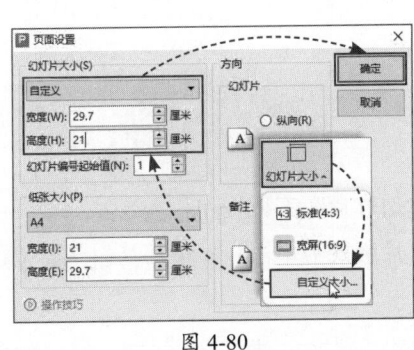

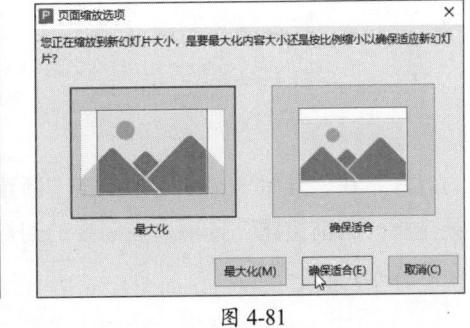

图 4-80　　　　　　　　　　　　　　图 4-81

4.3.2　图片与图形的插入与编辑

在幻灯片制作中，图形和图片发挥着至关重要的作用。图片能够直观地展示信息，增强视觉冲击力，帮助观众更快地理解和记忆内容；形状则可以用来划分区域、强调重点、引导视线，使幻灯片的设计更加规范和美观。两者结合使用，能够大大提升幻灯片的整体效果和信息传达效率。

1. 图片的插入与编辑

在"插入"选项卡中单击"图片"下拉按钮，下拉列表中包含本地图片、分页插图和"手机图片/拍照"3个选项,此处选择"本地图片"选项,如图4-82所示。打开"插入图片"对话框,从中选择需要的图片,单击"打开"按钮,即可将所选图片插入幻灯片中。

插入图片后,用户可以对图片进行裁剪、旋转等。选择图片,在"图片工具"选项卡中单击"裁剪"按钮,进入裁剪状态,将光标放在裁剪点上,按住鼠标左键不放,拖动光标,设置裁剪区域,设置好后按Enter键确认即可完成裁剪,如图4-83所示。

保持图片为选中状态,在"图片工具"选项卡中单击"旋转"下拉按钮,在下拉列表中可以选择旋转或翻转图片,如图4-84所示。

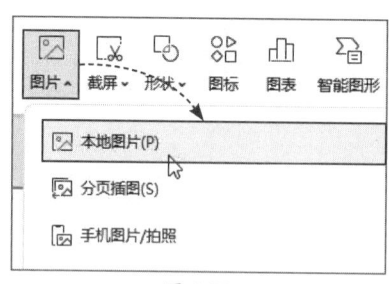

图 4-82　　　　　　图 4-83　　　　　　图 4-84

2. 图形的插入与编辑

WPS演示中内置了"线条""矩形""基本形状""箭头总汇"等9种形状样式。在"插入"选项卡中单击"形状"下拉按钮,在下拉列表中选择一种形状样式,这里选择"圆角矩形"选项,光标变为十字形时,按住鼠标左键不放,拖动光标,即可绘制一个圆角矩形,如图4-85所示。

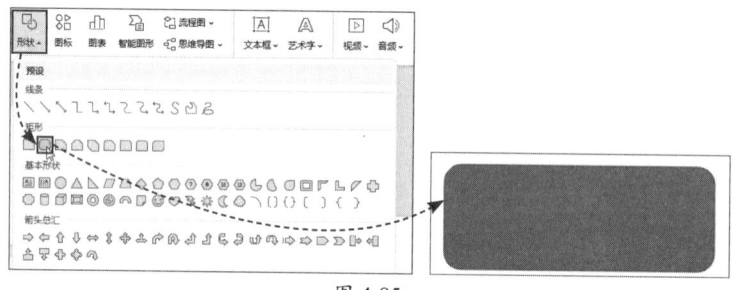

图 4-85

创建形状后,选择形状,在"绘图工具"选项卡中单击"填充"下拉按钮,在下拉列表中可以为形状设置合适的填充颜色,如图4-86所示。

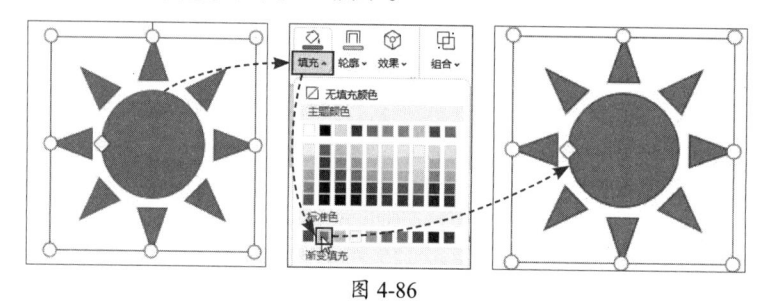

图 4-86

4.3.3　动画的添加与编辑

WPS演示提供了进入、强调、退出、动作路径以及绘制自定义路径5种动画类型。

1. 查看动画类型

打开"动画"选项卡，单击动画列表框右侧的 按钮，在展开的列表中可以看到这些动画类型，如图4-87所示。默认情况下，前4种动画类型为折叠状态，只能显示第一行的动画选项，单击右侧的 按钮，可以展开所选动画类型下的所有动画选项，如图4-88所示。

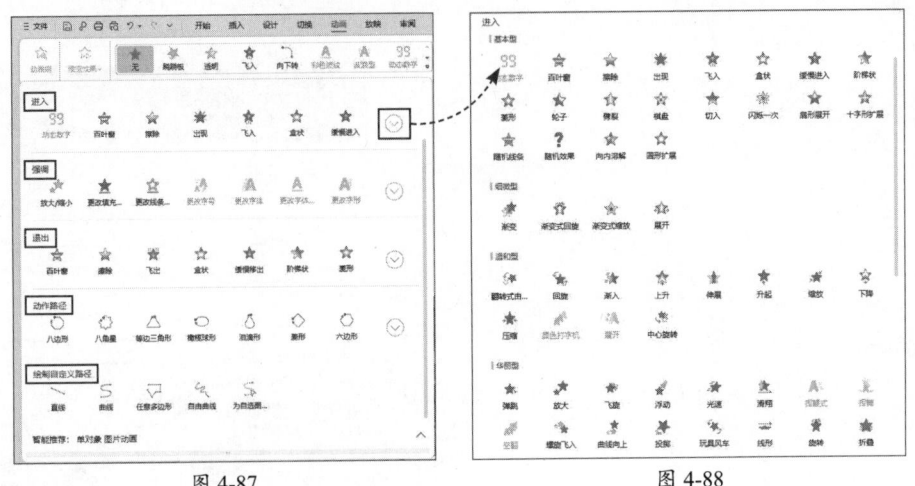

图 4-87　　　　　　　　　　图 4-88

2. 添加动画

选择要添加动画的对象，打开"动画"选项卡，展开动画列表，单击"进入"动画选项右侧的按钮，展开更多进入动画选项，从中选择"劈裂"选项，即可为所选对象添加相应的进入动画，如图4-89所示。

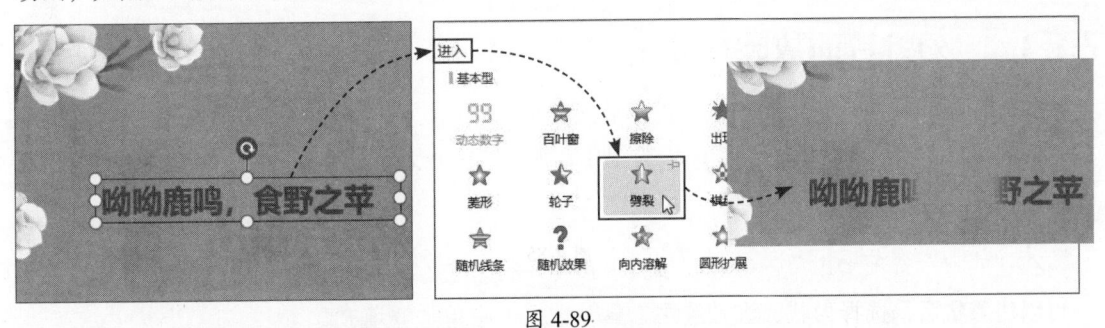

图 4-89

为对象添加进入动画效果后，在"动画"选项卡中单击"动画窗格"按钮，在打开的"动画窗格"窗格中，可以对动画的开始方式、方向、速度等进行设置，如图4-90所示。

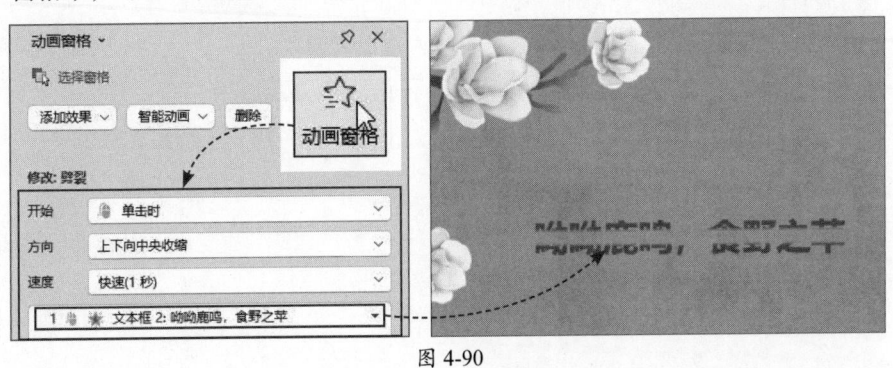

图 4-90

动手练 设置页面切换效果

WPS演示为用户提供了十几种切换效果，例如平滑、淡出、切出、擦除、形状、溶解、新闻快报、轮辐等。为幻灯片添加切换效果，可以使整个幻灯片页面动起来。

步骤01 选择幻灯片，打开"切换"选项卡，单击切换效果组右侧的▼按钮，在展开的列表中选择"百叶窗"选项，如图4-91所示。

图 4-91

步骤02 所选幻灯片页面随即被添加"百叶窗"动画，效果如图4-92所示。

图 4-92

4.3.4 幻灯片的放映与输出

幻灯片制作完成后可以对幻灯片进行放映或输出。用户可以根据需要设置幻灯片的播放范围、放映类型等，也可以将幻灯片输出为图片、视频、PFD文件或纯文字文档等。

1. 幻灯片放映设置

在"放映"选项卡中单击"放映设置"按钮，打开"设置放映方式"对话框。在该对话框中可以将演示文稿设置为"演讲者放映（全屏幕）"或"展台自动循环放映（全屏幕）"。若勾选"循环放映，按Esc键终止"复选框，可以循环播放幻灯片，直到按Esc键退出放映模式。

不需要放映全部幻灯片时，可以在"放映幻灯片"组中，选中"从……到……"单选按钮，并在右侧数值框中输入数值，可以播放用户设置范围内的幻灯片，如图4-93所示。

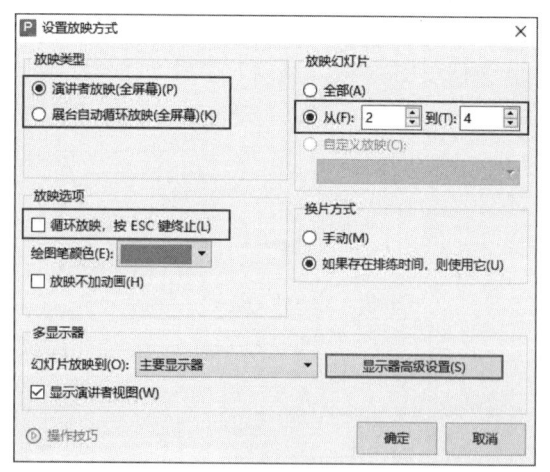

图 4-93

2. 输出幻灯片

单击"文件"下拉按钮，在下拉列表中选择"输出为PDF"或"输出为图片"选项，可以将幻灯片输出为PDF文件或图片。在"文件"列表中选择"另存为"选项，在其下级列表中选择"输出为视频"或"转为WPS文字文档"选项，则可以将幻灯片输出为视频，或纯文字文档，如图4-94所示。

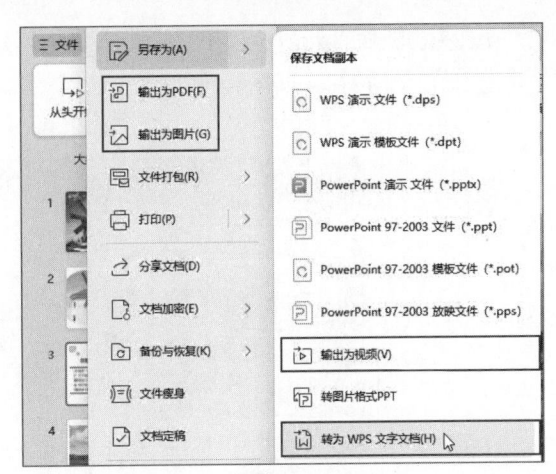

图 4-94

动手练 WPS AI一键创作PPT

WPS AI支持一键生成幻灯片。用户通过输入幻灯片主题或上传已有文档，可以自动生成包含大纲和完整内容的演示文稿，极大地提高了演示文稿的制作效率和质量。具体操作方法如下。

步骤 01 启动WPS Office，在首页中单击"新建"按钮，在展开的菜单中选择"演示"选项。在打开的"新建演示文稿"页面中单击"智能创作"按钮，如图4-95所示。

步骤 02 系统随即新建一份演示文稿，并弹出WPS AI窗口，输入主题"'公益之心，新年温暖传递'活动策划"，单击"生成大纲"按钮，如图4-96所示。

图 4-95 　　　　　　图 4-96

步骤 03 系统自动生成一份大纲，用户可以单击窗口右上角的"收起正文"或"展开正文"按钮，收起或展开大纲，以便对大纲的详情和结构进行浏览，最后单击"生成幻灯片"按钮，如图4-97所示。

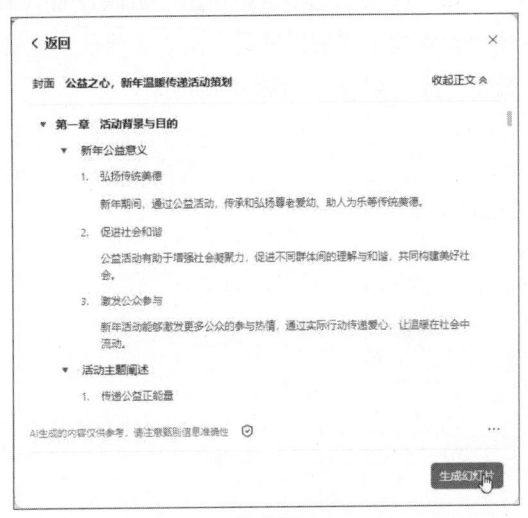

图 4-97

步骤04 随后打开的窗口中会提供大量幻灯片模板，在窗口右侧选择一个合适的模板，单击"创建幻灯片"按钮，如图4-98所示。

图 4-98

步骤05 WPS AI随即根据所选模板以及大纲内容自动生成一份完整的演示文稿，如图4-99所示。

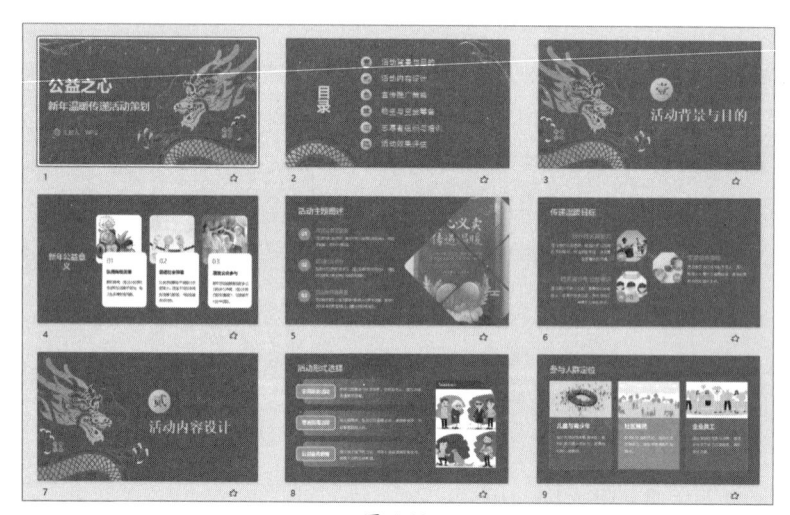

图 4-99

4.4 实训项目

本章主要介绍了WPS文字处理、WPS表格处理以及WPS演示文稿处理的相关知识。下面通过两个实训练习对所学知识进行巩固和消化。

4.4.1 实训项目1：为文档进行分栏设计

【实训目的】掌握"分栏"功能的应用，文档分栏效果如图4-100所示。

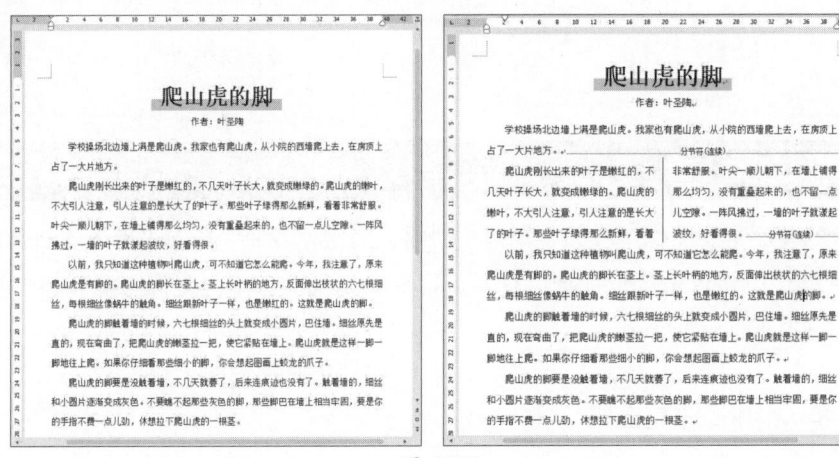

图 4-100

【实训内容】通过对文档进行分栏，掌握分栏功能的具体操作。

① 选中所需分栏的段落文本。

② 打开"分栏"对话框，设置好分栏数量及是否显示分隔线，单击"确定"按钮。

4.4.2 实训项目2：按要求筛选数据表

【实训目的】掌握数据筛选的方法，如图4-101所示。

图 4-101

【实训内容】单击"筛选"按钮，筛选出表格中各位"生产班长"的考核数据。

① 选择任意单元格，单击"筛选"按钮，加载筛选区域。

② 单击"现岗位"筛选按钮，取消全选，勾选"生产班长"复选框。

第 5 章

多媒体技术基础

多媒体技术是现代信息技术中的一个重要组成部分，随着互联网的发展和信息技术的进步，多媒体技术已广泛应用于各领域，极大地推动了教育、娱乐、广告、医疗等行业的变革。本章将从多媒体、流媒体以及融媒体三方面入手，介绍多媒体以及媒体融合技术的基础知识。

5.1 多媒体概述

多媒体是指将文本、图像、音频、视频、动画、交互等多种信息的表现形式结合在一起，通过计算机或其他电子设备进行处理、存储、传输和呈现的技术。下面对多媒体的特征、类型，以及应用领域进行简单介绍。

5.1.1 多媒体的特征

多媒体的多样性、交互性、整合性和数字化共同塑造了现代信息传播方式，使信息的表达更加生动、直观、高效。这些特征不仅提升了用户体验，也为教育、娱乐、商业、社交、人工智能等领域提供了更广阔的应用空间。

1. 多样性

多样性是多媒体的首要特征，它结合了文本、图像、音频、视频、动画等多种信息的表达方式，使信息的呈现更加丰富和直观。传统的信息传播方式通常局限于单一形式，例如书籍主要依赖于文字和图片，广播仅通过声音传递信息，而多媒体能够将多种媒介形式融合，使信息更具层次感和吸引力。不同的媒介元素各具特点，文本可以精准传达概念和逻辑，图片能够提供直观的视觉冲击，音频能增强情感表达，视频则通过画面和声音的结合给观众带来沉浸式体验。多样性的优势不仅体现在内容的丰富性上，还使得信息能够适应不同的受众需求，使复杂的概念更易理解，增强用户的记忆和接受度。

2. 交互性

交互性是多媒体区别于传统媒体的重要特征。用户可以通过特定的操作方式，与多媒体内容进行实时互动。在传统的广播、电视或印刷媒体中，信息的传播是单向的，用户只能被动接受信息，而多媒体技术允许用户根据自己的需求调整内容的呈现方式，从而实现个性化的信息获取。用户可以通过鼠标、键盘、触摸屏、语音识别、体感设备等方式来控制和影响多媒体的内容，获取所需的信息或体验。

3. 整合性

多媒体的整合性体现在它能够将不同类型的信息在同一平台或系统中进行融合，使各种媒介形式相互补充，从而提供更加完整的信息表达方式。在多媒体环境中，文字、图片、音频、视频等元素不是孤立存在的，而是通过合理的组织和布局相互配合，共同构成一个有机的信息整体。这种整合性不仅提高了信息表达的效率，还使用户能在同一环境中高效获取和处理各种信息，避免传统媒介信息碎片化的问题。通过多媒体的整合性，信息可以更加直观、全面地呈现出来，使用户获得更好的体验。

4. 数字化

数字化是多媒体技术的基础，多媒体内容以数字格式存储、处理和传输，使得信息更加易于编辑、复制和传播。相比于传统的模拟媒介（如印刷品、胶片、磁带等），数字化信息的存储更加稳定，质量不会随着时间的推移而衰减，并且可以轻松进行修改和更新。此外，数字化还使得信息的传播更加迅速和便捷，通过互联网，数字化的多媒体内容可以在全球范围内快速分发和共享，不会受到时间和空间的限制。数字化的另一个重要优势是可以进行高效的压缩和优化，使得音视频文件在保证质量的同时减少存储空间的占用，提高传输效率。同时，数字化也使得人工智能、大数据分析等技术能够更好地应用于多媒体领域，实现智能化的内容创作和优化，进一步提升多媒体的表现力和应用价值。

5.1.2 多媒体元素的类型

多媒体技术是现代信息传播中不可或缺的重要组成部分，它通过整合不同类型的媒体元素，创造出丰富的交互体验和信息表达方式。多媒体元素的主要类型包括文本、图像、音频、视频、动画和互动元素，每种元素都具有独特的特点和应用场景，并在不同的多媒体产品中发挥重要作用。

1. 文本

文本是最基本的信息载体，主要用于传递语言和书面信息，在多媒体系统中具有不可替代的作用。其优势在于信息表达的清晰性、可读性、易存储和检索的特性。在多媒体设计中，文本不仅是单纯的字符排列，还包括字体设计、颜色搭配、排版布局等视觉优化手段，使得信息更加直观和美观。随着人工智能技术的发展，语音识别和文本转语音（TTS）技术使得文本信息的获取方式更加多样化，为用户提供更加便捷的信息交互体验。

2. 图像

在多媒体中，图像元素极具表现力，可迅速吸引用户注意力，并通过视觉传达大量信息。静态图像包括照片、插图、图标、信息图表等，在不同的应用场景中起到辅助说明、装饰美化和数据可视化的作用。在新闻报道和社交媒体中，高清照片能增强事件的真实感，提高用户的沉浸度；在用户界面设计中，清晰直观的图标可以简化操作，提高用户体验；在数据分析和商业报告中，信息图表能将复杂的数据转换为易于理解的视觉形态，帮助用户迅速把握关键信息。

3. 音频

音频元素包括背景音乐、语音解说、环境音效等，不同的声音元素可以为多媒体内容增添层次感和沉浸感。例如，在电影和游戏中，背景音乐能够烘托情绪，使观众或玩家更容易投入其中；在电子学习课程中，语音解说可以帮助学习者更直观地理解知识点，降低阅读压力。随着AI语音合成和语音识别技术的成熟，智能语音助手、播客、有声书等基于音频的多媒体应用也越来越受欢迎，使得信息传播更加高效和多样化。

4. 视频

与静态图像和文本相比，视频具有更强的叙事能力，可以展示连续的事件、模拟真实场景或创造独特的视觉风格。例如，讲解类视频能够直观地展示实验过程或复杂概念，提高学习效果；广告视频可以通过短时间内的视觉冲击力吸引用户，提高品牌认知度；在社交媒体平台，短视频因其易于传播和高互动性，成为当前最受欢迎的内容形式之一。此外，随着虚拟现实和增强现实技术的发展，视频内容也开始向沉浸式体验方向发展，为用户带来更加身临其境的感受。

5. 动画

动画是通过连续变化的图像创建动态视觉效果的一种表现方式，在多媒体设计中被广泛应用于增强视觉吸引力、解释复杂概念或提供趣味性体验。动画可以分为二维动画和三维动画，它们在影视、游戏、教育、广告等领域都有广泛应用。在现代用户界面设计中，微交互动画已成为提升用户体验的重要手段，例如应用中按钮的单击动效、加载动画等，都能够使界面更加流畅和生动，提高用户的操作满意度。

6. 互动

互动是多媒体内容中区别于传统单向信息传播的关键组成部分，它允许用户主动参与操作，从而提升信息获取的效率和用户体验。常见的互动元素包括超链接、按钮、菜单、表单、虚拟现实和增强现实等，它们广泛应用于网站、软件、游戏、智能设备等交互式系统。随着人工智能和机器学习技术的发展，交互式内容也在不断进化，例如智能推荐系统、语音交互助手等，能够根据用户的行为和需求提供个性化的信息和服务。

5.1.3　多媒体技术的应用领域

随着计算机、网络和人工智能技术的发展，多媒体技术已经渗透到各行业，并在教育、娱乐、广告、医疗、商业等领域发挥着重要作用。

1. 教育培训

多媒体技术极大地改变了传统的教学方式，使学习变得更加生动、直观和高效。在现代教育中，多媒体教学软件、电子课件、虚拟实验室、在线课程、智慧课堂等技术手段被广泛使用，以提高学生的学习兴趣和理解能力。

2. 娱乐与游戏

多媒体技术在娱乐行业的应用极其广泛，包括影视制作、音乐创作、电子游戏、动漫设计、虚拟现实体验等领域。现代电影和电视剧广泛采用数字特效（CGI）、3D动画、虚拟拍摄技术，增强视觉冲击力和故事表现力。电子游戏行业更是多媒体技术最重要的应用领域之一，从2D像素游戏到3D开放世界游戏，再到虚拟现实、增强现实等沉浸式游戏，技术的进步使玩家的游戏体验越来越真实和丰富。另外，在社交媒体平台，短视频、直播等多媒体形式极大地推动了娱乐内容的创作与传播。

3. 广告与营销

传统广告形式已经逐渐向数字广告、交互式广告、视频广告等新媒体形式转变。例如，企业可通过高质量的视频广告、动画宣传片、H5互动页面、增强现实广告等方式，与消费者建立更紧密的联系。在电子商务平台，多媒体技术被用于产品展示，以增强消费者的购买体验。人工智能技术结合多媒体内容，能够实现个性化推荐，例如短视频平台基于用户兴趣推荐相关广告，以提高营销效果。

4. 医疗与健康

在医疗行业，医生可利用3D解剖模型进行医学教学，帮助学生更直观地了解人体结构；手术模拟系统利用虚拟现实技术，让外科医生在虚拟环境中练习复杂手术，提高手术成功率。此外，医学影像技术（如CT、MRI、超声波）依赖于多媒体处理技术，将人体内部信息可视化，帮助医生作出更准确的诊断。

5. 商务与企业管理

企业越来越多地采用多媒体技术来优化内部管理和对外宣传。例如，在企业培训中，多媒体技术被用于制作电子培训手册、交互式教学视频、在线会议系统等，提高员工的学习效率和协作能力；在企业宣传方面，多媒体技术用于制作企业宣传片、品牌故事视频、产品演示动画等，提升企业形象和市场竞争力；在办公环境中，多媒体会议系统支持远程视频会议、虚拟白板、数据可视化等功能，提高企业沟通效率。

> **注意事项**
>
> 在交通领域，多媒体技术主要用于智能导航、交通监控、驾驶培训、公共信息系统等方面；在社交媒体领域，多媒体技术极大地改变了人们的通信方式，社交媒体、视频通话、短视频平台等都依赖于多媒体技术的发展；在文化艺术领域，多媒体技术为艺术创作提供新的表现形式，如数字绘画、交互式装置艺术、沉浸式展览等。

5.2 多媒体数据压缩

由于多媒体数据（如音频、视频、图像等）通常占据较大的存储空间，并且需要在网络中进行高效传输，因此数据压缩技术至关重要，其存储方式也直接影响数据的管理和应用。

5.2.1 数据压缩技术

数据压缩是指通过特定的编码方式减少数据占用的存储空间或带宽，以提高存储效率和传输速率。数据压缩主要分为无损压缩和有损压缩两种。

1. 无损压缩

无损压缩是一种不会损失数据质量的压缩方法，它可删除一些重复性的数据，从而减少在磁盘上的存储空间。解压后数据可以完全恢复到原始状态，适用于对数据精确度要求较高的应用，如医疗图像、文本文件、无损音频等。常用的无损压缩格式有RAW、BMP、PNG、WAV、FLAC、ALAC等。无损压缩的技术特点如下。

- **压缩率**：无损压缩的压缩率一般为2∶1~5∶1，相对较低。
- **质量**：无损压缩能够完全还原原始文件，不会对文件内容造成任何损失。

2. 有损压缩

有损压缩是一种通过去除冗余或不重要信息来减少数据大小的压缩方法，适用于需要大幅减小且对质量要求不高的数据，如图像、音频、视频等。在压缩过程中会有一定程度的信息损失，但可以被人眼或耳朵接受，从而大幅减少文件大小和存储成本。例如，保存图像时，有损压缩会保留较多的亮度信息，而将色相和色纯度的信息和周围的像素进行合并，从而减小文件大小。常用的有损压缩格式有JPEG、GIF、MP3、MP4、MKV、OGG等。有损压缩的技术特点如下。

- **压缩率**：有损压缩的压缩率可达200∶1，甚至更高，远高于无损压缩。
- **质量**：有损压缩无法完全恢复原始数据，但损失的部分对理解原始数据的影响较小。例如有损压缩图像后，在屏幕上观看时，通常不会对图像的外观产生太大的不利影响，而打印出来，会发现图像质量有明显的受损痕迹。

有损压缩虽然可大幅降低存储和带宽需求，但如果压缩比过高，可能会导致图像模糊、音质下降、视频画面丢失细节等问题，因此需要在质量和文件大小之间找到合适的平衡。

5.2.2 图像、视频、音频压缩格式

不同类型的多媒体数据有不同的压缩方法和算法，选择合适的压缩方法不仅可以大幅减少数据大小，提高存储和传输效率，还能够尽量保持数据的质量。下面介绍图像、视频和音频的压缩方法。

1. 图像数据

常见的图像压缩格式包括JPEG、PNG、GIF、TIFF、WebP等。

- **JPEG**：属于有损压缩。压缩比高，适用于照片、网页图片等。常用于数码摄影、网页图像存储、社交媒体平台等领域。
- **PNG**：属于无损压缩。支持透明背景，适合存储高质量无损压缩的图片。但其文件大小要比JPEG格式的文件大，不适合大规模存储照片。常用于网页设计、UI界面、徽标图像设计等领域。
- **GIF**：属于无损压缩。支持透明色和多帧动画，占用空间小。适用于表情包、简单动画、网页图像等领域。但该格式文件仅支持256种颜色，不适用于高清图片。
- **TIFF**：属于无损压缩或无压缩存储。可存储多个图层和透明度信息，兼容多种无损压缩算法，可在保持图像质量的同时减少文件大小。适用于高质量图像存储，例如医学影

像、专业摄影或出版印刷领域。该格式文件较大，不适合网络传送。同时，对部分浏览器或应用程序的支持有限。
- WebP：兼容无损和有损压缩。相比JPEG格式，WebP格式的有损压缩文件更小，画质更优；相比PNG格式，WebP格式的无损压缩可减少约26%的文件大小。适用于网页图像优化。但并非所有设备和浏览器都能完全支持WebP格式。

2. 视频数据

视频数据由大量的连续图像帧组成，其存储和传输要求远高于单帧图像，因此视频压缩技术通常将帧内压缩和帧间压缩两种方式结合使用。
- 帧内压缩：对每一帧图像单独进行压缩，类似于图像压缩方法。
- 帧间压缩：利用相邻帧之间的冗余信息，通过运动补偿和帧预测减少存储需求。

常见的视频压缩格式有H.264和H.265两种。
- H.264：属于帧间预测和变换编码的有损压缩。压缩率高，有良好的画质，适用于高清视频存储和流媒体播放。但该格式的解码计算量较大，对低功耗设备不友好。
- H.265：属于更高效的帧间压缩，是H.264的升级版本。相比H.264，在相同画质下可减少约50%的文件大小，提高了编码效率。适用于播放4K、8K高清视频，VR视频或直播流媒体等。但解码复杂度高，需要更强的硬件支持。

3. 音频数据

常见的音频压缩格式包括MP3、AAC、FLAC等。
- MP3：属于感知编码的有损压缩。文件小，适合存储和传输。常用于音乐存储、在线流媒体、广播等场合。
- AAC：属于更先进的感知编码的有损压缩。同样码率比MP3格式音质更优，被许多流媒体平台采用。但兼容性稍逊于MP3格式。
- FLAC：属于无损压缩。可减少约50%的文件大小，同时保持CD音质。适用于高品质音乐存储场合。但它比MP3、AAC格式的文件大，不适合流媒体传输。

5.2.3 多媒体压缩工具

在多媒体数据处理过程中，合适的压缩工具可以大幅降低存储需求，提高传输效率，并在保持较高质量的同时优化用户体验。下面介绍几种常用的压缩工具，供读者参考。

1. 通用压缩工具

WinRAR、7-Zip、好压等压缩工具支持多种格式的文件压缩和解压缩操作。以WinRAR工具为例，该工具是一款功能全面、操作简便、性能卓越的压缩工具，可广泛应用于各种Windows操作系统中。图5-1所示是WinRAR的中文官网界面。

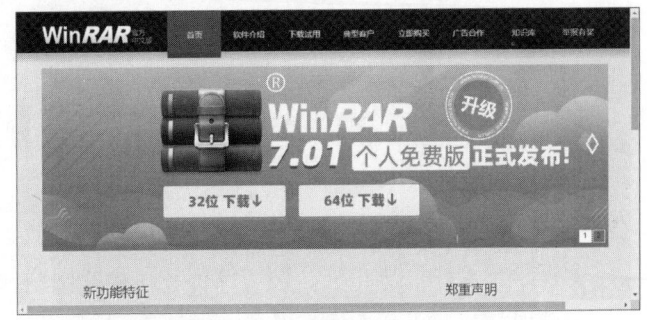

图 5-1

WinRAR工具主要功能介绍如下。
- **压缩与解压**：支持RAR和Zip格式的完全压缩与解压，同时兼容多种其他格式，如7Z、ARJ、BZ2、CAB、LZH、ACE、TAR、GZ、UE、JAR、ISO等，确保与最新的压缩技术保持同步。
- **多卷压缩**：支持创建和管理多卷压缩文件，适应大文件压缩需求。用户可以根据需要将大文件分割成多个小文件，便于存储和传输。
- **自解压文件**：可以创建自解压文件（SFX），这种文件可在没有WinRAR的情况下被解压，简化了文件分享和传输过程。
- **数据恢复与修复**：具备恢复物理损坏的压缩文件功能，以及强大的压缩文件修复功能，可以最大限度地恢复损坏的RAR和Zip压缩文件中的数据。
- **密码保护**：支持为压缩文件设置密码，保护文件的隐私和安全。用户可以根据需要设置单次密码或永久自动加密的密码。
- **固实压缩**：提供固实压缩选项，尤其在处理大量小文件或相似文件时，可显著提升压缩率10%~50%。
- **创新算法**：采用独有的压缩算法，提供卓越的压缩效率，特别针对文本、音频、图像文件以及32位和64位Intel可执行文件设计优化算法，实现更优压缩比。

2. 视频压缩工具

视频压缩工具也有很多，这类压缩工具在节省存储空间、提高传输效率、优化视频播放性能、保护原始视频质量等方面都有显著的优势，例如，Adobe Media Encoder、福昕视频压缩大师、万兴喵影、VideoProc等。

以Adobe Media Encoder（简称Me）工具为例，它是Adobe公司开发的一款专业视频编码和压缩工具，广泛应用于广告、电影、电视、网络视频等领域，可以帮助用户高效地处理大量视频文件，满足不同平台和设备的要求，同时保持高质量的视频输出。图5-2所示为Adobe Media Encoder的中文官网界面。

图 5-2

Adobe Media Encoder工具的主要功能如下。
- **视频导入**：可从相机、移动设备、硬盘或网络共享导入视频文件，方便用户进行后续处理。

- **视频编码**：提供多种视频编码格式（如H.264、HEVC、MPEG-2等），并支持多种编码选项，以满足不同平台和设备的要求。
- **视频压缩**：允许用户自定义压缩设置，包括分辨率、帧率、比特率、音频编码等参数，以获得最佳的视频质量和文件大小。
- **视频输出**：支持多种输出格式和设备（如MP4、MOV、AVI、FLV等），用户可以将视频导出为适合Web展示、上传到视频网站、制作光盘或发布到社交媒体等格式的文件。
- **扩展性**：支持插件、预设和扩展功能，用户可以通过安装插件或加载预设来扩展其功能，如嵌入字幕等。

3. 图片压缩工具

图片压缩工具有很多种，如美图秀秀、Adobe Photoshop、图压、JPEGmini等。以JPEGmini工具为例，它是一款专业的JPEG图片压缩工具，专注于优化JPEG格式的图片，通过其专利技术，能在几乎不损失视觉质量的情况下大幅减少文件大小。这使得JPEGmini成为处理大型JPEG图片的理想选择，尤其是在需要保持图片质量的同时减小文件体积时。图5-3所示是JPEGmini的网页面。

图 5-3

JPEGmini工具的主要特点如下。

- **无损压缩**：采用先进的压缩算法，确保在压缩过程中图片质量几乎与原图无异，实现真正的无损压缩。
- **高效处理**：支持批量处理大量图片，且压缩速度较快，能够大大提高工作效率。
- **专业优化**：适合大型JPEG图片的优化，经过JPEGmini压缩后的图片，文件大小可以显著减小，同时保持原有的图像质量。

> **注意事项**
>
> 除了以上介绍的几款多媒体压缩工具外，还有一些常用的压缩工具。例如，图片压缩工具有TinyPNG、图片编辑助手、IloveIMG、佐糖在线图片压缩等；视频压缩工具有剪辑魔法师、Adobe Premiere Pro、剪映、爱剪辑等；音频压缩工具有音频转换专家、格式工厂、Audacity、MP3压缩大师等。

5.3 流媒体技术基础

流媒体技术是一种实时传输媒体内容的技术，使用户可在未下载完整文件的情况下，边接收边播放音频、视频或其他多媒体内容。这种方式不需要等待文件完全下载完成，媒体内容便可即时播放，从而提供流畅的观看或收听体验。

5.3.1 流媒体的工作原理

流媒体是通过流式传输技术，将音频、视频或其他媒体数据分成小块（通常是数据包），通过网络逐块传输到用户的设备上。用户的设备接收到数据包后，会实时解码并播放内容。因为不需要全部下载，所以可以显著减少等待时间，尤其适合大文件的播放，如电影、电视节目、音乐等。流媒体播放的流程如图5-4所示。

图 5-4

- **内容准备**：视频或音频文件会被压缩和编码为适合流式传输的格式，并存储在流媒体服务器中。
- **请求和响应**：当用户请求播放某个流媒体内容时，客户端（如播放器、浏览器）向流媒体服务器发送请求。
- **数据传输**：服务器通过网络将内容以数据包的形式传输到用户设备，设备收到后即开始播放。
- **播放与缓存**：为了保证播放的流畅性，通常会在客户端进行数据缓冲，稍微预加载部分内容，以避免因网络延迟或波动导致卡顿。

5.3.2 流媒体的传输方式

流媒体的传输方式决定了音视频内容从源端到终端用户的传输效率和质量。流媒体技术利用特定的协议和传输模式来确保内容能够高效地流式传输并实时播放。根据传输的实时性、带宽要求、延迟容忍度等因素，流媒体的传输方式可以分为多种类型。下面介绍一些常见的流媒体传输方式及特点。

1. 基于协议的流媒体传输方式

（1）RTMP

RTMP是最早的流媒体传输协议之一，最初由Adobe公司开发，用于音视频流的推送和播放。RTMP支持低延迟和高质量的视频流，广泛应用于直播领域，尤其是在游戏直播、在线教学等场景中。

优点：低延迟、高互动性，支持流畅的实时视频传输。

缺点：由于Adobe Flash被逐渐淘汰，RTMP在现代应用中的使用逐渐减少，尤其是在移动设备上。

（2）HLS

HLS是由苹果公司提出的一种基于HTTP协议的流媒体传输方式。它将视频内容分割成多个小段（通常为10秒），然后通过HTTP协议逐一传输。HLS具有很高的兼容性，尤其在浏览器、iOS设备、Android设备以及大部分智能电视中得到了广泛支持。

优点：跨平台兼容性好，支持自适应比特率，根据网络状况调整视频质量，支持防火墙穿透。

缺点：延迟较高（一般为10~30秒），不适用于极低延迟的实时直播。

（3）DASH

DASH与HLS类似，也是一种基于HTTP协议的自适应流媒体传输技术。DASH支持视频和音频内容的自适应流传输，根据用户的网络条件自动选择不同的码率和分辨率，从而保证播放流畅。它支持广泛的设备平台，包括HTML 5浏览器、智能手机和智能电视等。

优点：支持自适应码率，提升观看体验，较低的播放延迟，兼容各种平台。

缺点：需要更高的服务器端处理能力。

（4）WebRTC

WebRTC是一种开源的实时通信协议，专门为实时音视频通信设计。它允许浏览器直接进行实时的音视频通话，无须任何插件支持，适用于视频会议、在线协作等场景。

优点：低延迟，支持双向实时通信，跨平台兼容，适用于浏览器和移动端。

缺点：复杂的网络配置要求，带宽消耗较大，难以适用于大规模的广播式流媒体传输。

（5）RTSP

RTSP是一种用于控制音视频流的协议，通常与RTP一起使用。RTSP用于流媒体的控制，如暂停、播放、停止等操作，而RTP负责实际的数据传输。RTSP常用于安防监控、视频会议等领域，支持低延迟视频传输。

优点：实时流控制，适合低延迟应用。

缺点：与HTTP协议相比，防火墙穿透性差，跨平台支持差。

2. 传输方式的分类

根据流媒体的传输模式，可以将其分为以下几种类型。

（1）单向流传输

单向流传输指的是数据从一个源服务器传输到单个终端用户。在这种模式下，每个用户都需要与源服务器建立独立的连接，因此带宽需求会随着用户数量的增加而增加。

应用：在线视频点播、直播、音频广播等。

特点：带宽消耗较大，尤其是当用户量很大时，服务器的压力增大，可能会导致性能瓶颈。

（2）广播传输

广播传输是指数据从源服务器同时发送到多个用户，类似于传统电视或广播的模式。在这种模式下，服务器仅向所有用户发送单一的数据流，无须为每个用户单独分配带宽。

应用：大规模的直播、电视直播等。

特点：节省服务器带宽，但用户无法进行个性化交互，适合大规模的单向内容分发。

（3）多播传输

多播传输是一种介于单播和广播之间的方式，它允许数据流从源服务器以较少的带宽同时传送到多个用户。与广播不同，多播只在订阅的用户之间传输流量，这样可以减少网络带宽的浪费。

应用：大规模的视频会议、体育赛事直播等。

特点：节省带宽，适用于特定的用户群体，网络配置要求较高。

3. 流媒体缓存和分发

为了提高流媒体的传输效率并降低延迟，流媒体通常会使用缓存和内容分发网络。

- **缓存**：通过缓存机制，流媒体服务器会将一些常用的音视频数据存储在本地，减少从源头到用户的重复数据传输，提高响应速度。
- **CDN**：通过在不同地区部署分发节点，将内容缓存到距离用户较近的服务器上。这样不仅提高了传输速度，还能够分担源服务器的压力，保证在高并发访问时流媒体内容依然能够平稳播放。
- **P2P技术**：允许终端用户之间直接交换数据，适用于高负载的流媒体传输场景。用户在观看流媒体时，也可以将自己的视频缓存分享给其他用户，从而减轻服务器的负担，提升整体传输效率。

4. 自适应流媒体传输

自适应流媒体技术可以根据用户的网络状况动态调整视频流的质量，保证用户能够在带宽变化的情况下流畅观看内容。常见的自适应流媒体传输方式包括HLS和DASH。这些技术基于带宽检测和视频分段的原理，通过不断地切换视频的分辨率和码率来提供最佳的观看体验。如腾讯视频等平台使用自适应流媒体技术，以确保不同网络环境下的播放流畅性。

5.3.3 流媒体的种类

流媒体技术根据不同的应用场景和交互方式可以分为多种类型，每种类型都有其独特的传输方式和应用领域。从日常使用的在线视频播放到企业级的视频会议，流媒体已经深入人们生活的各方面。

1. 视频流媒体

视频流媒体是流媒体技术最常见的应用形式，指的是通过互联网传输视频内容，用户可以在线点播或实时观看，无须完整下载文件。视频流媒体分为点播和直播两种模式。

- **视频点播**：可以随时选择观看预先录制的视频内容，如电影、电视剧、短视频等。例如腾讯视频、爱奇艺等平台都采用了视频点播技术，如图5-5所示。视频点播采用HLS或DASH等协议，实现自适应码率播放，以适应不同的网络条件。
- **视频直播**：实时传输视频内容，观众可以同步观看正在发生的事件，例如体育赛事、新闻直播、游戏直播等。常见的斗鱼、快手、B站等直播平台都依赖于直播流媒体技术，如图5-6所示。该技术采用RTMP或WebRTC协议，以确保低延迟播放。

图 5-5 　　　　　　　　　　　　　　　图 5-6

2. 音频流媒体

音频流媒体指的是通过网络实时传输音频内容，用户可以边播放边接收音频数据，无须下载完整文件。音频流媒体主要包括在线音乐播放和网络广播两类。

- **在线音乐播放**：用户可以选择喜欢的音乐直接播放，不需要下载到本地，如网易云音乐、QQ音乐等，如图5-7所示。流媒体音乐平台会采用AAC、MP3、Opus等音频压缩格式，并支持自适应码率，保证不同网络环境下的流畅体验。
- **网络广播**：类似传统广播电台，但基于互联网传输，如喜马拉雅FM、蜻蜓FM等，如图5-8所示。网络广播可以提供直播式内容（如电台节目）或点播式内容（如播客）。音频流媒体常使用HLS、Icecast、SHOUTcast等协议进行传输。

图 5-7 　　　　　　　　　　　　　　　图 5-8

3. 互动流媒体

互动流媒体结合了用户交互与流媒体播放，使观众可以在观看或收听内容的同时进行实时互动。弹幕、投票、连麦、虚拟礼物打赏等功能都是互动流媒体的表现形式。这种类型的流媒体广泛应用于社交直播、远程教育、视频会议等场景。

- **社交直播**：如抖音直播、快手直播等，用户不仅可以观看直播，还可以发送弹幕、点赞、打赏主播等。
- **远程教育**：如腾讯课堂、网易云课堂、Zoom线上课程，师生可以进行实时互动，支持语音、视频、屏幕共享等功能，如图5-9所示。
- **视频会议**：如腾讯会议、钉钉支持多方音视频通话、屏幕共享、远程协作等，如图5-10所示。互动流媒体通常采用WebRTC、RTMP、SIP等协议，确保低延迟、高质量的实时通信。

图 5-9　　　　　　　　　　　　　　　图 5-10

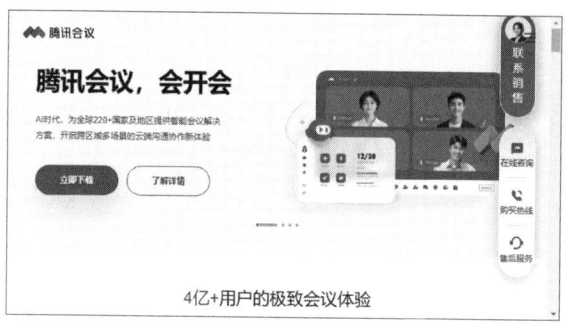

5.4 融媒体技术基础

融媒体是传统媒体与新媒体深度融合的产物,它不仅提升了信息传播的效率,也增强了用户的互动体验。本节将对融媒体技术的基础知识进行简单介绍。

5.4.1 融媒体的概念

融媒体又称为媒体融合,是指传统媒体(如报纸、广播、电视)与新媒体(如网站、社交媒体、短视频平台、移动应用)相结合,通过技术整合、内容共享和传播方式优化,形成的一种新型媒体传播形态。该技术的核心目标是打破信息传播的壁垒,让不同类型的媒体能互相融合、联动,提供更高效、精准、互动性更强的信息传播服务,使新闻、信息、娱乐、教育等内容的传播更加智能化、立体化、多样化。

简而言之,融媒体就是传统媒体+新媒体+互联网技术+智能交互技术,从而实现媒体资源整合,提升传播效率和用户体验。

表5-1所示是融媒体与传统媒体,以及新媒体技术的区别,以帮助用户更好地理解融媒体技术。

表5-1

	传统媒体	新媒体	融媒体
传播方式	单向传播	双向互动	多元互动,增强用户体验(如报纸杂志的小程序、App等方式)
内容形式	文字、图片、音视频单独呈现	短视频、直播、社交分享	多种内容形态结合,强化互动性
传播渠道	电视、报纸、广播	互联网、社交媒体、短视频平台	电视+社交+短视频+AI推荐+直播等
技术支持	传统印刷、广播信号	互联网、大数据、移动端	AI、大数据、云计算、5G、VR/AR等
用户参与	被动接受	可参与讨论、分享、点赞	既是信息接收者,也是生成者和传播者
传播效率	受时间、地域限制,传播慢	快速传播,但信息质量参差不齐	既能保证速度,又能保证信息质量和互动性(如电视台与媒体平台合作互动)

从表5-1可看出，融媒体结合了传统媒体的权威性、新媒体的互动性，并通过技术手段提升内容的传播效率，达到更强的传播效果。随着互联网技术的发展，媒体行业已从单一媒介向多种媒介融合发展，所以融媒体是信息传播方式的必然趋势。

5.4.2 融媒体的核心特征

融媒体的核心特征体现在传播渠道、内容形式、用户互动、数据驱动、技术支撑等方面，既突破了传统媒体的局限性，又充分发挥了新媒体的优势。

1. 跨平台传播

传统媒体的传播渠道较为单一，电视节目只能在电视上观看，报纸新闻需要通过纸质媒介阅读。融媒体则打破了这些媒介之间的界限，使内容可以在多个平台上无缝传播。

- **多端口同步**：电视、广播、报纸、网站、社交媒体、短视频平台等同步推送。例如，央视新闻不仅有电视直播，还会通过微博、微信公众号、抖音、快手等平台同步传播。
- **信息互通**：不同媒介的内容相互补充，形成更完整的信息传播链。例如，一场重要的新闻发布会可以通过电视直播、新闻网站图文报道、社交平台实时讨论等多种方式呈现，让不同受众都能获取信息。
- **打破信息孤岛**：避免传统媒体和新媒体之间的信息割裂，让各平台的信息相互联动，形成更强的传播效果。

示例：动画电影《长安三万里》不仅在各大电影院上映，同时也在抖音、小红书、B站等平台进行短视频推广，还结合微博话题营销，实现了全网覆盖。

2. 内容形式多元化

传统的新闻报道或信息传播方式通常以单一的文字、图片、视频为主，而融媒体强调多种内容形态的结合，使信息传播更加丰富、生动。

- **多元化**：用文字+图片+音视频+H5+直播等多元化方式呈现信息内容，以满足不同人群的需求。
- **互动性**：新闻报道可附带短视频、动态图表、数据可视化，帮助用户快速理解复杂的信息，增强内容的互动性。
- **碎片化**：针对移动端人群，可提供短小精悍的内容，如短视频新闻、热点速报等，让这类人群在闲暇时能及时了解相关的新闻事件。

示例："央视新闻"在抖音平台发布的"新闻一分钟"，用一分钟讲解当天的热点新闻，使新闻传播更加高效。

3. 智能化内容分发

随着人工智能技术的发展，融媒体平台可根据用户的阅读习惯、兴趣偏好，自动推荐个性化内容，提高内容的传播效率。

- **算法推荐**：分析用户的行为习惯，推送符合其兴趣的信息。例如，今日头条的推荐系统会根据用户的阅读记录推送相关新闻。
- **数据驱动内容优化**：通过点击率、停留时长、分享率等数据指标分析内容质量，优化信息传播策略。

- **精准投放**：不同用户看到的内容不同。例如，微博的"热搜推荐"会根据用户关注的话题进行个性化展示。

示例：在某短视频平台用户浏览某个热点话题的视频后，系统会自动推荐相似的内容，以提高用户的停留时间和参与度。

4. 用户互动增强

传统媒体的信息传播方式是单向的，即"我说你听"。而融媒体强调互动传播，让受众从被动接受者变成主动参与者，增强用户黏性和传播力。

- **评论+点赞+分享**：让用户不仅能获取信息，还能发表意见，并进行信息分享，形成社交化传播。
- **用户生成内容（UGC）**：鼓励用户自行创作内容，如微博、抖音的用户投稿模式，让内容更加多元化。
- **直播+互动**：新闻直播时，观众可实时留言、投票、提问，甚至可与主持人连线互动。

示例：央视春晚与某媒体平台合作，观众可通过摇一摇、集福卡、答题等方式赢取新年红包，极大地提高用户的参与度。

5. 技术支撑

融媒体的快速发展，离不开5G、人工智能、区块链、VR/AR等前沿技术的支持。

- **5G高速传播**：5G网络的高带宽和低延迟特性，使超高清直播、VR新闻、互动视频等成为可能，提升用户的沉浸式体验。
- **自动化内容生成（AIGC技术）**：AIGC技术可用于自动化新闻写作、内容审核、语音识别等，提高内容生产和管理效率。例如，自动生成新闻摘要，使信息获取更加便捷。
- **区块链确保安全性**：区块链技术可以记录和追踪新闻内容的发布与修改历史，确保信息的真实性和不可篡改性，防止虚假新闻的传播。
- **VR/AR沉浸式体验**：VR/AR技术让用户能够以更加直观、立体的方式体验新闻事件，如虚拟演播厅、360°全景报道等，增强信息的可视化和互动性。

示例：2022年冬奥会采用5G+VR技术，用户可以通过VR设备观看比赛，获得身临其境的体验。

> **注意事项**
>
> 融媒体的核心目标之一是实现"一次采集，多终端分发"。要做到这一点，可以依靠云计算和大数据技术，构建统一的内容管理系统（CMS），使内容在电视、PC端、移动端、小程序等多个平台自动适配。同时，采用AI智能剪辑和数据格式转换技术，使同一内容可按不同终端的需求（如横屏、竖屏、短视频、图文）进行个性化调整，从而提高用户体验。

5.4.3 融媒体的应用场景

融媒体凭借其多平台融合、内容多元化、智能化分发、用户互动增强等特点，已广泛应用于多个领域。它不仅提高了信息的传播效率，还促进了不同领域的信息共享和用户互动。下面对一些主要的应用场景进行介绍。

1. 新闻传播

新闻传播是融媒体最大的应用场景之一。它突破了传统报纸、电视、电台等单一媒体的局限，实现了全媒体、多终端、实时互动的新闻传播模式。例如，央视的"中央厨房"模式就是央视新闻通过一次采集、多元生成、多渠道分发的方式，实现电视、网站App、微博、微信、短视频等平台的同步传播，以提高新闻报道的时效性和影响力。图5-11所示是央视新闻在微博和抖音平台的官方账号。

图 5-11

2. 政务服务

政府机构借助融媒体技术优化政务信息传播方式，提高政府与公众的互动效率，提升政务服务质量。

- **政府信息公开透明**：政府可以通过多种媒体形式发布政策解读、公告、便民服务信息，让公众更易理解和获取。例如，各地公安机关利用微博、短视频、直播等方式发布治安动态、防诈骗提醒等内容，以提高社会治安防控能力。
- **政府新媒体矩阵**：各级政府部门建立微信、微博、短视频账号来搭建全方位的政务传播体系。
- **政民互动增强**：政府还可通过直播、在线留言、评论互动等方式收集群众意见，优化决策过程。

3. 商业营销

企业利用融媒体技术实现品牌营销的精准化、互动化、社交化，推动产品和服务的推广，提高用户转化率。例如，某零食品牌通过幽默文案、短视频挑战赛等方式提升品牌影响力，吸引年轻用户的关注。

- **社交媒体营销**：企业通过微博、微信、抖音、小红书等社交平台进行品牌推广，实现裂变式传播。
- **直播带货**：电商与短视频平台合作，主播通过直播方式介绍产品，实现"边看边买"的销售模式。
- **智能广告投放**：利用AI分析用户数据，精准推送个性化广告，提高营销效果。

4. 文化教育

融媒体的多媒体特性和智能化分发方式，使教育行业的学习资源传播更加便捷、内容更加生动、学习方式更加多样。例如，部分高校利用直播、MOOC平台、VR课堂等新技术，实现远程教学和智能化学习。图5-12所示是中国大学慕课网站界面。该网站提供了来自众多高校的优质课程资源，学生可以通过在线视频、提交作业、参与讨论等方式进行学习。

- **在线教育平台**：融媒体支持在线课程、VR/AR互动课堂、直播教学等，使学习方式更具沉浸感。
- **短视频知识分享**：知识类短视频、微课程等内容非常受学生欢迎，满足碎片化学习需求。
- **教育直播+互动**：教师可以通过直播授课+学生实时提问互动，提高学习体验。

图 5-12

5. 社会公益

融媒体技术可以快速传播公益信息，提高社会关注度，并增强公益活动的参与度。例如，腾讯"99公益日"活动在每年9月9日，通过社交媒体、短视频等形式推广公益活动，以吸引社会捐赠。支付宝的"蚂蚁森林"活动通过线上互动种树来支持环保公益项目，如图5-13所示。

- **公益短视频传播**：公益机构利用短视频、直播等方式宣传公益理念，吸引关注。
- **社交媒体互动**：通过社交平台话题、挑战赛等方式提高公益项目曝光率。
- **线上捐赠与众筹**：利用互联网平台实现公益众筹，提高公益项目的执行力。

图 5-13

> **注意事项**
>
> 在融媒体时代，传统媒体可通过以下三方面实现数字化转型。
> ① 内容升级：增加短视频、互动直播、数据可视化报道等新形式，以适应用户需求。
> ② 技术赋能：建立融媒体云平台，利用AI自动剪辑、智能排版、语音识别等技术提高内容生产效率。
> ③ 运营创新：运用社交媒体、短视频、直播带货等方式拓展盈利模式，同时强化用户互动，提高用户黏性。

5.5 实训项目

本章主要介绍多媒体技术、流媒体技术及融媒体技术的相关基础知识。下面利用两个实训练习对所学知识进行巩固和消化。

5.5.1 实训项目1：图片格式转换与对比

【实训目的】

① 了解常见的图片格式（JPEG、PNG、WebP）。

② 理解不同格式的压缩效果和适用场景。

【实训内容】

使用在线工具或格式转换工具将同一张图片转换为不同格式，观察文件大小和画质差异。

① 准备素材。可用手机拍摄一张照片，保存为JPEG格式。

② 格式转换。打开在线转换网站或"格式工厂"（格式转换工具），上传照片原图，分别转换为PNG和WebP格式。

③ 观察这三种格式的文件大小。放大图片细节，观察画质差异。

5.5.2 实训项目2：体验流媒体的广播传输方式

【实训目的】

① 理解广播传输方式的特点（1对多传输，所有用户接收相同数据）。

② 通过日常场景观察不同模式的应用。

【实训内容】

通过常见直播平台，对比广播输出模式的差异。

① 用计算机打开直播网站，任意点播一个直播视频。

② 同时用手机登录统一账号，打开同一直播流。

③ 观察两个画面是否完全同步，尝试暂停一台设备，观察另一台设备是否继续播放。

第 6 章

音视频编辑技术

在数字媒体迅速发展的今天，音视频编辑技术已成为影视、短视频、自媒体等行业的重要工具。无论是电影后期制作，还是日常Vlog剪辑，都离不开专业的音视频处理工具。本章将着重介绍音视频编辑的核心应用，以帮助读者了解如何运用这些工具进行专业化处理，提高作品的质量和表现力。

6.1 数字音频的处理与编辑

数字音频是一种利用数字化手段对声音进行录制、存放、编辑、压缩等处理技术。这类技术被广泛应用于人们的工作、学习、生活、娱乐等领域。本节对数字音频的概念、常见的音频格式、主流音频编辑软件，以及基本的数字音频编辑方法进行简单介绍。

6.1.1 数字音频的概念

音频分为模拟音频和数字音频两种。模拟音频是指将连续不断变化的声波信号通过某种方式转换成可记录或传输的电信号。例如早期的录音机磁带，就是通过磁头将模拟音频信号记录在磁带上，播放磁带时，磁头再将这些信号转换成声波，通过扬声器播放出来。

随着数字技术的发展，模拟音频逐渐被数字音频取代。数字音频是将模拟音频信号转换成一系列的数字代码，这些代码表示声音信号在不同时间点的强度。数字音频在处理、存储和传输方面更加高效和方便。

从模拟音频转换为数字音频可分为4个关键步骤：采样、量化、编码和压缩。

（1）采样

采样是将连续的模拟音频信号转换为离散的数字信号的第一步。在这个过程中，音频采样系统会在特定的时间间隔内对模拟信号进行测量，并记录下采样的振幅值。采样率指的是每秒钟采样的次数。采样率越高，数字波形的形状越接近原始模拟波形；采样率越低，数字波形的频率范围越狭窄，声音越失真，音质越差。

（2）量化

量化是将采样得到的连续振幅值转换为离散值的过程。在这个过程中，采样的振幅值被映射到一组有限的数字值上。量化的精度由比特深度决定。比特深度（也称位深度）决定了每个采样点可用多少个不同的数值来表示。数值越高，每个采样点的精度越高，声音的动态范围也越大。

（3）编码

编码是将量化后的离散值转换为数字格式的过程。这个过程通常涉及将每个量化值转换为二进制数（0和1的组合）。例如16位量化的音频样本将被表示为16位的二进制数。编码的目的是让数字音频信号可以在计算机和其他数字设备中进行存储和处理。

（4）压缩

编码后的音频信号需要很大的存储空间来存放，为了减少数据量、提高传输速率，需要对其进行数据压缩，以减小文件大小。压缩音频可分为有损压缩和无损压缩两种。

- **有损压缩**：在压缩过程中会丢失一些音频信息，常见的格式有MP3、AAC等。这种压缩方式通常会通过智能算法丢弃一些人耳难以察觉的数据，例如人耳不敏感的高频和低频声音，从而减小文件大小。
- **无损压缩**：在压缩过程中不会丢失任何音频信息，常见的格式有FLAC、WAV等。这种方式保留了原始音频的完整性，其文件大小相对较大，但比原始文件要小得多。比较适合于对音质要求很高的场合。

6.1.2 常见的音频格式

音频格式有很多种，每种格式都有其特定的用途、优缺点和适用场景。下面对一些常见的音频格式进行介绍。

1. 有损音频格式

有损音频格式包括MP3、AAC、WMA等，它们都会在压缩过程中丢失一些音频信息，以此缩小文件大小。此种格式比较适合一般听音需求。

- **MP3格式**：主流的音频格式。有良好的音质与文件大小平衡，被广泛用于音乐下载和流媒体。
- **AAC格式**：一种更高级的音频格式。在相同比特率下，其音质通常优于MP3格式，被广泛用于流媒体和数字广播。
- **WMA格式**：微软公司开发的一种有损音频格式，其音质与MP3格式相当，适合用于Windows平台。

2. 无损音频格式

无损音频格式包括WAV、FLAC、ALAC、AIFF等。它们在压缩过程中不会丢失任何音频信息，最大限度地保留原始音频数据，音质相对比较好，但文件会比较大。

- **WAV格式**：音质非常好，它会保留所有音频细节、动态范围、会更接近于原始音频。适用于专业音频制作、录音和编辑领域。
- **FLAC格式**：一种开源的无损压缩音频格式。在保持音质的同时减小文件大小，适用于高保真音频存储。
- **ALAC格式**：由苹果公司开发，与FLAC格式相似，但它在苹果设备（如iTunes、iPhone、iPad等）中具有很好的兼容性，ALAC的压缩效率要比FLAC低一些。由于是无损压缩，它的比特率会根据音频内容的复杂性而变化，适用于不同的音频质量需求。
- **AIFF格式**：由苹果公司开发，类似于WAV格式。具有高音质特点，适用于专业音频的制作与应用。

3. 其他格式

除了以上两种音频格式外，还有其他的一些常见格式，如M4A格式、BWF格式、DSD格式等。

- **M4A格式**：使用AAC编码的MPEG-4标准存储文件。常用于苹果系统的设备上，它能够以较低的比特率提供高质量的音频，在音质上优于MP3格式。
- **BWF格式**：一种扩展的WAV格式。包含丰富的元数据，包括艺术家、专辑、曲目名称、封面图片等信息。适用于广播和专业音频制作，便于音频文件管理。
- **DSD格式**：一种高音频格式。可提供非常高的音质，尤其是在高频和动态范围方面，比标准CD音质还要好，适合音频发烧友使用。该格式文件很大，不方便存储和传输。在兼容性方面比较差，用户只能在特定的硬件和软件中才能播放该格式的文件。

6.1.3 主流音频编辑软件

音频编辑领域中较为主流的软件是Adobe Audition。该软件是一款专业的音频编辑软件，提供强大的音频录制、编辑、混音、音效和修复功能，能够满足多种音乐风格的创作需求。图6-1所示为Audition软件操作界面。

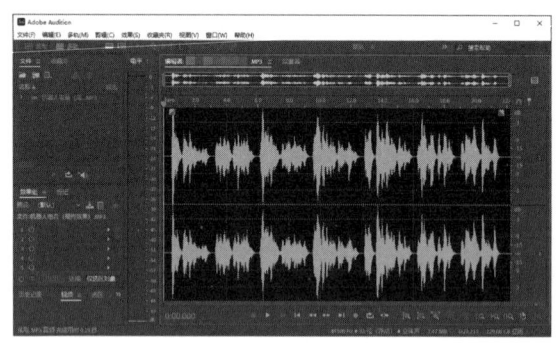

图 6-1

Audition主要功能介绍如下。

- **多轨混音**：用户可在不同的音轨上同时处理多个音频文件，以方便进行复杂音频的混合与编辑操作。
- **音效处理**：软件提供丰富的音频效果和处理工具，包括均衡器、混响、压缩、去噪等，可以轻松制作出风格各异，且音质很高的音乐作品。
- **音频修复**：软件提供多种音频修复功能，帮助用户修复音频或录音中的噪点问题，以提高音频的清晰程度。
- **音频批处理**：支持批处理功能，可对多个音频文件应用相同的效果和处理操作，以节省编辑时间。
- **编辑效果实时预览**：用户可一边试听，一边调整所需的剪辑点，以便快速达到最优的效果。

6.1.4 音频剪辑、合并与拆分

Audition软件分为波形编辑器和多轨编辑器两种。波形编辑器主要用来对某一个音频文件进行编辑，如图6-2所示。多轨编辑器主要对多个音频文件进行混合编辑，如图6-3所示。

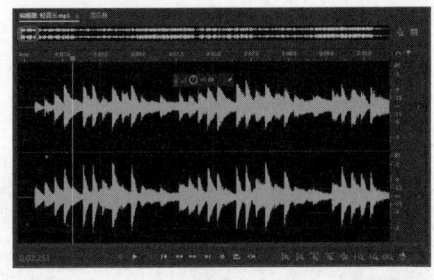

图 6-2　　　　　　　　　　　　　图 6-3

下面以多轨编辑器为例，对音频的剪辑、合并与拆分操作进行简单介绍。

1. 剪辑音频

将音频素材添加至轨道中，用户可使用鼠标拖曳的方法调整音频的位置。将光标移动到某个剪辑上方，光标变成 形状时，按住鼠标左键拖曳，可以将所选剪辑移动到目标位置，如图6-4所示。

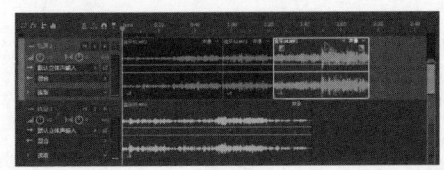

图 6-4

如果需要单独对某一段音频素材进行修剪，可选中所需的音频轨道，并选择要编辑的音频片段，按Ctrl+X组合键复制，然后在该轨道中指定时间线的位置，按Ctrl+V组合键即可粘贴复制的音频片段，按Delete键可将其删除，如图6-5所示。

图 6-5

2. 合并音频

在多轨编辑器中，用户可将多个音频合并到一个新的轨道上进行单独剪辑。选择要合并的多个音频轨道，执行"多轨"|"将会话混音为新文件"|"所选剪辑"命令，即可将其混合为一个新的音频文件，并自动切换到波形编辑器，如图6-6所示。

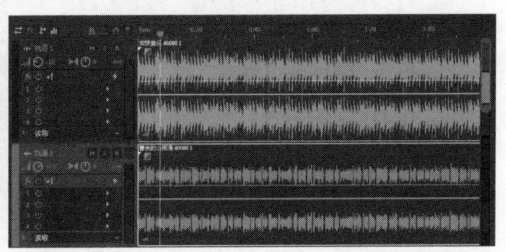

图 6-6

3. 拆分音频

多轨会话提供多种拆分音频的方法，用户可以根据需要进行选择。选择需要拆分的音频素材，并指定要拆分的位置，在工具栏中单击"切断所选剪辑工具"按钮（或按Ctrl+K组合键），在需要拆分的音频上方单击即可，如图6-7所示。

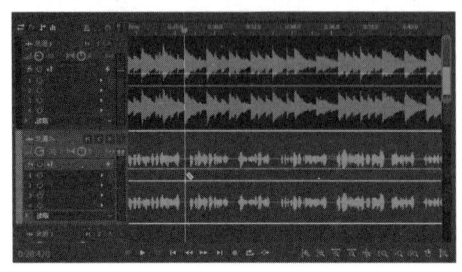

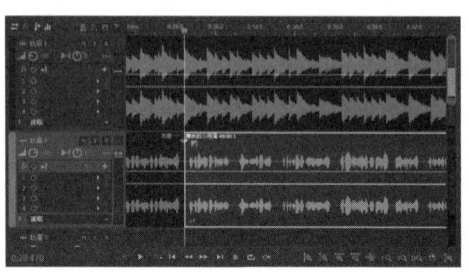

图 6-7

6.1.5 音频降噪、混响效果处理

Audition软件提供丰富的效果器，用户可利用这些效果器提升音频质感，从而创作出更加优秀的音频作品。

1. 音频降噪

降噪效果器能够自动检测音频中的噪声部分，包括磁带嘶嘶声、麦克风背景噪声、电线嗡嗡声等。通过捕捉并分析音频中的噪声样本，然后自动从整个音频中去除这些噪声，去除噪声的同时，降噪效果器会尽量保持音频中的原声部分不受影响，从而确保音频的自然度和真实感。

选择一段噪声样本，执行"效果"|"降噪/恢复"|"降噪（处理）"命令，打开"效果-降噪"对话框，如图6-8所示。在该对话框中单击"捕捉噪声样本"按钮，即可获取到选中的噪声，然后单击"选择完整文件"按钮，系统会全选音频文件，并获取与样本相似的噪声，再根据需要调整降噪效果器的参数，如降噪量、降噪幅度、频谱衰减率等，以达到最佳的降噪效果，如图6-9所示。设置完后单击"应用"按钮即可消除音频中的噪声。

图 6-8 　　　　　　　图 6-9

2. 音频混响

为音频添加混响效果,可以使音频听起来更加饱满、丰富和具有空间感。Audition内置了5种混响效果器,包括混响、卷积混响、完全混响、室内混响和环绕声混响。执行"效果"|"混响"命令,在其级联菜单中选择所需的混响效果中即可打开相应的设置面板。

- **混响**:一种通用的混响效果,提供基本的混响参数,适用于快速添加混响相关的场合。
- **卷积混响**:一种高级音频处理工具,通过模拟特定声学空间中的声音反射和混响特性,为音频信号添加高度真实的空间感。例如,在影视后期制作中,卷积混响可用于模拟不同场景的声音环境,如室内对话、室外场景、特殊效果等。选择合适的脉冲响应(IR)文件,可以营造出逼真的声音氛围。
- **完全混响**:通过模拟声音在密闭空间内的多次反射来增强音频的空间感,改善音质和音色,创造特殊音效。使用系统提供的预设,可以模拟各种声场效果,如音乐厅、体育馆、剧院、教堂等。
- **室内混响**:一种用于模拟声音在室内环境(如房间、大厅等)中反射和衰减的音频处理工具。不同室内混响的设置可营造出不同的氛围和情感表达。
- **环绕声混响**:用于模拟声音在具有多个声源和扬声器的房间或空间中的传播效果,让声音听起来仿佛来自不同的方向和距离,使音频在听觉上更加立体和饱满,避免单调和平面的听觉感受。环绕声混响的应用十分广泛,常被用于音乐制作、影视后期、直播与录音等场景。

执行"效果"|"混响"|"混响"命令即可打开"效果-混响"对话框。混响效果器通常提供多种预设效果供用户选择,如"房间临场感""打击乐教室""扩音器""沉闷的卡拉OK酒吧"等,用户可根据需要快速应用这些预设效果,如图6-10所示。此外,用户还可以手动调整混响的各项参数,如"衰减时间""预延迟时间""输出电平"等,以实现更加个性化的混响效果,如图6-11所示。

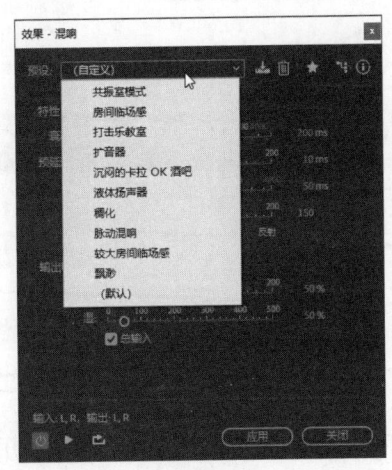

图 6-10

图 6-11

动手练 模拟校园广播音效

下面利用效果器设置校园广播音效。

步骤 01 启动Audition软件,将提示音素材拖至编辑器中。按空格键可试听该音频素材。在左侧"效果组"面板中单击"预设"按钮,选择"带通混响"效果组,为音频添加混响效果,如图6-12所示。

步骤 02 在"效果组"面板中选择一个空插槽,并单击右侧的三角按钮,在弹出的菜单中执行"延迟与回声"|"模拟延迟"命令,如图6-13所示。

图 6-12 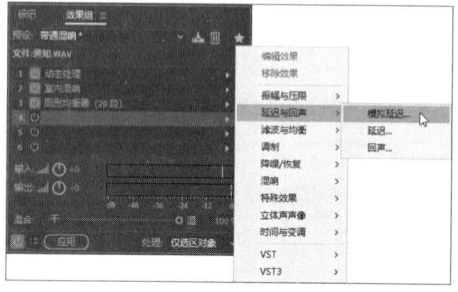　　　　　　　　　　图 6-13

步骤 03 在"组合效果-模拟延迟"对话框中保持默认设置,关闭对话框,如图6-14所示。

步骤 04 此时在"效果组"面板中会加载"模拟延迟"效果器。按空格键可试听音频效果,确认后,单击"应用"按钮即可完成校园广播声效模拟操作,如图6-15所示。

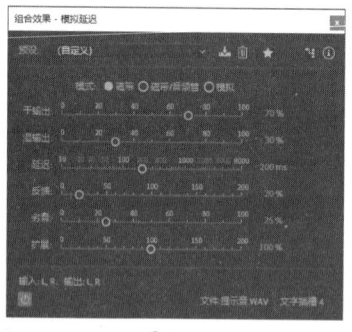

图 6-14 　　　　　　　　　　图 6-15

6.2 视频处理与剪辑

如今视频已成为信息传播的重要载体,视频的处理和剪辑技术更是内容创作的关键。本节将对视频的基本概念、主流视频编辑软件、视频剪辑工具,以及视频的基本处理方法进行简单介绍。

6.2.1 视频的基本概念

视频是一种通过连续播放静态图像(帧)来呈现动态画面的媒体形式。它利用人眼的视觉暂留效应,使多个静态画面在高速切换时形成流畅的视觉体验。

每一幅静态图像称为一帧,图像播放的速度称为帧率,单位是f/s(frame persecond,帧/秒)。常见的帧率有24f/s(电影级)、30f/s(常规视频)和60f/s(高帧率视频)。视频的分辨率表示视频画面的清晰程度,如720p(1280×720)、1080p(1920×1080)、4K(3840×2160)

等。码率是单位时间内传输的数据量，影响视频画质和文件大小。

按照处理方式不同，视频可以分为模拟视频和数字视频两种。

- **模拟视频：** 用于记录表示图像和声音随时间连续变化的电磁信号。早期的视频都是采用模拟方式获取、存储、处理和传输。但模拟视频在复制、传输等方面存在不足，也不利于分类、检索和编辑。
- **数字视频：** 将模拟视频信号进行数字化处理后得到的视频信号。与模拟视频相比，数字视频在复制、编辑、检索等方面有着不可比拟的优势，但数字视频的数据量一般很大，在存储与传输过程中必须进行压缩解码。

6.2.2 主流视频编辑软件

视频编辑软件有很多，常见的包括剪映、Premiere Pro（PR）等。用户可以根据自己的能力及使用习惯来选择。

1. 轻量化剪辑工具代表——剪映

专业的剪辑软件功能强大，可满足各种复杂项目的需要。但是，对于初学者来说可能需要一定时间的学习和适应。为了让新手也能够轻松地对视频进行简单的剪辑，市面上涌现出一大批轻量化的剪辑工具，其中剪映工具已成为众人皆知的剪辑神器。

剪映是一个多功能且易于使用的视频编辑软件，初学者能很快上手实操，它没有过于专业的操作功能，只需要拖动视频素材到窗口就可以直接剪辑。另外，剪映还提供内置的素材库，素材的类型包括视频、音频、文字、贴纸、特效、转场、滤镜等，用户无须再到视频素材网站中寻找素材，一键便可将素材库中的素材添加到视频中，即使是初学者，通过简单的学习也能够快速制作出效果不错的视频。图6-16所示是剪映模板界面。

图 6-16

2. 专业剪辑工具代表——Premiere Pro

在专业领域中，Premiere Pro（简称PR）软件在广告、电影、电视剧制作等方面获得了一致好评。创作人员可以利用其强大功能实现高水平的剪辑和后期制作。PR的主要功能包括剪切、合并、添加字幕、调色、音频处理等。其时间线编辑界面使编辑变得直观简单，同时支持多种

113

视频格式，满足不同项目需求。此外，PR与其他Adobe软件无缝集成，可方便地进行素材交互和后期处理。图6-17所示为使用PR软件处理视频的效果。

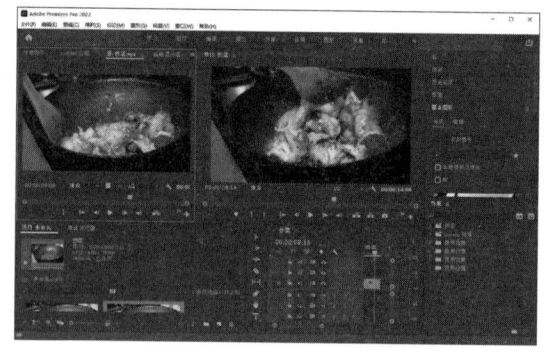

图 6-17

6.2.3 视频剪辑工具

视频剪辑工具可以帮助用户更好地处理短视频，Premiere Pro软件中包括多种用于剪辑的工具，用户可以在"工具"面板中找到这些工具，如图6-18所示。下面针对这些剪辑工具进行介绍。

图 6-18

1. 选择工具和选择轨道类工具

"选择工具"可以在"时间轴"面板的轨道中选中素材并进行调整。按住Alt键可以单独选中链接素材的音频或视频部分，如图6-19所示。

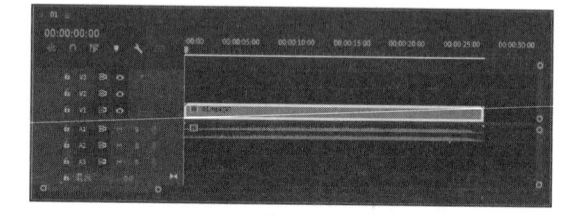

图 6-19

若想选中多个不连续的素材，可以按住Shift键单击要选中的素材；若想选中多个连续的素材，可以选择"选择工具"后按住鼠标左键拖动，框选要选中的素材。按住Shift键再次单击选中的素材可取消选择。

选择轨道类工具同样可以选择"时间轴"面板中的素材对象，区别在于选择轨道类工具选择当前位置箭头方向一侧的所有素材。该类型工具包括"向前选择轨道工具"和"向后选择轨道工具"两种，根据需要选择即可。

2. 剃刀工具

"剃刀工具"可以裁切素材，方便用户分别进行编辑。使用"剃刀工具"在"时间轴"面板中要剪切的素材上单击，即可在单击位置将素材剪切为两段，如图6-20和图6-21所示。

图 6-20

图 6-21

注意事项

按住Shift键单击可以剪切当前位置所有轨道中的素材。

3. 滚动编辑工具

"滚动编辑工具" 可以改变一个剪辑的入点和与之相邻的剪辑出点，且保持影片总长度不变。选择"滚动编辑工具"，移动至两个素材片段之间，当光标变为状时，按住鼠标左键拖动即可调整相邻素材的长度。图6-22所示为向右拖动的效果。

> **注意事项**
>
> 向右拖动时，前一段素材的出点后需有余量以供调节；向左拖动时，后一段素材的入点前需有余量以供调节。

4. 比率拉伸工具

"比率拉伸工具" 可以改变素材的速度和持续时间，但保持素材的出点和入点不变。选中"比率拉伸工具"，移动光标至"时间轴"面板中某段素材的开始或结尾处，当光标变为状时，按住鼠标左键拖动即可改变素材片段长度，如图6-23所示。使用该工具缩短素材片段长度时，素材播放速度加快；延长素材片段长度时，素材播放速度变慢。

图 6-22 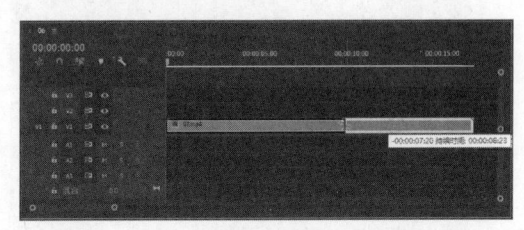　　　　　　　　　　　图 6-23

6.2.4　调整播放速率

在PR软件中，除了可使用"比率拉伸工具" 改变素材的速度和持续时间外，用户还可以通过"剪辑速度/持续时间"对话框更加精准地设置素材的速度和持续时间。在"时间轴"面板中选中要调整速度的素材片段，右击，在弹出的快捷菜单中执行"速度/持续时间"命令，打开"剪辑速度/持续时间"对话框，如图6-24所示。在该对话框中设置参数后单击"确定"按钮即可应用设置。"剪辑速度/持续时间"对话框中各选项作用如下。

- **速度**：用于调整素材片段的播放速度。大于100%为加速播放，小于100%为减速播放，等于100%为正常速度播放。

图 6-24

- **持续时间**：用于设置素材片段的持续时间。
- **倒放速度**：勾选该复选框后，素材将反向播放。
- **保持音频音调**：当改变音频素材的持续时间时，勾选该复选框可保证音频音调不变。
- **波纹编辑，移动尾部剪辑**：勾选该复选框后，片段加速导致的缝隙处将被自动填补。
- **时间插值**：用于设置调整素材速度后如何填补空缺帧，包括帧采样、帧混合和光流法三个选项。其中，帧采样可根据需要重复或删除帧，以达到所需的速度；帧混合可根据需要重复帧并混合帧，以辅助提升动作的流畅度；光流法是软件分析上下帧生成新的帧，

115

在效果上更加流畅美观。

动手练 慢镜头短视频

本案例练习制作慢镜头短视频，涉及的知识点包括项目与序列的创建、素材的导入与编辑、素材播放速率的调整等。

步骤 01 打开PR软件，执行"文件"|"新建"|"项目"命令，打开"新建项目"对话框，设置项目文件的名称和位置，如图6-25所示。完成后单击"确定"按钮新建项目文件。

步骤 02 执行"文件"|"新建"|"序列"命令，打开"新建序列"对话框，切换至"设置"选项卡设置参数，如图6-26所示。完成后单击"确定"按钮新建序列。

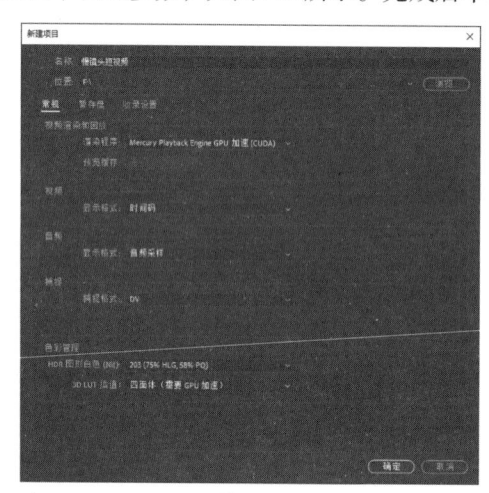

图 6-25 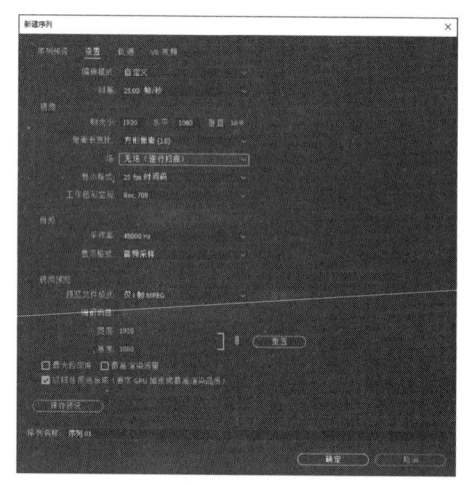　　　　　　　　　　　　　　图 6-26

步骤 03 执行"文件"|"导入"命令，打开"导入"对话框，选择要导入的素材文件，如图6-27所示。

步骤 04 完成后单击"打开"按钮导入素材文件，如图6-28所示。

图 6-27 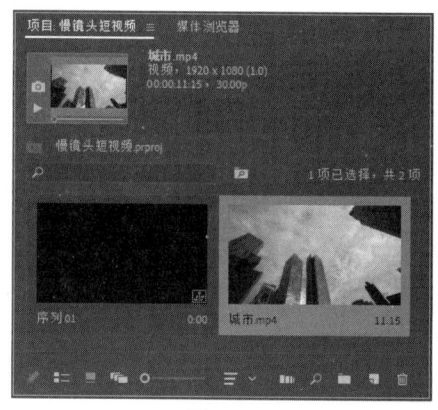　　　　　　　　　　　　　　图 6-28

步骤 05 将"项目"面板中的素材文件拖曳至"时间轴"面板的V1轨道中，右击，在弹出的快捷菜单中执行"速度/持续时间"命令，打开"剪辑速度/持续时间"对话框设置参数，如图6-29所示。完成后单击"确定"按钮，效果如图6-30所示。

图 6-29 　　　　　　　　　　　图 6-30

步骤 06 使用剃刀工具在00:00:03:00和00:00:03:15处裁切素材，如图6-31所示。

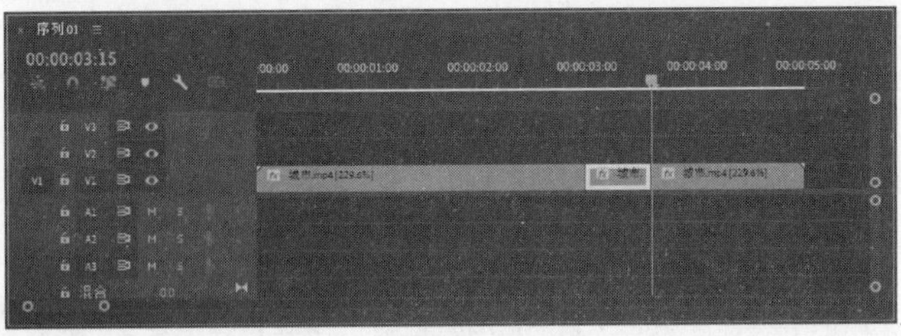

图 6-31

步骤 07 选中第2段素材并右击，在弹出的快捷菜单中执行"速度/持续时间"命令，打开"剪辑速度/持续时间"对话框并设置参数，如图6-32所示。完成后单击"确定"按钮，"时间轴"面板中的第2段素材持续时间变长，如图6-33所示。

图 6-32 　　　　　　　　　　　图 6-33

步骤 08 按空格键播放预览，如图6-34所示。

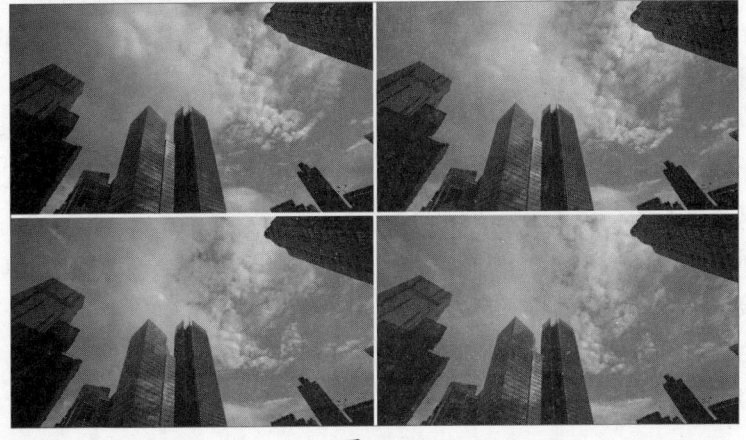

图 6-34

至此完成慢镜头短视频的制作。

6.2.5　视频过渡效果

视频过渡即为转场，在视频制作中扮演着重要角色，通过视频过渡可以平滑顺畅地连接素材，使观众获得良好的视觉体验。PR软件中包含多种预设的视频过渡效果，用户可以直接应用。

1. 添加视频过渡效果

PR软件中的视频过渡效果集中在"效果"面板中，用户可以在该面板中找到要添加的视频过渡效果，拖曳至"时间轴"面板中的素材入点或出点处即可。图6-35所示为添加"交叉溶解"视频过渡的效果。

2. 编辑视频过渡效果

添加视频过渡效果后，可以在"效果控件"面板中设置其持续时间、方向等参数，如图6-36所示。

图 6-35 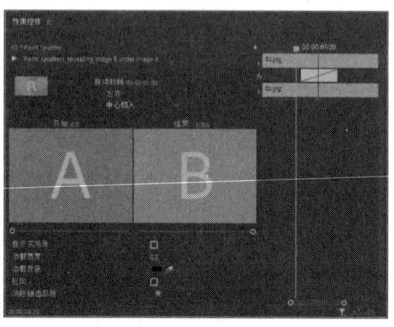　　　　　　　　　　　图 6-36

该面板中部分选项作用如下。

- **持续时间：** 用于设置视频过渡效果的持续时间，时间越长过渡越慢。
- **对齐：** 用于设置视频过渡效果与相邻素材片段的对齐方式，包括中心切入、起点切入、终点切入和自定义切入4个选项。
- **开始：** 用于设置视频过渡开始时的效果，默认数值为0，该数值表示将从整个视频过渡过程的开始位置进行过渡。若将该参数设置为10，则从整个视频过渡效果的10%位置开始过渡。
- **结束：** 用于设置视频过渡结束时的效果，默认数值为100，该数值表示将在整个视频过渡过程的结束位置完成过渡。若将该参数设置为90，则表示视频过渡特效结束时，视频过渡特效只完成了整个视频过渡的90%。
- **显示实际源：** 勾选该复选框，可在"效果控件"面板的预览区中显示素材的实际效果。
- **边框宽度：** 用于设置视频过渡过程中形成的边框宽度。
- **边框颜色：** 用于设置视频过渡过程中形成的边框颜色。
- **反向：** 勾选该复选框，将反转视频过渡的效果。

> **注意事项**
>
> 选择不同的视频过渡效果，在"效果控件"面板中的选项也有所不同，使用时，根据实际需要设置即可。

6.3 实训项目

本章主要介绍了音频编辑技术和视频处理技术的相关基础知识。下面利用两个实训练习对所学知识进行巩固和消化。

6.3.1 实训项目1：制作空旷教室回声

【实训目的】掌握"混响"效果的添加与设置，效果如图6-37所示。

图 6-37

【实训内容】

通过"混响"列表中的"卷积混响"功能，为音频添加混响效果。

① 打开音频素材，选择"卷积混响"选项。

② 在"效果-卷积混响"对话框中设置"预设"为"班级后面"。将"混合"参数设置为60%，单击"应用"按钮即可。

6.3.2 实训项目2：制作电子相册

【实训目的】熟悉素材播放速率的调整操作，熟练掌握视频过渡效果的添加与调整。

【实训内容】

① 启动PR软件，新建项目。导入素材文件，按照顺序添加至"时间轴"面板。

② 调整素材持续时间，在素材之间添加视频过渡效果并调整持续时间。

③ 添加音频，丰富相册，导出效果如图6-38所示。

扫码看
详细步骤

图 6-38

第7章

数字图像处理技术

在数字化时代，图像处理技术已成为设计、传播与创意表达的核心工具。本章将系统介绍图形图像的基础知识，并深入探讨主流图像处理软件的应用技巧，同时结合前沿的AIGC技术，展现数字艺术创作的完整流程。

7.1 图形图像基础知识

在学习图形图像处理技术之前，本节对图像的色彩属性、图像色彩模式、文件格式，以及相关专业术语进行介绍。

7.1.1 图像的色彩属性

色彩是设计中最重要的视觉元素之一，能够影响人们的情绪和感知，因此，了解色彩的基本原理和应用技巧对于设计师来说至关重要。

1. 色彩的构成

色彩的三原色是色彩构成中的基本概念，指的是不能再分解的三种基本颜色。根据应用领域的不同，三原色可以分为色光三原色和颜料三原色。

（1）色光三原色

色光三原色是指红（Red）、绿（Green）、蓝（Blue），可以通过加色混合得到其他所有色光，在加色混色中，颜色越加越亮，最终可以得到白色，如图7-1所示。电视机、计算机显示器、投影仪等设备就是利用这种加色原理来产生丰富的色彩。

（2）颜料三原色

颜料三原色是指品红（Magenta）、黄（Yellow）、青（Cyan），这三种颜色是颜料或染料混合的基础，通过减色混合可以得到其他所有颜色。在颜料混色中，颜色混合后会产生暗色，颜料三原色混合后得到的是黑色，如图7-2所示。在商业印刷中通常还会加入黑色（Black），因此实际上采用的是CMYK四色印刷系统，这是因为单独使用C、M、Y三色很难得到足够深的黑色，添加黑色颜料有助于提高图像暗部细节的表现力，并节省彩色油墨的用量。

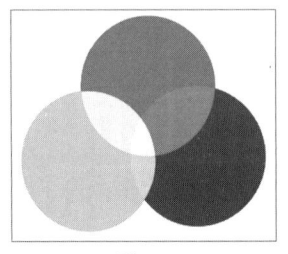

图 7-1 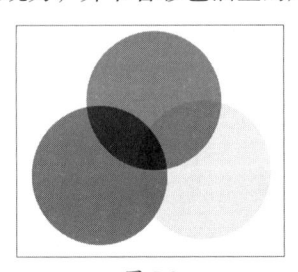　　　　　　　　图 7-2

2. 色彩的属性

色彩的三个属性分别为色相、明度、饱和度。

（1）色相

色相是色彩呈现出来的质地面貌，主要用于区分颜色。在0°～360°的标准色轮上可按位置度量色相。通常情况下，色相是以颜色的名称来识别的，如红色、黄色、绿色等。

（2）明度

明度是色彩的明暗程度，通常明度的变化有两种情况，一是不同色相之间的明度变化，二是同色相的不同明度变化。提高色彩的明度，可以加入白色，反之加入黑色。

（3）饱和度

饱和度是色彩的鲜艳程度，是色彩感觉强弱的标志。其中红（#FF0000）、橙（#FFA500）、黄（#FFFF00）、绿（#00FF00）、蓝（#0000FF）、紫（#800080）等的纯度最高。

3. 色彩的混合

色相环是理解和操作色彩混合的重要工具。它提供一种直观的方式查看颜色之间的关系，以及如何通过混合和匹配颜色来创建新的颜色。

色相环是一个圆形的颜色序列，通常包含12～24种不同的颜色，每种颜色都按照它们在光谱中出现的顺序排列。以12色相为例，12色相由原色、间色（第二次色）、复色（第三次色）组合而成，如图7-3所示。

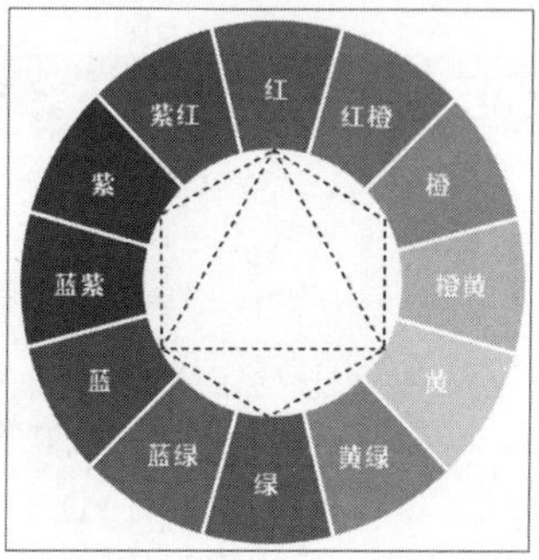

（1）原色

原色是不能通过其他颜色的混合调配而得出的"基本色"，即红、黄、蓝。彼此形成一个等边三角形。

图 7-3

（2）间色（第二次色）

间色是三原色中的任意两种原色相互混合而成的颜色，如红+黄=橙；黄+蓝=绿；红+蓝=紫。彼此形成一个等边三角形。

（3）复色（第三次色）

复色是任何两个间色或三个原色相混合而产生的颜色，复色的名称一般由两种颜色组成，如橙黄、黄绿、蓝紫等。彼此形成一个等边三角形。

（4）同类色

同类色指色相环中夹角为15°以内的颜色，色相性质相同，但色度有深浅之分。同类色搭配可以理解为使用不同明度或饱和度的单色进行色彩搭配，通过明暗可以体现出层次感，可以营造出协调、统一的画面。

（5）邻近色

邻近色指色相环中夹角为30°～60°的颜色，色相近似，冷暖性质一致，色调和谐统一。邻近色搭配效果较为柔和，主要通过明度加强效果。

（6）类似色

类似色指色相环中夹角为60°～90°的颜色，有明显的色相变化。类似色搭配画面色彩活泼，但又不失统一。

（7）中差色

中差色指色相环中夹角为90°的颜色，色彩对比效果较为明显。中差色搭配画面比较轻快，有很强的视觉张力。

（8）对比色

对比色指色相环中夹角为120°的颜色，色彩对比效果较为强烈。对比色的搭配画面具有矛盾感，矛盾越鲜明，对比越强烈。

（9）互补色

互补色指色相环中夹角为180°的颜色，色彩对比最为强烈。互补色搭配的画面给人强烈的视觉冲击力。

7.1.2 图像的色彩模式

图像的色彩模式决定了图像中颜色的表现和呈现方式，不同的色彩模式适用于不同的输出环境。在平面设计软件中常用到的图像色彩模式如表7-1所示。

表7-1

模式	说明	适用于
RGB	该模式是一种加色模式，在RGB模式中，R（Red）表示红色，G（Green）表示绿色，B（Blue）表示蓝色。RGB模式几乎包括了人类视力所能感知的所有颜色，是目前使用最广的颜色系统之一	显示器、电视屏幕、投影仪等以光为基础显示颜色的设备
CMYK	该模式是一种减色模式，在CMYK模式中，C（Cyan）表示青色，M（Magenta）表示品红色，Y（Yellow）表示黄色，K（Black）表示黑色。CMYK模式通过反射某些颜色的光并吸收另外颜色的光，来产生各种不同的颜色	传统的四色印刷工艺，包括书籍、海报等各种纸质媒体的印刷制作
HSB	该模式基于人眼对颜色感知的理解，更直观地反映色彩的构成要素。HSB分别指颜色的3种基本特性：色相（H）、饱和度（S）和亮度（B）	数字艺术创作和配色设计
灰度	该模式是一种只使用单一色调表现图像的色彩模式。灰度使用黑色调表示物体。每个灰度对象都具有0%（白色）~100%（黑色）的亮度值	单色输出，例如黑白照片、新闻报纸印刷等不需要彩色信息的场景
Lab色彩	该模式是最接近真实世界颜色的一种色彩模式。其中，L表示亮度，a表示绿色到红色的范围，b代表蓝色到黄色的范围	色彩校正和色彩管理

7.1.3 图形图像的文件格式

文件格式是指使用或创作的图形、图像的格式，不同的文件格式拥有不同的使用范围。在平面设计软件中常用的文件格式如表7-2所示。

表7-2

格式	说明	扩展名
AI格式	Illustrator软件默认格式，可以保存所有编辑信息，包括图层、矢量路径、文本、蒙版、透明度设置等，便于后期继续编辑和修改	.ai
PDF格式	通用的文件格式，可以保存矢量图形、位图图像和文本等内容，便于共享和打印	.pdf

（续表）

格式	说明	扩展名
EPS格式	一种可以同时包含矢量图形和栅格图像的文件格式，通常用于打印输出。EPS格式的一个特点是，它可以将各画板存储为单独的文件	.eps
SVG格式	一种基于XML的开放标准矢量图形格式，用于在Web上显示和交互式操作矢量图形	.svg
TIFF格式	一种灵活的位图格式，支持多图层和多种色彩模式，因此在专业领域，尤其是印刷和出版领域有着广泛的应用	.tif
JPEG格式	一种高压缩比的、有损压缩真彩色图像文件格式，其最大特点是文件比较小，可以进行高倍率的压缩，广泛用于网页和移动设备的图像显示，在印刷、出版等高要求的场合不宜使用	.jpg .jpeg
PNG格式	一种采用无损压缩算法的位图格式，具有高质量的图像压缩和透明度的支持，因此在网页设计和图标制作等领域有着广泛的应用	.png
PSD格式	Photoshop软件的默认格式。可在Illustrator中打开并编辑Photoshop图层和对象	.psd

7.1.4 图形图像的专业术语

了解一些与图形图像处理息息相关的专业术语，才能更好地使用Photoshop软件处理图像。

1. 像素

像素是构成图像的最小单位，是图像的基本元素。若把影像放大数倍，会发现这些连续色调其实是由许多色彩相近的小方点组成的，如图7-4所示。这些小方点就是构成影像的最小单位"像素"（Pixel）。图像像素点越多，色彩信息越丰富，效果越好，如图7-5所示。

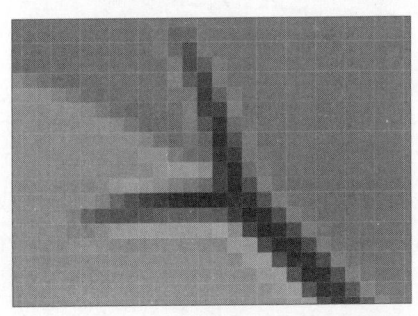

图 7-4

图 7-5

2. 分辨率

分辨率对于数字图像的显示及打印等方面，起着至关重要的作用，常以"宽×高"的形式表示。一般情况下，分辨率分为图像分辨率、屏幕分辨率以及打印分辨率。

（1）图像分辨率

图像分辨率通常以"像素/英寸"表示，是指图像中每单位长度含有的像素数目，如图7-6所示。分辨率高的图像比相同打印尺寸的低分辨率图像包含更多的像素，因而图像会更加清楚、细腻。分辨率越大，图像文件越大。

（2）屏幕分辨率

屏幕分辨率指屏幕显示的分辨率，即屏幕上显示的像素个数，常见的屏幕分辨率有1920×

1080、1600×1200、640×480。屏幕尺寸一样的情况下，分辨率越高，显示效果越精细和细腻。在计算机的显示设置中会显示推荐的显示分辨率，如图7-7所示。

图 7-6

图 7-7

（3）打印机分辨率

激光打印机（包括照排机）等输出设备产生的每英寸油墨点数（dpi）就是打印机分辨率。大部分桌面激光打印机的分辨率为300～600dpi，而高档照排机能够以1200dpi或更高的分辨率进行打印。

3. 矢量图形

矢量图形又称为向量图形，内容以线条和颜色块为主，如图7-8所示。由于其线条的形状、位置、曲率和粗细都是通过数学公式进行描述和记录的，因而矢量图形与分辨率无关，能以任意大小输出，不会遗漏细节或降低清晰度，放大后更不会出现锯齿状的边缘现象，如图7-9所示。

图 7-8

图 7-9

4. 位图图像

位图图像又称为栅格图像，由像素组成。每个像素被分配一个特定位置和颜色值，按一定次序进行排列，就组成了色彩斑斓的图像，如图7-10所示。当把位图图像放大到一定程度显示时，在计算机屏幕上就可以看到一个个小色块，如图7-11所示。这些小色块就是组成图像的像素。位图图像通过记录每个点（像素）的位置和颜色信息来保存图像，因此图像的像素越多，每个像素的颜色信息越多，图像文件也越大。

图 7-10

图 7-11

7.1.5 图像素材的获取方式

图像素材的准备是图像处理的基础，获取素材的方法如下。

● 在搜索引擎搜索下载，从中筛选合适的素材。　　● 素材网站购买或使用积分兑换。

- 免费素材网站下载图像。
- 课程、书籍赠送的素材。
- 手机、摄影机拍摄。
- 手绘。

7.2 位图图像处理工具——Photoshop

Photoshop是由Adobe Systems开发和发行的图像处理软件,被广泛应用于数字图像处理、编辑、合成等方面。

7.2.1 工作界面

Photoshop通过强大的功能和直观的操作界面,能够轻松实现各种复杂的图像处理任务。图7-12所示为Photoshop工作界面,各部分介绍如表7-3所示。

图 7-12

表7-3

A	菜单栏	由文件、编辑、文字、图层、窗口等11个菜单组成。单击相应的主菜单按钮,即可打开子菜单,在子菜单中单击某一项菜单命令即可执行该操作
B	选项栏	位于菜单栏的下方,主要用来设置工具的参数,不同的工具其选项栏也不同
C	标题栏	位于选项栏下方,在标题栏中会显示文件的名称、格式、窗口缩放比例以及颜色模式等
D	工具栏	默认位于工作区左侧,包含数十个编辑图像所用的工具。工具图标右下角的小三角形表示存在隐藏工具,工具的名称将显示在光标下面的"工具提示"中
E	图像编辑窗口	用于绘制、编辑图像的区域
F	状态栏	位于图像窗口的底部,用于显示当前文档缩放比例、文档尺寸大小信息。单击状态栏中的三角形图标,可以设置要显示的内容
G	浮动面板	以面板组的形式停靠在软件界面的最右侧,如常用的"图层"面板、"属性"面板、"历史记录"面板等
H	上下文任务栏	用于显示工作流程中最相关的后续步骤。例如,选择了一个对象时,上下文任务栏会显示在画布上,并根据潜在的下一步骤提供更多策划选项,如选择主体、移除背景、转换对象、创建新的调整图层等

7.2.2 辅助工具的使用

Photoshop图像辅助工具提供精确的定位、对齐、排列和计数功能,帮助用户更高效、更准确地处理图像。

1. 标尺

启动Photoshop后,执行"视图"|"标尺"命令,或按Ctrl+R组合键即可调出标尺。右击标尺将弹出单位设置菜单,如图7-13所示。

图 7-13

默认状态下,标尺的原点位于图像编辑区的左上角,其坐标值为(0,0)。单击左上角标尺相交的位置并向右下方拖动,会出现两条十字交叉的虚线,松开鼠标左键,即可调整零点位置。双击左上角标尺相交的位置,则恢复到原始状态。

2. 参考线

参考线显示为浮动在图像上的非打印线,可以移动、移除以及锁定。执行"视图"|"标尺"命令,或按Ctrl+R组合键显示标尺,将光标放置在左侧垂直标尺上并向右拖动,即可创建垂直参考线,如图7-14所示;将光标放置在上侧水平标尺上并向下拖动,即可创建水平参考线,如图7-15所示。

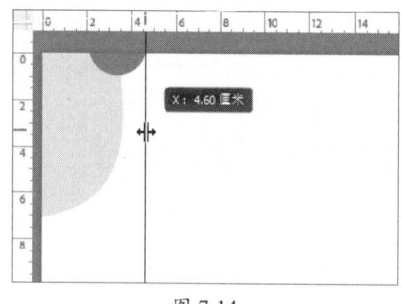

图 7-14 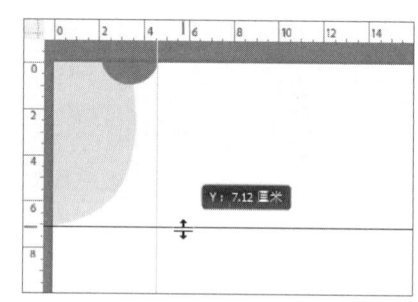   图 7-15

当绘制形状或移动图像时,智能参考线会自动出现在画面中,如图7-16所示;当复制或移动对象时,Photoshop会显示测量参考线,测量所选对象和直接相邻对象之间的间距以及相匹配的其他对象之间的间距,如图7-17所示。

图 7-16    图 7-17

7.2.3 选择工具的使用

选择工具是用于选择图像中的特定部分,以便进行各种操作的重要工具,包括移动工具、选框工具组、套索工具组以及魔棒工具组等,可以根据需要选择不同的操作工具。

1. 移动工具

移动工具是Photoshop中非常基础且重要的工具，主要用于移动图层、选区或参考线。以下是关于移动工具的一些详细使用方法和技巧。

- **移动图层**：选择一个或多个图层时，可以使用该工具单击图层并拖动来改变这些图层在画布上的位置。
- **自由变换**：按Ctrl+T组合键可以启用自由变换功能，进而对选中的图层进行旋转、缩放、倾斜等操作。
- **对齐和分布**：选择多个图层时，可以使用选项栏中的对齐和分布按钮来对齐或平均分布这些图层。
- **选择和移动选区**：创建选区后，使用移动工具可以改变选区的位置，而不仅仅是选区内的像素。
- **拖动复制**：按住Alt键的同时使用移动工具单击并拖动图层，可以快速创建图层的副本。

2. 选框工具

Photoshop的选框工具是一种用于在图像上创建选区的工具，允许用户选择画布上的特定区域，并进行复制、剪切、编辑或应用特效等操作。

（1）矩形选框工具

矩形选框工具可以在图像或图层中绘制矩形或正方形选区。选择"矩形选框工具"，单击并拖动光标绘制出矩形选区，如图7-18所示。按住Shift键并拖动光标，绘制正方形选区，如图7-19所示。

（2）椭圆选框工具

椭圆选框工具可以在图像或图层中绘制出圆形或椭圆形选区。选择"椭圆选框工具"，单击并拖动光标绘制出椭圆形的选区。按住Shift+Alt组合键并拖动光标，从中心等比例绘制正圆选区，如图7-20所示。

图 7-18 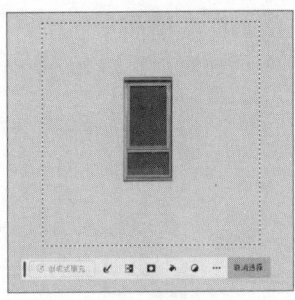　　　　　　　　图 7-19 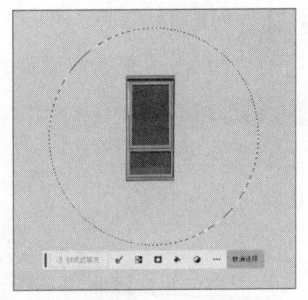　　　　　　　　图 7-20

3. 套索工具组

套索工具组中的工具包括套索工具、多边形套索工具以及磁性套索工具，可以帮助用户快速、准确地创建各种不规则形状的选区。

（1）套索工具

套索工具可以创建较为随意、不需要精确边缘的选区。选择"套索工具"，按住鼠标左键进行绘制，释放鼠标左键后即可创建选区，如图7-21所示。按住Shift键增加选区，按住Alt键减去选区。

(2) 多边形套索工具

多边形套索工具可以创建具有直线边缘的不规则多边形选区。选择"多边形套索工具"，单击创建选区的起始点，沿要创建选区的轨迹依次单击，移动到起始点后，光标变成形状，单击即创建需要的选区，如图7-22所示。

图 7-21 　　　　　　　　　图 7-22

(3) 磁性套索工具

磁性套索工具基于图像的边缘信息自动创建选区。选择"磁性套索工具"，在图像窗口中需要创建选区的位置单击确定选区起始点，沿选区的轨迹拖动光标，系统将自动在光标移动的轨迹上选择对比度较大的边缘产生节点。当光标回到起始点变为形状时单击，即可创建出精确的不规则选区。

4. 魔棒工具组

魔棒工具组包括对象选择工具、快速选择工具以及魔棒工具，可以帮助用户更加方便快捷地选择图像中的特定区域或对象。

(1) 对象选择工具

对象选择工具是一种更加智能的选区创建工具。可以通过简单地框选主体对象来生成精确的选区，适用于选择具有清晰边缘和明显区分于背景的对象。在选项栏中设置一种选择模式并定义对象周围的区域，选择"矩形"模式拖动光标可定义对象或区域周围的矩形区域，如图7-23所示。选择"套索"模式在对象的边界或区域外绘制一条粗略的套索，如图7-24所示，释放鼠标左键即可选择主体，如图7-25所示。

图 7-23 　　　　　　　图 7-24 　　　　　　　图 7-25

(2) 快速选择工具

快速选择工具利用可调整的圆形笔尖，根据颜色的差异迅速绘制出选区，适用于选择具有清晰边缘和明显区分于背景的对象。选择"快速选择工具" ，在选项栏中设置画笔大小，按]键可增大快速选择工具画笔笔尖的大小；按[可减小快速选择工具画笔笔尖的大小。拖动光标创建选区时，其选取范围会随着光标移动而自动向外扩展，并自动查找和跟随图像中定义的边缘，如图7-26所示，按住Shift/Alt键可增/减选区大小，如图7-27所示。

图 7-26 　　　　　　　　　　　图 7-27

（3）魔棒工具

魔棒工具适用于选择背景单一、颜色对比明显的图像区域。它可以通过单击图像中的某个颜色区域来快速选择与该颜色相似的区域。选择"魔棒工具" ，当其光标变为 形状时单击，即可快速创建选区，如图7-28所示。按住Shift/Alt键可增/减选区大小，如图7-29所示。

图 7-28 　　　　　　　　　　　图 7-29

动手练 快速抠图并导出

[素材位置]本书实例\第2章\快速抠图并导出\盆栽.png

本练习介绍抠图操作，主要运用的知识包括图层的转换，魔棒工具、套索工具的使用，以及文件的导出。具体操作过程如下。

步骤 01 将素材文件拖放到Photoshop中，如图7-30所示。

步骤 02 在"图层"面板中将背景图层转换为普通图层，如图7-31所示。

步骤 03 选择"魔棒工具"单击背景，创建选区，如图7-32所示。

图 7-30 　　　　　　图 7-31 　　　　　　图 7-32

129

步骤 04 按Delete键删除选区,按Ctrl+D组合键取消选区,如图7-33所示。

步骤 05 使用"魔棒工具"分别单击阴影部分创建选区,按Delete键删除选区,按Ctrl+D组合键取消选区,如图7-34所示。

步骤 06 选择"套索工具",沿最右侧图像边缘绘制选区,如图7-35所示。

图 7-33 　　　　　　　图 7-34 　　　　　　　图 7-35

步骤 07 按Ctrl+X组合键剪切,按Ctrl+V组合键粘贴,移动至最右侧,如图7-36所示。

步骤 08 选择"套索工具",沿最左侧图像边缘绘制选区,剪切并粘贴后移动至最左侧,如图7-37所示。

步骤 09 按Ctrl+R组合键显示,创建参考线,如图7-38所示。

图 7-36 　　　　　　　图 7-37 　　　　　　　图 7-38

步骤 10 选择"切片工具",单击选项栏中的"基于参考线创建切片"按钮,如图7-39所示。

步骤 11 执行"文件"|"导出"|"存储为Web所用格式"命令,导出为PNG格式图像,如图7-40所示。

图 7-39 　　　　　　　　　　　　　图 7-40

7.2.4　修复工具组的应用

修复工具组主要用于图像修复和瑕疵祛除工作,包含多种工具,常用的有仿制图章工具、污点修复画笔工具以及修补工具。

1. 仿制图章工具

仿制图章工具的功能就像复印机,它能够以指定的像素点为复制基准点,将该基准点周围的图像复制到图像中的任意位置。当图像中存在瑕疵或需要遮盖某些信息时，可以使用仿制图章工具进行修复。选择"仿制图章工具"，在选项栏中设置参数，按住Alt键的同时单击要复制的区域进行取样，如图7-41所示，在图像中拖动光标涂抹，或直接单击即可仿制图像，如图7-42所示。

图 7-41 　　　　　　　　　　　　　　图 7-42

2. 污点修复画笔工具

污点修复画笔工具是将图像的纹理、光照和阴影等与修复的图像进行自动匹配。该工具不需要进行取样定义样本，它可以通过在瑕疵处单击，自动从修饰区域的周围进行取样来修复单击的区域。污点修复画笔工具适用于各种类型的图像和瑕疵。选择"污点修复画笔工具"，在需要修补的位置单击并拖动光标，如图7-43所示，释放鼠标左键即可修复绘制的区域，如图7-44所示。

图 7-43 　　　　　　　　　　　　　　图 7-44

3. 修补工具

修补工具可以将样本像素的纹理、光照和阴影与源像素进行匹配，适用于修复各种类型的图像缺陷，如划痕、污渍、颜色不均等。选择"修补工具"，沿需要修补的部分绘制一个随意性的选区，如图7-45所示，拖动选区到空白区域，释放鼠标左键即可用该区域的图像进行修补，如图7-46所示。

图 7-45 　　　　　　　　　　　　　　图 7-46

7.2.5 橡皮擦工具组的应用

橡皮擦工具组的工具主要用于移除图像中不必要的元素或特定区域，从而有效地重塑图像构图、消除不理想的部分以及实现创新性的视觉编辑效果。

1. 橡皮擦工具

橡皮擦工具主要用于擦除当前图像中的颜色，擦除后的区域将显示为透明或背景色，具体取决于当前图层的设置。橡皮擦工具适用于简单的擦除任务，如祛除小瑕疵或删除不需要的元素。选择"橡皮擦工具"，在背景图层下擦除，擦除的部分显示为背景色，如图7-47所示；在普通图层状态下擦除，擦除的部分为透明，如图7-48所示。

图 7-47 　　　　　　　　图 7-48

2. 背景橡皮擦工具

背景橡皮擦工具可以擦除指定颜色，并将被擦除的区域以透明色填充，适用于去除复杂背景或创建抠图效果。选择"吸管工具"分别吸取背景色和前景色，前景色为保留的部分，背景色为擦除的部分，如图7-49所示，选择"背景橡皮擦工具"，在图像中涂抹，如图7-50所示。

图 7-49 　　　　　　　　图 7-50

3. 魔术橡皮擦工具

魔术橡皮擦工具是魔棒工具和背景橡皮擦工具的综合，它是一种根据像素颜色来擦除图像的工具，使用魔术橡皮擦工具可以一次性擦除图像或选区中颜色相同或相近的区域，从而得到透明区域。打开素材图像，如图7-51所示，选择"魔术橡皮擦工具"，在图像中单击即可擦除图像，如图7-52所示。

图 7-51 　　　　　　　　图 7-52

动手练 擦除图像背景

[素材位置] 本书实例\第4章\擦除图像背景\艺术照.jpg

本练习介绍擦除图像背景的操作,主要运用的知识包括吸管工具、背景橡皮擦工具、套索工具的使用以及选区的删除等。具体操作过程如下。

步骤 01 将素材文件拖动至Photoshop中,选择"吸管工具",吸取人物的头发为前景色,背景的颜色为背景色,如图7-53所示。

步骤 02 选择"背景橡皮擦工具",在人物头发周围单击擦除,如图7-54所示。

步骤 03 选择"吸管工具"在狗的头部吸取前景色,使用"背景橡皮擦工具"涂抹擦除该部分上方的背景,如图7-55所示。

| 图 7-53 | 图 7-54 | 图 7-55 |

步骤 04 选择"吸管工具",在衣服处吸取前景色,使用"背景橡皮擦工具"涂抹擦除该部分周围的背景,如图7-56所示。

步骤 05 选择"套索工具"框选主体,如图7-57所示。

步骤 06 按Ctrl+Shift+I组合键反选选区,删除选区后取消选区,如图7-58所示。

| 图 7-56 | 图 7-57 | 图 7-58 |

7.2.6 图像颜色效果调整

在Photoshop中可以通过色阶、色彩平衡、色相/饱和度、去色命令对图像的色彩显示进行调整。

1. 色阶

色阶可以通过设置图像的阴影、中间调和高光的强度来调整图像的明暗度。执行"图像"|"调整"|"色阶"命令或按Ctrl+L组合键,在弹出的"色阶"对话框中拖动滑块调整图像的明暗分布,单击"自动"按钮,将以0.5的比例对图像进行调整。调整前后效果如图7-59和图7-60所示。

图 7-59 　　　　　　　　　　　　图 7-60

2. 色彩平衡

　　色彩平衡可改变颜色的混合，纠正图像中明显的偏色问题。使用该命令可以在图像原色的基础上根据需要添加其他颜色，或通过增加某种颜色的补色来减少该颜色的数量，从而改变图像的色调。执行"图像"|"调整"|"色彩平衡"命令或按Ctrl+B组合键，在弹出的"色彩平衡"对话框中拖动滑块调整图像的色彩。图7-61和图7-62所示为调整色彩平衡前后的效果。

图 7-61 　　　　　　　　　　　　图 7-62

3. 色相/饱和度

　　色相/饱和度不仅可以用于调整图像像素的色相和饱和度，还可以用于灰度图像的色彩渲染，从而使灰度图像添加颜色。执行"图像"|"调整"|"色相/饱和度"命令或按Ctrl+U组合键，在弹出的"色相/饱和度"对话框中拖动滑块调整图像的色相与饱和度。图7-63和图7-64所示为调整色相/饱和度前后的效果。

图 7-63 　　　　　　　　　　　　图 7-64

4. 去色

　　去色可以快速将彩色图片转换为黑白图片。但是，它不提供对颜色通道的精细控制。执行

"图像"|"调整"|"去色"命令或按Shift+Ctrl+U组合键即可。图7-65和图7-66所示为图像去色前后的对比效果。

图 7-65

图 7-66

7.3 矢量图形绘制工具——Illustrator

Adobe Illustrator是一种应用于出版、多媒体和在线图像的工业标准矢量插画软件。通常用于创建各种矢量图形，如徽标、图标、图表、插画等，在宣传册、海报、杂志、包装设计、标志及各类商业印刷品的版式设计工作中占据核心地位。

7.3.1 工作界面

启动Illustrator后，便可发现其工作界面与Photoshop大致相同，包括标题栏、菜单栏、工具栏、浮动面板等，如图7-67所示。

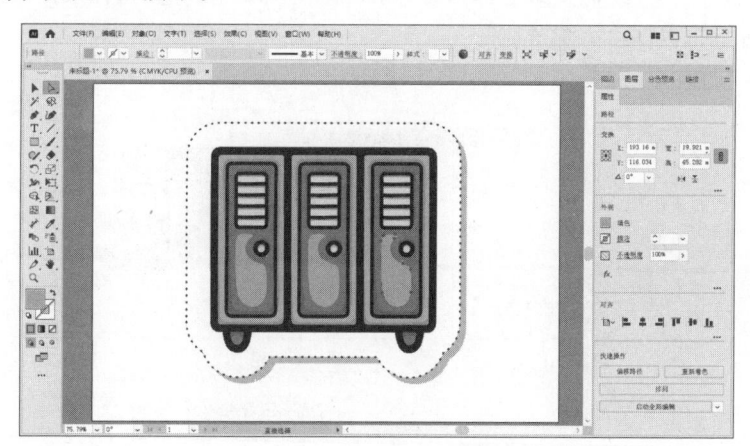

图 7-67

7.3.2 绘制基本图形

Illustrator中提供许多绘制基本图形的工具，例如直线段工具、矩形工具、椭圆形工具、多边形工具等。

1. 直线的绘制

直线段工具可以绘制直线。选择"直线段工具"，在控制栏中设置描边参数，在画板上

135

单击并拖动光标，松开鼠标左键后即可绘制自定义长度的直线段。若要绘制精准的直线，可以在画板上单击，在弹出的"直线段工具选项"对话框中设置"长度"和"角度"，如图7-68所示，单击"确定"按钮生成直线。可在选项栏中设置描边和填充参数，效果如图7-69所示。

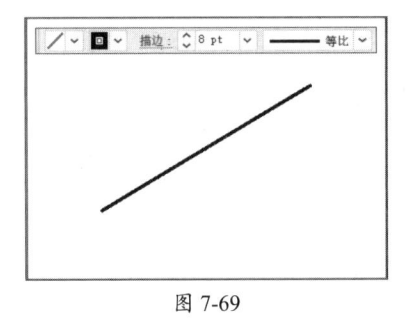

图 7-68　　　　　　　图 7-69

2. 矩形、椭圆形的绘制

用户可以使用矩形工具、圆形矩形工具、椭圆工具绘制矩形、圆角矩形和椭圆形。

（1）绘制矩形/正方形

矩形工具可以绘制矩形和正方形。选择"矩形工具"，在绘制时按住Alt键或Shift键会有不同的结果。

- 按住Alt键，光标变为形状时，拖动光标可以绘制以此为中心向外扩展的矩形。
- 按住Shift键，可以绘制正方形。
- 按Shift+Alt组合键，可以绘制以单击处为中心的正方形。

若要绘制精准的矩形，可以在画板上单击，在弹出的"矩形"对话框中设置"宽度"和"高度"，如图7-70所示。绘制效果如图7-71所示。按住鼠标左键拖动圆角矩形的任意一角的控制点，向下拖动可以调整为圆角圆形。

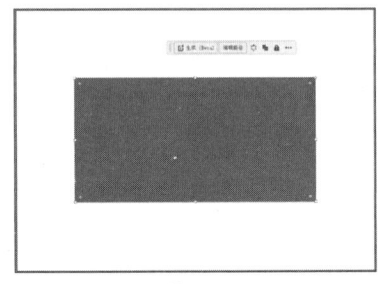

图 7-70　　　　　　　图 7-71

（2）绘制圆角矩形

圆角矩形工具可绘制圆角矩形。选择"圆角矩形工具"后，拖动光标可绘制自定义大小的极坐标网格。若要绘制精确的圆角矩形，可以在画板上单击，在弹出的"圆角矩形"对话框中设置参数。

（3）绘制椭圆形/圆形

椭圆工具可绘制椭圆形和正圆。选择"椭圆工具"，在画板上拖动光标可绘制自定义大小的椭圆形和正圆，若要绘制精确的圆形，可以在画板上单击，在弹出的"椭圆"对话框中设置参数。

3. 多边形的绘制

多边形工具可以绘制不同边数的多边形。选择"多边形工具"，在画板上拖动光标可绘制自定义大小的多边形。若要绘制精确的多边形，可以在画板上单击，在弹出的"多边形"对话框中设置参数，如图7-72和图7-73所示。

图 7-72 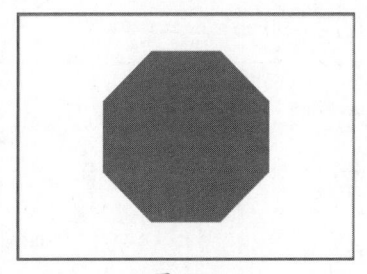　　　　　　　　图 7-73

按住鼠标左键拖动多边形任意一角的控制点，向下拖动可以产生圆角效果，当控制点和中心点重合时便形成圆形，如图7-74和图7-75所示。

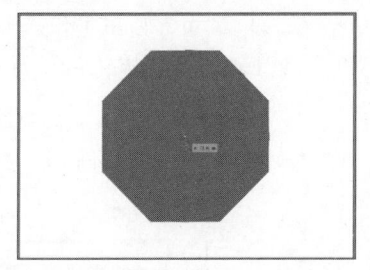

图 7-74 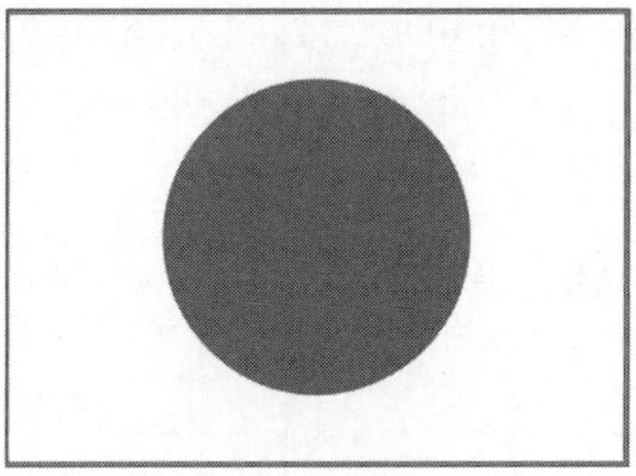　　　　　　　　图 7-75

动手练　绘制闹钟图形

[素材位置]本书实例\第3章\绘制闹钟图形\闹钟.ai

本练习介绍闹钟图形的绘制，主要运用的知识点包括椭圆工具、矩形工具、圆角矩形工具、旋转工具，以及镜像工具的使用等。具体操作过程如下。

步骤 01 使用"椭圆工具"绘制宽高各为100mm、描边为36pt的正圆，描边颜色为#E83828，如图7-76所示。

步骤 02 绘制宽高各为30mm的正圆，填充颜色为#F8B62D，按住◉按钮，拖动调整饼图角度为180°，如图7-77所示。

步骤 03 使用"圆角矩形工具"绘制高为30mm、宽为4.5mm、圆角半径为1mm的圆角矩形，调整图层顺序，创建组之后旋转35°，如图7-78所示。

图 7-76 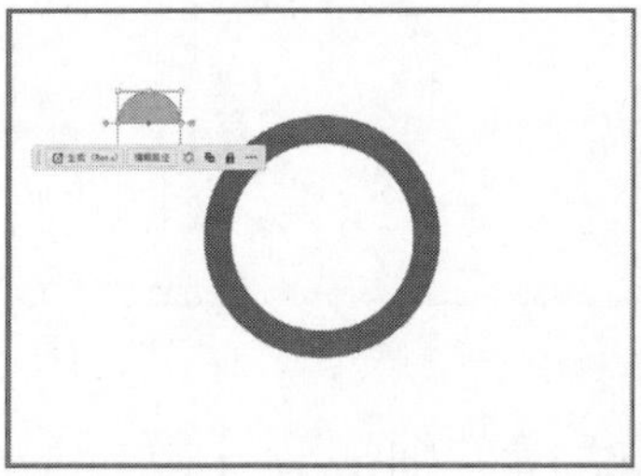　　　　　　图 7-77 　　　　　　图 7-78

步骤 04 按住Alt键移动并复制，单击 ▶◀ 按钮水平翻转，调整至合适位置，如图7-79所示。

步骤 05 分别创建参考线，设置水平、垂直居中对齐，锁定参考线，选择"椭圆工具"绘制直径为7mm的正圆，如图7-80所示。

步骤 06 选择"旋转工具"，按住Alt键调整正圆的中心至大圆圆心，如图7-81所示。在"旋转"对话框中设置角度为90°。

图 7-79 　　　　　　　图 7-80 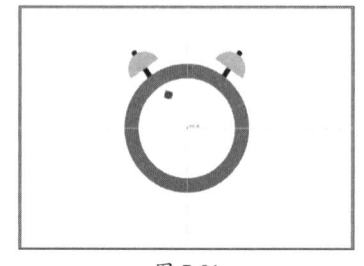　　　　　　　图 7-81

步骤 07 单击"复制"按钮后，按Ctrl+D组合键再次变换，如图7-82所示。

步骤 08 使用"圆角矩形工具"绘制高为7mm、宽为1.5mm、圆角半径为0.5mm的圆角矩形，选择"旋转工具"，按住Alt键调整矩形中心至大圆圆心，设置旋转角度为30°，单击"确定"按钮，如图7-83所示。

步骤 09 按住Alt键调整矩形中心至大圆圆心，设置旋转角度为30°，单击"复制"按钮，如图7-84所示。

图 7-82 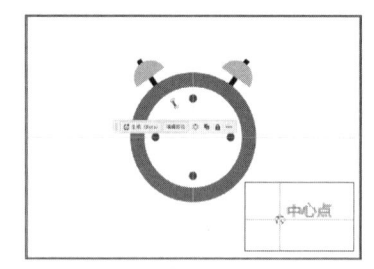　　　　　　　图 7-83 　　　　　　　图 7-84

步骤 10 使用相同的方法对矩形进行旋转、复制，如图7-85所示。

步骤 11 按住Alt键移动复制正圆，更改大小为8mm，如图7-86所示。

步骤 12 使用"矩形工具"绘制不同高度的矩形，分别选择前两个矩形底部的锚点，按S键向外拖动，选择第三个矩形的顶部锚点，按S键向内拖动，如图7-87所示。

图 7-85 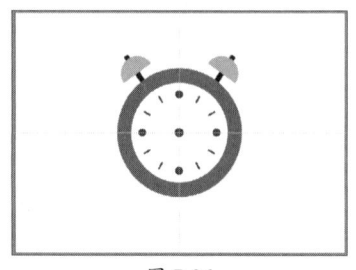　　　　　　　图 7-86 　　　　　　　图 7-87

步骤 13 调整矩形的旋转角度和位置，如图7-88所示。

步骤 14 使用"椭圆工具",按Shift+Alt组合键绘制正圆,如图7-89所示。

步骤 15 选择"圆角矩形工具",在顶部绘制宽度为16mm、高度为5mm、圆角半径为0.5mm的圆角矩形,按住Alt键移动复制,旋转90°,设置为居中对齐,如图7-90所示。

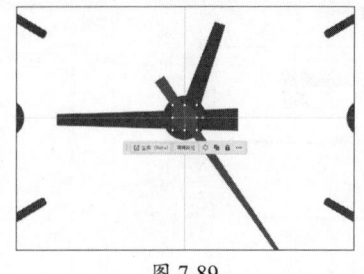

图 7-88　　　　　　　　图 7-89　　　　　　　　图 7-90

步骤 16 选择"矩形工具",绘制宽度为12mm、高度为35mm的矩形,选择矩形底部锚点,按S键向内拖动,如图7-91所示。

步骤 17 分别单击矩形底部的控制点,调整圆角半径,旋转330°,调整位置,如图7-92所示。

步骤 18 选择"镜像工具",按住Alt键调整中心点后垂直翻转,整体调整后隐藏参考线,如图7-93所示。

图 7-91　　　　　　　　图 7-92　　　　　　　　图 7-93

7.3.3　绘制路径

路径是矢量图形的基本构成单元,由一条或多条直线或曲线线段组成,如图7-94所示。每条线段的起点和终点由锚点标记。路径可以是闭合的,例如圆形或矩形;也可以是开放的并具有不同的端点,例如直线或波浪线。拖动路径的锚点、控制点或路径段本身,可以改变路径的形状。

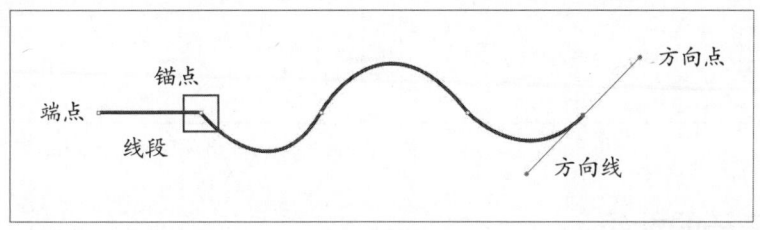

图 7-94

1. 画笔工具的应用

通过应用画笔描边绘制路径,可以创建富有表现力的自由形式绘图,其形状和外观易于调整。在画笔工具的控制栏中可设置画笔类型,执行"窗口"|"画笔"命令,或按F5键显示"画

笔"面板，如图7-95所示。单击面板底部的"画笔库菜单"按钮，在弹出的菜单中选择相应画笔，如图7-96所示。

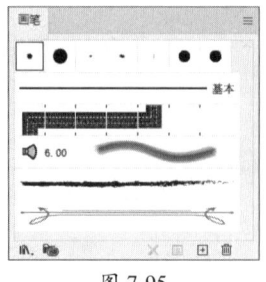

图 7-95 　　　　　　图 7-96

选择"画笔工具"，拖动可绘制曲线路径，按住Shift键可以绘制水平、垂直或以45°角倍增的直线路径，如图7-97所示。在"画笔"面板中选择"炭笔 羽毛"拖动绘制，效果如图7-98所示。

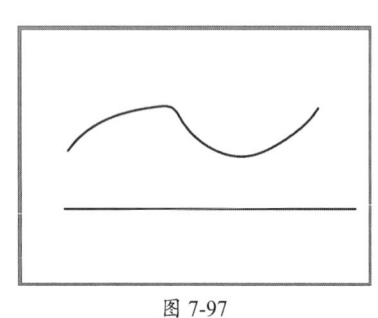

图 7-97 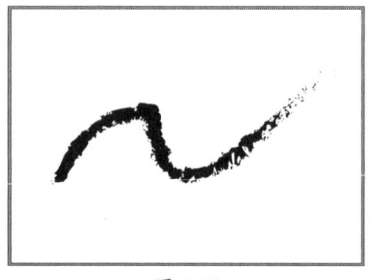　　　　　　图 7-98

2. 钢笔工具的应用

利用钢笔工具可以借助锚点和手柄精确绘制路径。选择"钢笔工具"，按住Shift键可以绘制水平、垂直或以45°倍增的直线路径，如图7-99所示。若绘制曲线线段，可以在绘制时按住鼠标左键拖动创建带有方向线的曲线路径，方向线的长度和斜度决定了曲线的形状，如图7-100所示。

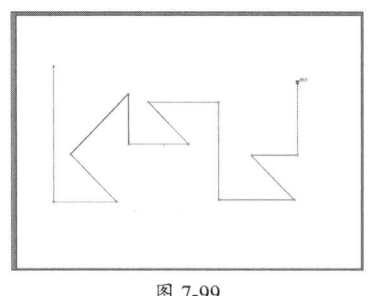

图 7-99 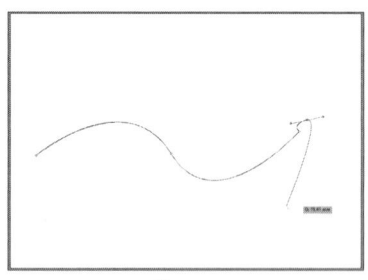　　　　　　图 7-100

7.3.4 路径的编辑

创建路径后，可以使用特定的工具和命令对路径进行编辑。

1. 路径的优化调整

用户使用平滑工具、路径橡皮擦工具以及连接工具，可以对创建的路径进行优化调整。

（1）平滑工具

平滑工具可以使边缘和曲线路径变得更加平滑。选择任意工具绘制路径，如图7-101所示。选择"平滑工具" ，按住鼠标左键在需要平滑的区域拖动即可使其变平滑，如图7-102所示。

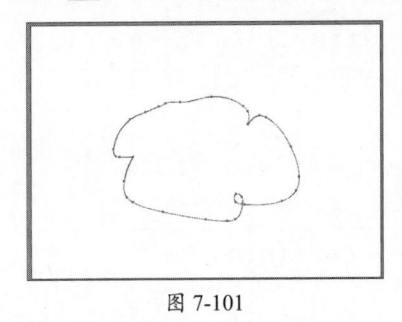

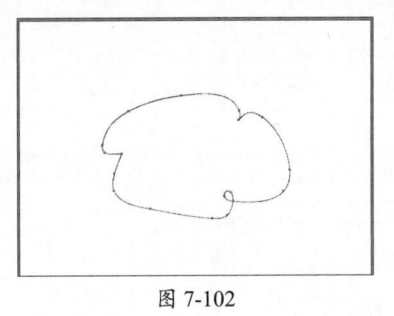

图 7-101

图 7-102

（2）路径橡皮擦工具

路径橡皮擦工具可以擦除路径，使路径断开。选中路径，如图7-103所示，选择"路径橡皮擦工具" ，按住鼠标左键在需要擦除的区域拖动即可擦除该部分，如图7-104所示。

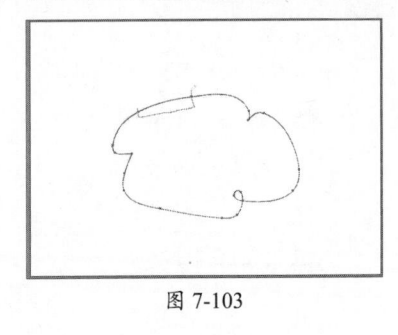

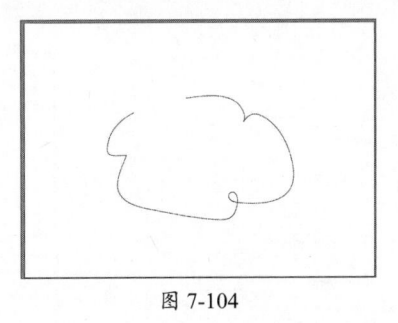

图 7-103

图 7-104

（3）连接工具

连接工具可以连接相交的路径，多余的部分会被修剪掉，也可以闭合两条开放路径之间的间隙。使用"连接工具" ，在开放路径的间隙处拖动涂抹，如图7-105所示，释放鼠标左键即可连接路径，如图7-106所示。

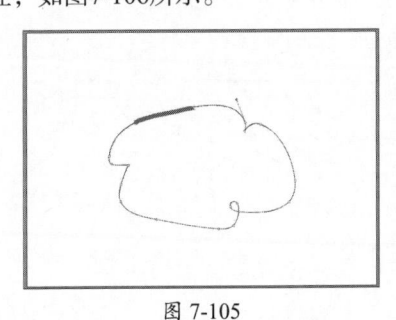

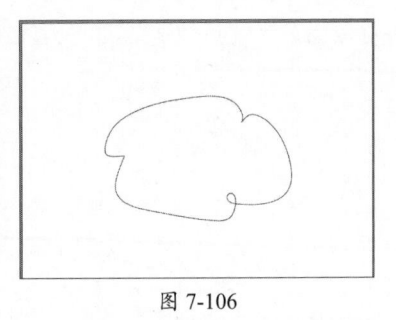

图 7-105

图 7-106

2. 路径的编辑工具

执行"对象"|"路径"命令，在其子菜单中可以看到多个与路径有关的命令。通过这些命令，可以更好地帮助用户编辑路径对象。下面对部分常用的命令进行介绍。

（1）连接

"连接"命令可以连接两个锚点，从而闭合路径或将多条路径连接到一起。选中要连接的锚

点，如图7-107所示，执行"对象"|"路径"|"连接"命令，或按Ctrl+J组合键即可连接路径，如图7-108所示。

图 7-107

图 7-108

（2）偏移路径

"偏移路径"命令可以使路径向内或向外偏移指定距离，且原路径不会消失。选中要偏移的路径，执行"对象"|"路径"|"偏移路径"命令，在弹出的对话框中设置偏移的距离和连接方式，如图7-109所示，单击"确定"按钮即可按照设置偏移路径，如图7-110所示。

图 7-109

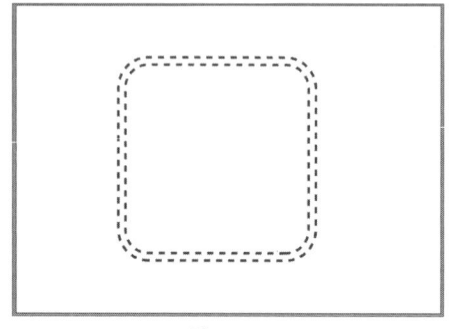

图 7-110

（3）简化

"简化"命令可以通过减少路径上的锚点来减少路径细节。选中要简化的路径，如图7-111所示。执行"对象"|"路径"|"简化"命令，在画板上显示简化路径控件，向右拖动为最小锚点数，向左拖动为最大锚点数，如图7-112所示。

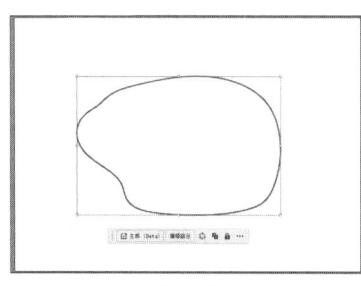

图 7-111

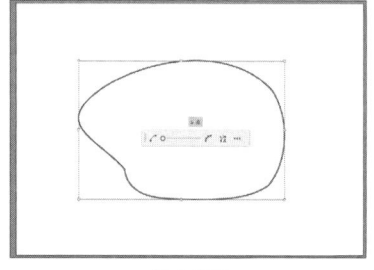

图 7-112

（4）分割为网格

"分割为网格"命令可以将对象转换为矩形网格。选中对象路径，执行"对象"|"路径"|"分割为网格"命令，在该对话框中设置参数，如图7-113所示，单击"确定"按钮后，可对网格进行移动调整，如图7-114所示。

图 7-113 　　　　　　　　　　　　图 7-114

动手练 制作线条文字

[素材位置]本书实例\第9章\制作线条文字\线条文字.ai

本练习介绍线条文字的制作方法，主要运用的知识包括曲率工具的使用，以及偏移路径的设置。具体操作过程如下。

步骤 01 选择"曲率工具"，绘制如图7-115所示的路径。

步骤 02 在控制栏中更改描边参数，效果如图7-116所示。

步骤 03 选择路径，执行"对象"|"路径"|"偏移路径"命令，在弹出的"偏移路径"对话框中设置参数，如图7-117所示。

图 7-115 　　　　　　　　图 7-116 　　　　　　　　图 7-117

步骤 04 效果如图7-118所示。

步骤 05 继续执行偏移路径两次，如图7-119所示。

步骤 06 选择全部路径，在控制栏中更改描边颜色为紫罗兰色渐变，效果如图7-120所示。

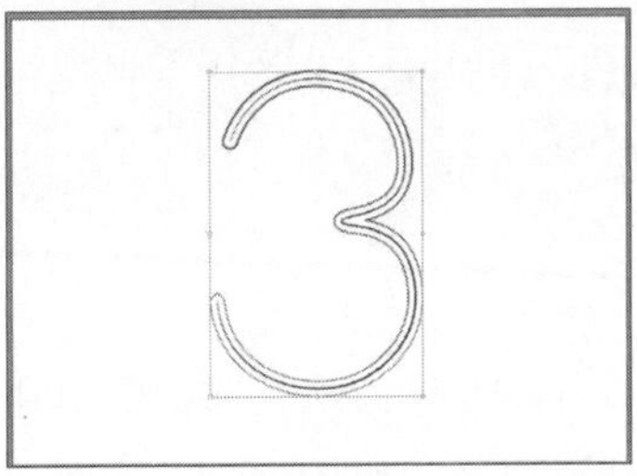

图 7-118 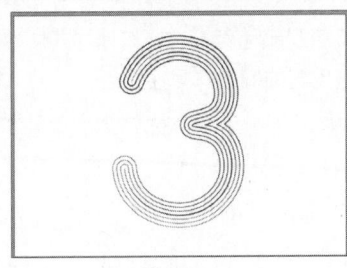　　　　　　　　图 7-119 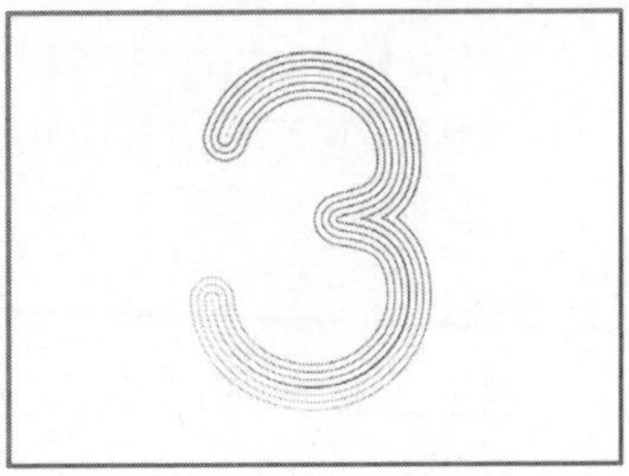　　　　　　　　图 7-120

至此，完成该线条文字的制作。

7.3.5　填色与描边

在Illustrator中，填色与描边是非常基础且重要的设计元素，它们分别用来改变矢量图形内部区域的颜色和边缘轮廓的样式和颜色。

1. 基本填色与描边

使用"填色和描边"工具在对象中填充颜色、图案或渐变。在工具栏底部显示"填色和描边"工具组，如图7-121所示。

- 填色▢：单击该按钮，在弹出的拾色器中选取填充颜色。
- 描边▢：单击该按钮，在弹出的拾色器中选取描边颜色。
- 切换填色和描边↻：单击该按钮，在填充和描边之间互换颜色。
- 默认填色和描边▢：单击该按钮，可以恢复默认颜色设置（白色填充和黑色描边）。
- 颜色▢：单击该按钮，可以将上次选择的纯色应用于具有渐变填充或者没有描边或填充的对象。
- 渐变▢：单击该按钮，可将当前选定的填色更改为上次选择的渐变，默认为黑白渐变。
- 无▢：单击此按钮，可以删除选定对象的填色或描边。

图 7-121

2. 吸管工具

Illustrator中的吸管工具不仅可以拾取颜色，还可以拾取对象的属性，并赋予其他矢量对象。选择需要被赋予的图形后，如图7-122所示，选择"吸管工具"✎单击目标对象，即可为其添加相同的属性，如图7-123所示。

图 7-122　　　　　　　图 7-123

知识拓展

若在吸取时按住Shift键，则只复制颜色而不包括其他样式属性。若描边按钮在上，按住Shift键则只复制描边颜色；按住Alt键则应用当前颜色与属性。

3. 图案填充

图案色板是一种预设资源，允许用户创建和存储自定义图案，并将其作为填充选项应用到任何形状或对象上。图案色板可以包含重复的几何形状、纹理、线条以及其他任意图形元素，这些元素可以按照指定的方式进行排列和重复，形成统一且可无限扩展的图案。通过"色板"面板或执行"窗口"|"色板库"|"图案"命令，有基本图形、自然和装饰三大类预设图案，如图7-124所示。

图 7-124

4. 图形描边

"描边"面板可以精准地调整图形、文字等对象描边的粗细、颜色、样式等属性。选中对象后在控制栏中单击"描边"按钮 描边 ，在弹出的"描边"面板中设置描边参数。或者执行"窗口"|"描边"命令，弹出如图7-125所示的"描边"面板，设置参数即可为图像添加描边效果。

图 7-125

5. 颜色的选择和管理

"色板"和"颜色"面板是用来选择和管理颜色的重要工具，区别在于"色板"面板侧重于存储和快速复用颜色，"颜色"面板则更偏向于即时调整和选择颜色。

（1）"色板"面板

色板面板可以为对象填色和为描边添加颜色、渐变或图案。执行"窗口"|"色板"命令，打开"色板"面板，如图7-126所示。单击 按钮显示列表视图，如图7-127所示。

> **知识拓展**
> 单击"色板库"菜单按钮 ，在弹出的菜单中可选择预设色板。

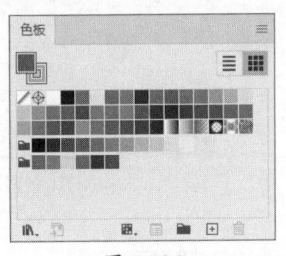

图 7-126 　　　　图 7-127

（2）"颜色"面板

"颜色"面板可以为对象填充单色或设置单色描边。执行"窗口"|"颜色"命令，打开"颜色"面板，如图7-128所示。单击 按钮，在弹出的菜单中可更改颜色模式，如图7-129所示。

选择图形对象，在色谱中拾取颜色填充。复制图形对象后，单击"互换填充和描边颜色"按钮 可调换填充和描边颜色，如图7-130和图7-131所示。

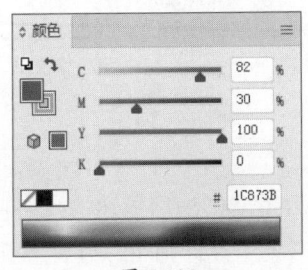

图 7-128　　　　图 7-129

图 7-130 　　　　图 7-131

145

7.4 探索AIGC技术的应用

AIGC（Artificial Intelligence Generated Content，人工智能生成内容）是一种利用机器学习、深度学习、自然语言处理、计算机视觉等先进AI技术来自动或半自动创建文本、图像、音频、视频等各种类型内容的新型生产方式。在平面设计领域，尤其是与Photoshop、Illustrator这类设计软件相结合时，AIGC的应用可体现在以下几方面。

7.4.1 设计灵感与创意生成

利用深度学习和神经网络技术，AIGC可以根据设计师提供的关键词、描述和其他视觉参考素材，自动生成一系列新颖的设计草图或初步构想，帮助设计师打破思维局限，拓宽设计视野。图7-132所示分别为利用即梦AI生成的设计灵感。

图 7-132

7.4.2 图形和图案的创建

创建复杂图案或需要大量图形元素的设计时，可以利用AIGC输入关键词或具体的参数，系统会自动生成各种复杂的图形和图案，包括几何形状、抽象图案、自然纹理等，这些图形和图案不仅独特，而且与设计师的初衷紧密相连，大大减少了手动创作的时间。图7-133所示为利用即梦AI生成的网页背景效果。

图 7-133

7.4.3 人物插画和角色设计

在Illustrator中进行人物插画和角色设计时，AIGC能够根据描述的性格特征、故事背景和情绪需求，生成具有特定风格的人物插画和角色形象。设计师可以在此基础上进行细化和调整，从而快速完成高质量的人物插画和角色设计。图7-134所示为利用即梦AI生成的游戏角色形象。

图 7-134

7.4.4 颜色方案和配色建议

颜色在平面设计中起着至关重要的作用。AIGC可以分析色彩心理学、设计趋势和用户偏好，为设计师提供合适的颜色方案和配色建议。设计师可以根据项目需求和目标受众，选择或调整AIGC生成的颜色方案，从而确保设计的色彩搭配既美观又符合项目要求。图7-135所示为利用即梦AI生成的莫兰迪色系搭配方案。

图 7-135

7.4.5 图像修复与优化

AIGC技术应用于图像处理与优化，极大地提升了工作效率并拓宽了设计的可能性。AIGC在图像修复与优化方面的应用表现在以下几方面。

1. 自动祛除瑕疵

AIGC可以识别并自动去除照片中不需要的对象或祛除瑕疵，如飞行中的鸟、路过的行人、皮肤上的斑点等。通过分析图像的上下文信息，预测被移除区域周围的像素内容，并填充匹配的纹理和颜色来实现。图7-136和图7-137所示为使用hama的无痕涂抹消除的前后效果。

图 7-136 　　图 7-137

2. 图像修复

对于破损或老化的照片，AIGC能够自动检测损坏区域（如裂纹、褪色、水渍等）并进行修复。通过学习大量的图像数据，理解不同的图像纹理和结构，从而生成与原图相似的填充内容，恢复照片的原貌。图7-138和图7-139所示为使用JPGHD软件为老照片上色的前后效果。

图 7-138 　　　　　图 7-139

3. 图像增强

AIGC还可以用于自动调整图像的光照、对比度和颜色平衡，提高照片的总体质量。对于分辨率较低的图像，AIGC技术能够通过超分辨率重建方法增加图像的分辨率，使图像看起来更清晰细腻。图7-140所示为使用Image Enhancer修复模糊图像的前后对比。

4. 智能抠图与背景替换

AIGC技术能够准确地识别图像中的主体对象。它可以分析图像内容，识别和区分前景（主体）和背景，然后精确地沿着边缘分离主体，实现高质量的抠图效果。成功抠出图像主体后，设计师可以选择一个新的背景图像，AIGC技术会智能地将抠图的对象融合到新背景中，处理好光影、颜色匹配等问题，使合成图像看起来自然和谐。图7-141所示为使用BgSub智能抠图后替换的背景效果。

图 7-140 　　　　　图 7-141

7.5 实训项目

本章主要介绍图形图像基础知识、位图图像处理工具、矢量图形绘制工具以及AIGC技术在图形图像中的应用。下面通过两个实训练习对所学知识进行巩固和消化。

7.5.1 实训项目1：DeepSeek+即梦AI全流程设计

【实训目的】

学习如何利用DeepSeek生成高质量提示词，并使用即梦AI进行图像生成，实现从文本到视觉的全流程设计。

【实训内容】

① 确认设计主题、风格基调以及应用场景，例如，清明海报、水墨插画、社交媒体用图。

② 使用DeepSeek生成提示词，例如：请生成一个适合即梦AI绘画的提示词，主题是"清明节气"，风格是手绘国风水墨，画面要有细雨、杨柳、远山和朦胧的春天气息，整体色调偏青绿色。

③ 将生成的任意一个提示词复制到即梦AI生成图像，如图7-142所示。

图 7-142

7.5.2 实训项目2：图像的二次创作

【实训目的】

借助Photoshop对AIGC生成的图像进行二次创作，在处理图像过程中，学会应对诸如图像颜色偏色、瑕疵不合理等常见问题，并运用Photoshop的相关功能加以解决。

【实训内容】

① 将素材导入Photoshop中。祛除图像中瑕疵或不合理的部分，使用修复工具修复。

② 使用色阶、色相/饱和度、色彩平衡等工具调整图像色彩。

③ 使用横排文字工具添加辅助文字内容，调整前后效果如图7-143和图7-144所示。

图 7-143 　　图 7-144

第 8 章

数据库技术应用

数据库是现代信息社会的核心工具之一，是存储和管理海量信息的基础设施。它从最初的简单文件存储发展为支持多用户并发访问的复杂系统，不仅促进了信息的高效存储和检索，还为人工智能的发展提供了坚实的数据支撑。在人工智能时代，数据库技术与智能算法深度融合，通过数据挖掘、知识图谱等方式实现信息的智能化处理。

8.1 数据库

数据库是存储和管理信息的核心技术，它通过结构化的方式组织数据，使数据的存储、查询和分析更加高效。从早期的简单文件系统到现代智能化数据库技术，数据库的发展推动了信息社会的快速进步。本节将介绍数据库的基本概念、功能及其系统组成，为深入理解数据库技术打下基础。

8.1.1 数据库简介

数据库是一个按照特定规则组织、存储和管理数据的集合，其主要目的是为数据的高效存储和管理提供支持。通过数据库，用户可以便捷地对信息进行存储、检索、更新和删除操作，从而实现对数据资源的充分利用。

1. 数据库的定义

数据库（Database）可以看作是一个具有系统性、集中性和共享性的数字化信息资源库。它由一系列存储在计算机系统中的结构化数据组成，通过数据库管理系统（DBMS）进行操控和维护，支持多用户同时访问。

简单来说，数据库就是一个电子化的仓库，是一个有组织的数据集合，专门用于系统化地存储和管理数据，例如文字、数字、图片、视频等。数据库不仅存储数据，还对数据进行组织，使之便于访问、修改、查询和分析。数据可以来源于各方面，包括企业的业务数据、用户的行为数据、社交媒体内容、物联网设备的数据等。数据库本质上是一个文件系统，但它比传统文件系统更为复杂，能够支持结构化数据存储以及高效的数据操作。

2. 数据库的组成要素

一个完整的数据库主要由以下几部分组成。

- **数据**：数据库的核心，包括用户需要存储的各种信息。
- **软件**：数据库管理系统及相关工具，用于管理数据和提供交互接口。
- **硬件**：数据库运行所需的物理资源，如存储设备和计算机。
- **用户**：包括数据库的设计者、管理员及最终使用者。

3. 数据库的重要性

在现代信息社会中，数据库被广泛应用于银行、电子商务、人工智能等领域。它不仅是数据存储的核心工具，也是智能算法的"信息源"，支持机器学习模型训练和数据驱动决策。通过数据库的引入，数据资源得以高效利用，信息化水平得以提升，为人工智能技术的进一步发展提供基础设施的支持。

8.1.2 数据库的功能

数据库作为信息管理的核心工具，具备多种功能，能够满足现代社会对数据存储、管理与应用的多样化需求。这些功能不仅提升了信息管理的效率，还为人工智能、大数据等领域的发展提供了基础支持。

1. 数据存储与管理

数据库的首要功能是存储和管理数据。数据库能够以结构化方式存储数据，通过表、视图、索引等结构组织数据，以便高效存取和更新。数据库还会通过优化数据存储布局（如行存储和列存储）提高存取速度，并支持存储和检索大量结构化、半结构化和非结构化数据。

> **知识点拨**
>
> **数据挖掘**
>
> 数据挖掘技术可以帮助企业从大量的数据中提取潜在信息，而数据库在其中起到了至关重要的作用。数据库管理系统不仅负责数据的存储与管理，还支持数据挖掘算法的执行，如分类、聚类等，帮助用户发现隐藏在数据背后的模式和趋势。

2. 数据查询

数据库系统提供强大的查询功能，允许用户使用查询语言（如SQL）访问和操作数据。SQL（结构化查询语言）是关系数据库的标准查询语言，通过它可以进行数据的筛选、排序、分组、聚合等操作。数据库的查询优化器会根据查询条件自动优化查询路径，提高查询效率。

3. 数据的一致性与完整性

数据库系统通过多种机制确保数据的一致性和完整性，避免数据冗余和不一致。数据库中的完整性约束（如主键、外键和唯一性约束）能够维护数据间的正确关系，例如，外键约束保证关联表之间的数据一致性。此外，数据库还通过事务机制保证在并发操作和异常情况下数据状态的完整性。

4. 数据安全

数据安全是数据库系统的重要功能，尤其在企业和金融等敏感数据应用中尤为关键。数据库系统提供用户认证、访问控制和权限管理等安全机制，防止未授权的用户访问、篡改或破坏数据。高级数据库还可以通过加密技术进一步保护数据安全，防止数据在存储和传输过程中被截获。

5. 事务管理

事务（Transaction）是数据库的一系列操作步骤，事务的执行遵循原子性、一致性、隔离性和持久性（ACID）。事务管理功能确保数据库在并发访问或系统崩溃时依然保持数据一致。事务管理通过锁机制、日志和回滚功能实现，即便系统遇到异常情况也能恢复数据库的完整状态。

6. 数据备份与恢复

数据库系统提供数据备份和恢复功能，确保数据在系统故障、硬件损坏或其他灾难性事件中依然能够被恢复。备份通常有完整备份、增量备份和差异备份等不同策略，数据库管理员可以根据需求设定备份频率。数据库的恢复功能可以将数据恢复到最近的稳定状态，从而避免数据丢失。

7. 并发控制

数据库系统支持多个用户或应用程序同时访问数据。并发控制是指在多用户环境中管理数据的一致性和完整性，常用的技术包括乐观锁和悲观锁。并发控制通过锁机制确保事务之间不会互相影响，从而在高并发情况下也能提供稳定的数据服务。

8. 数据分析和优化

数据库不仅提供基础的存储和管理功能，还逐步支持数据分析和查询优化。现代数据库系统集成了许多分析工具，用户可以执行复杂的数据挖掘、分析和报表生成等操作。此外，数据库优化器会自动分析查询模式、生成最优执行计划，进而减少查询时间，提高数据库性能。

9. 数据库的扩展性与分布式功能

现代数据库系统支持分布式架构和扩展性，能够在多个服务器之间分配数据存储和处理负载。通过分片（Sharding）、复制和分布式事务等机制，数据库可以应对数据量和访问量的快速增长。这种扩展性功能非常适合大规模数据处理和高并发访问的需求。

10. 日志管理

日志管理记录数据库中所有操作的详细日志，包括插入、更新和删除等操作。日志记录不仅用于事务的回滚与恢复，还能帮助管理员追踪历史操作，支持审计和故障排查。

11. 数据库监控和性能管理

数据库提供监控和性能管理功能，便于管理员监测数据库的状态、负载、响应时间等指标。现代数据库系统通常配备监控仪表盘，管理员可以直观地了解数据库的运行状况并进行性能调优，以确保数据库高效、稳定地运行。

> **知识点拨**
>
> **数据库的自动化管理**
>
> 数据库的自动化管理功能包括自动调节资源分配、自动修复性能问题、自动化数据备份等。通过人工智能和机器学习的应用，数据库能够自我优化，分析和预测潜在的故障，减少人工干预，提高管理效率和准确性。

8.1.3 数据库系统

数据库系统由数据库、数据库管理系统、数据库用户、数据库应用程序和数据库管理几部分组成。数据库系统不仅包括数据的存储和管理,还涉及数据的查询、维护、更新、备份等方面。随着信息化的推进,数据库系统已经成为各行各业不可或缺的基础设施,尤其是在数据密集型的领域,如金融、电商和人工智能等领域,数据库系统的作用愈加凸显。

数据库系统通过高效的数据存取、数据安全性、数据一致性、数据共享等功能,极大地提高了信息处理的效率。它不仅解决了数据冗余问题,还支持大规模的数据存储与处理,满足现代社会对海量数据管理的需求。

1. 数据库系统的组成

数据库系统主要由以下几部分组成。

(1)数据库

数据库是系统的核心部分,用于存储实际数据。数据库是一个数据的集合,通常包含多张表,每张表由若干行(记录)和列(字段)组成。数据库的存储结构根据数据模型的不同而不同,在关系数据库中,数据以表格形式存储;在NoSQL数据库中,数据可能以文档、键值对或图的结构存储。

(2)数据库管理系统

数据库管理系统是数据库的软件平台,负责数据库的创建、维护和管理。它提供用户与数据库之间的接口,通常包括查询语言(如SQL)和管理工具,使用户可以创建表、插入和查询数据、更新记录、删除记录等。DBMS还包括事务管理、并发控制、数据备份、恢复等功能,以确保数据的一致性、安全性和高效访问。

(3)数据库用户

数据库用户是被授权访问和操作数据库的人员。用户权限可以通过DBMS进行管理,不同的用户可能拥有不同的权限,例如普通用户可以读取和写入数据,而管理员用户还可以修改表结构和数据库设置。这种权限控制确保数据的安全性和访问的合理性。

(4)数据库应用程序

数据库应用程序是基于数据库构建的各种软件或系统,例如网站、客户关系管理(CRM)系统、企业资源计划(ERP)系统等。应用程序通常通过DBMS访问数据库,在应用程序中进行数据的增删改查操作。数据库应用程序可以帮助用户完成具体的业务需求,并实现数据的集中管理和存储。

(5)数据库管理员

数据库管理员(DBA)负责数据库的整体维护和管理。其职责包括数据库的规划、设计、实施、监控和性能优化,确保数据库的安全性和完整性。DBA还负责备份和恢复机制的设置,防止数据丢失。DBA通过权限管理、用户管理和日志审计等措施保证数据库的安全。

2. 数据库系统的三级模式

数据库系统的三级模式和两层映像是数据库体系结构的核心内容,旨在通过多层次视图和映射机制实现数据的独立性与灵活性。三级模式包括外模式、概念模式和内模式,每一层级解决相应层面的问题。三级模式结构的设计目的是在用户与实际存储数据之间建立一个清晰的层次,为数据库提供物理数据独立性和逻辑数据独立性。通过不同的关注点,分别解决用户需求、数据逻辑结构和物理存储问题。常见的三级模式如下。

(1)外模式

外模式又称为用户模式,是用户直接使用和访问的数据库部分,体现用户对数据的视图访问需求。外模式只展示用户需要的数据,屏蔽无关信息,提高数据访问的便捷性和安全性。不同用户可以有各自的外模式,支持个性化需求。例如企业数据库中,财务部门的外模式只显示与财务相关的表,如预算和支出数据,其他信息则被隐藏。

(2)概念模式

概念模式描述数据库的全局逻辑结构,是对数据的统一抽象,独立于外部用户和物理存储。概念模式定义整个数据库的数据结构、约束规则和关系。通过逻辑抽象,屏蔽物理存储的细节,为用户提供统一视图。例如,概念模式可能包括员工表(Employee)、客户表(Customer)及其关联关系。

(3)内模式

内模式又称为存储模式,负责描述数据在物理存储设备上的实际组织方式。内模式决定数据在磁盘或其他存储设备上的具体存储结构,如文件的存储格式、索引方式等。可以优化数据的存储和访问效率。

3. 数据库系统的两层映像机制

两层映像通过定义模式之间的映射关系,实现数据的透明性和独立性,使数据库在物理存储或逻辑结构调整时无须修改用户视图或应用程序。两层映像具体如下。

(1)外模式-概念模式映像

将用户的外模式映射到概念模式,使用户的视图保持独立。在概念模式发生变化时,调整映像即可适配用户需求,而无须修改外模式。例如某表新增字段"城市"和"邮编",通过映像机制,外模式可以继续合并显示为"地址"。

(2)概念模式-内模式映像

定义概念模式与物理存储之间的映射,使数据的存储方式变化对用户透明。更改存储结构时,通过调整映像,保持概念模式和外模式的稳定性。例如更改数据文件的存储路径或索引方式,不影响应用程序的正常运行。

> **知识点拨**
>
> **三级模式与两层映像的意义**
>
> 数据独立性:实现物理数据独立性和逻辑数据独立性。系统灵活性:支持用户多视图访问需求,适应不同的应用场景。增强安全性:外模式屏蔽了敏感数据,保证了数据访问的精确性和安全性。维护便利性:数据库逻辑结构或存储方式变化时,减少对用户视图和应用程序的影响,提高维护效率。

8.1.4 数据库管理系统

数据库管理系统（Database Management System，DBMS）是一种操纵和管理数据库的大型软件，用于建立、使用和维护数据库。它对数据库进行统一的管理和控制，以保证数据库的安全性和完整性。用户通过DBMS访问数据库中的数据，数据库管理员也通过DBMS进行数据库的维护工作。它支持多个应用程序和用户使用不同的方法同时或不同时去建立、修改和查询数据库。形象地说，DBMS就像一个图书馆管理员，负责管理图书馆中的所有书籍。它会告诉你有哪些书、如何找到它们，以及如何借阅和归还书籍。大部分DBMS提供数据定义语言（Data Definition Language，DDL）和数据操作语言（Data Manipulation Language，DML），供用户定义数据库的模式结构与权限约束，实现对数据的追加、删除等操作。

1. 数据库管理系统的功能

数据库管理系统的功能如下。

（1）数据定义

DBMS提供数据定义语言供用户定义数据库的三级模式结构、两级映像以及完整性约束和保密限制等约束。DDL主要用于建立、修改数据库的库结构。DDL描述的库结构仅仅给出数据库的框架，数据库的框架信息被存放在数据字典（Data Dictionary）中。

（2）数据操作

DBMS提供数据操作语言供用户实现对数据的追加、删除、更新、查询等操作。

（3）数据库的运行管理

数据库的运行管理功能包括多用户环境下的并发控制、安全性检查、存取限制控制、完整性检查和执行、运行日志的组织管理、事务的管理和自动恢复，即保证事务的原子性。这些功能保证了数据库系统的正常运行。

（4）数据组织、存储与管理

DBMS要分类组织、存储和管理各种数据，包括数据字典、用户数据、存储路径等，需确定以何种文件结构和存取方式在存储空间上组织这些数据，如何实现数据之间的联系。数据组织和存储的基本目标是提高存储空间利用率，选择合适的存取方法提高存取效率。

（5）数据库的保护

数据库中的数据是信息社会的战略资源，所以数据的保护至关重要。DBMS对数据库的保护通过4方面来实现：数据库的恢复、数据库的并发控制、数据库的完整性控制、数据库的安全性控制。DBMS的其他保护功能还有系统缓冲区的管理以及数据存储的某些自适应调节机制等。

（6）数据库的维护

数据库的维护包括数据的载入、转换、转储，数据库的重组与重构，以及性能监控等功能，这些功能分别由各使用程序来完成。

（7）通信

DBMS具有与操作系统的联机处理、分时系统及远程作业输入的相关接口，负责处理数据的传送。网络环境中的数据库系统，还应该包括DBMS与网络中其他软件系统的通信功能以及数据库之间的互操作功能。

> **知识点拨**
>
> **数据库管理系统与人工智能的融合**
>
> 人工智能技术为数据库管理系统提供智能查询、数据预处理、自动优化和异常检测等功能。例如，人工智能技术可以通过分析历史查询数据，自动优化数据库索引和查询计划，提升数据库的查询效率。此外，随着大数据分析和机器学习的兴起，DBMS也逐步支持对非结构化数据和大规模数据的处理，为人工智能模型的训练提供基础支持。未来，数据库管理系统的智能化将推动更多领域的创新和应用，尤其在智能分析、数据挖掘和实时数据处理方面，DBMS将成为人工智能系统中不可或缺的一部分。

2. 数据库管理系统的组成

数据库管理系统（DBMS）主要包括以下几个核心组件。

（1）数据库引擎

数据库引擎是DBMS的核心组成部分，负责数据的存储、检索、更新和删除。它通过操作系统的文件管理机制，管理数据库文件的创建、存储、访问和删除。数据库引擎还实现了事务管理及数据的完整性和一致性保证。常见的数据库引擎如InnoDB（MySQL）和HDFS（Hadoop）。

（2）查询处理器

查询处理器负责对用户提交的SQL查询语句进行解析、优化和执行，各部件主要功能如下。

- **解析器**：将SQL查询语句转换为数据库系统能够理解的内部数据结构（如查询树或查询图）。
- **优化器**：根据数据库的当前状态和查询计划，选择最优的查询执行路径。优化器通过估算不同执行路径的成本，决定最有效的执行计划。
- **执行器**：根据优化后的查询执行计划，执行具体的数据查询或更新操作。

（3）数据库管理模块

数据库管理模块负责整体系统的管理与控制，确保数据库能够高效、稳定地运行，各部件主要功能如下。

- **事务管理器**：确保数据库在多用户环境中的一致性和隔离性。它通过支持ACID（原子性、一致性、隔离性、持久性）特性来确保数据在并发访问时的正确性。
- **锁管理器**：管理数据库中并发事务的访问，通过加锁机制保证数据的安全性和一致性。
- **恢复管理器**：在系统发生故障或崩溃时，负责从备份中恢复数据，并确保数据的完整性和一致性。

（4）数据定义语言处理器

数据定义语言处理器用于管理数据库的结构和模式定义，负责处理创建、删除或修改数据库中的表、视图、索引等对象的操作。通过数据定义语言处理器，用户能够定义数据存储结构，管理表间的关系和约束。

（5）数据操作语言处理器

数据操作语言处理器主要负责处理数据的增、删、改、查等操作，为数据库的用户提供查询、更新和管理数据的功能。数据操作语言指令通常包括SELECT（查询）、INSERT（插入）、UPDATE（更新）和DELETE（删除）等。

（6）存储管理器

存储管理器负责数据在磁盘上的物理存储与管理，它将用户数据分配到磁盘的具体位置，并优化存储访问效率。存储管理器各部件的主要功能如下。

- **缓冲区管理**：为了提高数据库的访问性能，存储管理器将频繁访问的数据缓存在内存中。缓冲区管理通过合适的替换策略，确保数据的高效存取。
- **文件管理**：负责数据库文件的创建、删除和管理。文件管理确保数据以最优化的方式存储和组织。

（7）安全性管理模块

安全性管理模块负责数据的保护，确保数据库中的敏感数据不被未经授权的用户访问。它实现用户的身份验证、权限管理以及加密等安全控制功能。通过细粒度的权限控制，DBMS可以确保只有特定的用户或应用程序可以访问某些数据。

（8）备份和恢复模块

备份和恢复模块用于确保数据库在硬件故障或其他意外情况下的数据安全。通过定期备份、增量备份和事务日志，DBMS能够在系统崩溃时将数据恢复到崩溃前的状态。

（9）数据库接口和用户界面

数据库接口为外部应用程序或用户提供与数据库交互的方式，通常包括命令行接口（CLI）和图形用户界面（GUI）。用户可以通过这些接口发送SQL查询或执行数据库管理操作。在现代DBMS中，还可能包含专门的API和SDK，供开发者在编程时与数据库进行交互。

3. 常见的数据库管理系统

比较常见的数据库管理系统如下。

（1）关系数据库管理系统（RDBMS）

关系数据库管理系统基于关系模型，通过数据表的形式组织数据，常见的RDBMS有MySQL、PostgreSQL、Oracle和Microsoft SQL Server等。这些系统支持标准的SQL查询语言，适用于需要高度结构化数据存储和管理的应用场景。

（2）NoSQL数据库管理系统

NoSQL数据库管理系统是为了解决传统关系数据库在大数据环境中的扩展性问题而诞生的。这类数据库系统不依赖于传统的表格结构，而是采用键值对、文档、列族等形式存储数据。常见的NoSQL数据库有MongoDB、Cassandra、Redis和CouchDB等。

（3）面向对象的数据库管理系统

面向对象的数据库管理系统（OODBMS）结合了数据库技术和面向对象编程的概念，允许开发人员将对象直接存储在数据库中。这类系统适用于处理复杂的数据类型，常见的系统包括ObjectDB和db4o等。

8.2 数据模型

数据模型是数据库系统的核心概念之一，作为信息的结构化描述方法，为数据的组织、存储和操作提供理论基础。在信息化与人工智能的背景下，数据模型的设计不仅决定了数据库的性能，还直接影响智能系统的决策和推理能力。下面介绍数据模型的基本概念及其分类，重点讲解概念模型和常见的数据模型，为读者理解数据库系统的核心原理以及构建高效智能应用打下坚实基础。

8.2.1 数据模型概述

数据模型是数据库系统的基础，它通过一种抽象方式将现实世界中的数据及相互关系表达出来，为数据库的设计、操作和维护提供理论依据。作为信息处理和人工智能技术的重要支持工具，数据模型不仅提升了数据组织的效率，还为复杂信息系统的开发与优化提供了重要帮助。接下来从数据模型的基本定义、组成要素、类型、未来发展4个方面系统地讲解数据模型的核心内容与发展方向。

1. 数据模型的基本定义

数据模型是一种用于描述数据、数据间关系及其操作的方法。它以精确的形式定义数据的组织结构，使数据的表示和管理规范化。在数据模型的指导下，数据库系统能够有效地实现数据存储、检索和更新等功能。

> **知识点拨**
>
> **数据模型的应用领域**
>
> 数据模型广泛应用于各类信息系统的开发与运行中，例如电子商务平台中的商品推荐系统、社交网络中的关系分析，以及人工智能中的知识图谱构建等场景。通过数据模型，系统能够对大规模、复杂的数据进行高效管理与处理。

2. 数据模型的组成要素

数据模型主要由以下三部分组成。

（1）数据结构

数据结构是数据模型的核心部分，用于定义数据元素，如数据的类型、内容、性质，数据间的联系，以及数据相互之间的组织形式。例如，在关系模型中，数据以二维表的形式存在；在网状模型中，数据以图结构表示。

（2）数据操作

数据操作主要描述在相应的数据结构上的操作类型和操作方式，定义对数据执行的各种操作，包括插入、删除、更新和查询。例如，SQL语言基于关系模型提供丰富的数据操作能力。

（3）数据约束

数据约束描述数据结构内数据间的语法与词义联系，它们之间的制约和依存关系，以及数据动态变化的规则等，用于保证数据的一致性和完整性。例如，关系模型中的主键约束和外键约束确保了数据的逻辑正确性。

3. 数据模型的类型

数据模型按照不同的应用层次，分为以下三种类型。

（1）概念数据模型

概念数据模型简称概念模型，是对客观世界复杂事物的结构描述及它们之间内在联系的刻画。概念数据模型主要有E-R模型（实体联系模型）、扩充的E-R模型、面向对象模型及谓词模型等。

（2）逻辑数据模型

逻辑数据模型又称为数据模型，是一种面向数据库系统的模型，该模型着重于在数据库系统一级的实现。逻辑数据模型主要有层次模型、网状模型、关系模型、面向对象模型等。

（3）物理数据模型

物理数据模型又称为物理模型，是一种面向计算机物理表示的模型，此模型给出了数据模型在计算机上物理结构的表示。

4. 数据模型的未来发展

随着人工智能和大数据技术的快速发展，传统数据模型正在向智能化方向演变。例如，图数据模型在知识图谱中的应用极大地提升了语义分析能力；半结构化数据模型为非关系数据库的广泛应用奠定了基础。未来，数据模型将在智能数据分析与处理领域发挥更为重要的作用，为智能系统的构建提供核心支持。

8.2.2 概念模型

概念模型是数据库设计中的重要组成部分，用于在设计阶段对现实世界中的数据进行抽象化描述，以便于后续的数据库结构设计。与物理模型和逻辑模型不同，概念模型不关心数据的具体存储方式，而是关注数据的结构和数据之间的关系。概念模型提供一种高层次的视角，帮助设计人员理解数据及其关系的本质。概念模型一般通过E-R图（实体-关系图）表示，这是数据库设计中最常用的工具之一。

E-R模型全称为实体-关系模型（Entity-Relationship Model），是一种用于数据库设计的概念模型。它提供一种描述现实世界中数据组织和关联的图形化方法，用于表示实体、属性和联系之间的关系。简单来说，E-R模型就是用图形化的方式描述一个系统中的数据结构。

1. 概念模型的核心元素

在概念模型的设计过程中，设计人员需要定义实体（Entity）、属性（Attribute）、关系（Relationship）三个关键要素。它们分别代表数据的主要对象、数据的特征以及对象之间的关联。这些要素构成数据库的基本结构，它们共同描述系统中的数据对象以及这些对象之间的联系。概念模型的目标是清晰、准确地反映现实世界的业务需求，并为后续的数据库设计打下坚实的基础。

（1）实体

实体是现实世界中具有独立存在意义的事物。它可以是一个具体的对象，如"员工"或"课程"，也可以是一个抽象的概念，如"订单"或"产品"。

（2）属性

属性是用来描述实体特征的元素，它代表实体的具体性质。例如，学生实体可能具有"学号""姓名"或"出生日期"等属性。

> **知识点拨**
>
> **关键字**
>
> 在概念模型中，"关键字"（也称为"主键"或"主码"）是指一个或多个属性的组合，用于唯一标识一个实体。它就像一个人的身份证号，在整个数据库中是独一无二的。

（3）关系

关系表示实体之间的相互联系，通常通过菱形符号在E-R图中表示。关系可以是一对一、一对多或多对多，取决于实体之间的联系。

2. 概念模型的表示方法

概念模型通常使用E-R图来表示，这是一种图形化工具，用于显示实体、属性和关系之间的相互作用。E-R图使用不同的符号表示不同的元素，通过这些符号，设计人员可以清楚地表达数据的结构和相互关系，E-R图使不同开发团队之间的沟通更加直观和有效。

- **实体集**：用矩形表示，在矩形内写上该实体集的名字，如"学生""课程"。
- **属性**：用椭圆形表示，在椭圆形内写上该属性的名称，如"姓名""学号"。
- **联系或关系**：用菱形表示，在菱形内写上联系名，如"选课"。
- **实体集与属性间的连接关系**：用无向线段表示。
- **实体集与联系间的连接关系**：用无向线段表示。

常见的E-R图如图8-1所示。

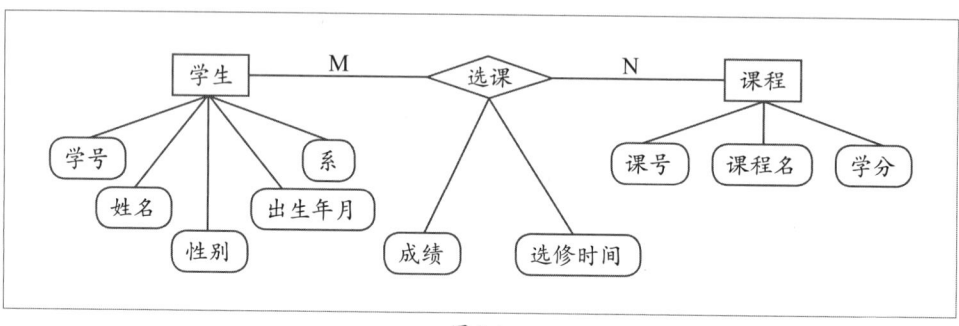

图 8-1

> **知识拓展**
>
> **E-R图的构建**
>
> 构建E-R图的一般步骤如下。
>
> - **识别实体**：确定哪些对象或概念在数据库中需要表示。
> - **确定属性**：为每个实体选择合适的属性进行描述。
> - **识别关系**：确定实体之间的关系，以及关系的类型（一对一、一对多、多对多）。
> - **绘制E-R图**：根据识别出的实体、属性和关系，用符号绘制E-R图。

3. E-R 图中的关系类型

在E-R图中，关系类型定义实体之间的相互联系。常见的关系类型如下。
- **一对一关系**：一个实体实例仅能与另一个实体实例发生关系。
- **一对多关系**：一个实体实例与多个实体实例相关联，反之不成立。
- **多对多关系**：多个实体实例之间彼此互相关联。

这些关系类型的准确识别是数据库设计的关键，它们直接影响数据库的结构以及后续的查询和操作。

4. 概念模型的应用

概念模型在数据库设计的初期阶段具有重要作用。通过清晰的概念建模，设计人员能够了解并表达系统的业务需求，从而为数据库的进一步开发提供明确的方向。此外，概念模型的直观性还使得团队成员以及非技术人员能够更好地理解数据的结构和交互。

8.2.3 常见的数据模型

在数据库设计中，不同的数据模型适用于不同的应用场景。每种数据模型都为数据存储、管理和处理提供不同的框架。常见的数据模型包括层次模型、网状模型、关系模型、对象模型等。了解这些数据模型的特性、优缺点及适用场景，是数据库设计中的一项重要技能。

1. 层次模型

层次模型是一种早期的数据模型，其核心思想是将数据按树状结构组织，如图8-2所示。层次模型中每棵树有且仅有一个无双亲节点称为根；树中除根外所有节点有且仅有一个双亲，每个节点表示一个数据元素，数据之间存在父子关系。父节点与子节点的关系是一对一或一对多。该模型适用于描述一对多关系的数据结构。

对于层级明确的数据，层次模型能够提供高效的查询性能。但不适合表示复杂的多对多关系，灵活性较差。层次模型适用于组织结构、文件系统等场景。

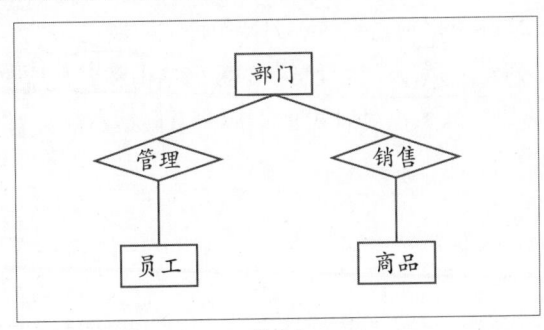

图 8-2

2. 网状模型

网状模型是层次模型的一个特例，从图上看，网状模型是一个不加任何条件限制的无向图，如图8-3所示。网状模型在层次模型的基础上进行了扩展，允许一个实体节点具有多个父节点，从而支持多对多关系。

网状模型比层次模型更灵活，能够表示更复杂的数据关系。但结构较复杂，查询和管理较为困难，尤其在数据量增大时，系统的性能和可维护性可能下降。网状模型适用于那些具有复杂关系的应用，如科研数据管理等。

3. 关系模型

关系模型是现代数据库管理系统中最常用的数据模型，数据以表格的形式组织，每个表包含若干行（记录）和列（字段）。实体间的关系通过外键实现。关系模型数据存储在表格中，支持强大的查询语言SQL，数据通过主键和外键关联。结构简单，查询语言SQL功能强大，适用于大多数业务需求。但对于非结构化或大规模数据，性能可能不如其他模型。关系模型广泛应用于商业、金融、政府等领域。

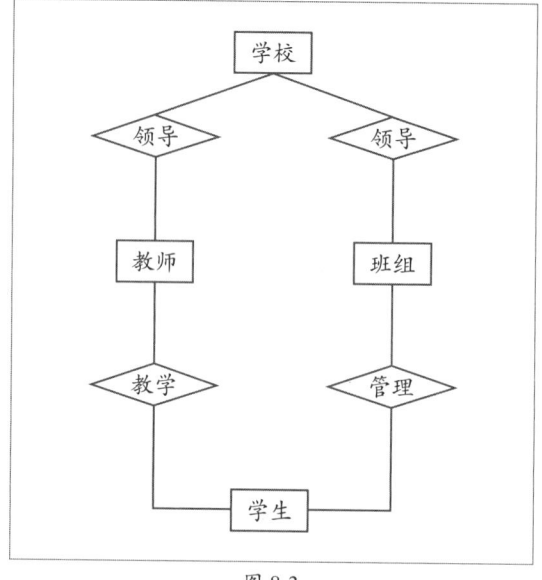

图 8-3

> **知识拓展**
>
> **关系模型允许定义的三类数据约束**
> - **实体完整性约束**：要求关系的主键中属性值不能为空值，因为主键是唯一决定元组的，如为空值则其唯一性将成为不可能。
> - **参照完整性约束**：关系之间相互关联的基本约束，不允许关系引用不存在的元组，即在关系中的外键要么是所关联关系中实际存在的元组，要么为空值。
> - **用户定义的完整性约束**：反映某一具体应用所涉及的数据必须满足的语义要求，例如某个属性的取值范围为0~100。

4. 对象模型

对象模型借鉴了面向对象编程的概念，将数据表示为对象，这些对象包含数据和与数据相关的操作。在该模型中，实体可以通过继承、封装等面向对象的特性表示。数据表示为对象，支持继承、封装、多态等特性。适用于处理复杂的数据结构和多媒体数据，如图形、声音等。但学习曲线较陡，对于传统关系数据处理可能不如关系模型高效。对象模型通常用于图形设计、仿真系统等复杂应用。

> **知识点拨**
>
> **其他模型**
> 除了以上常见的4种模型外，还有一些模型，如文档模型和图模型。文档模型用于存储半结构化或非结构化数据，数据以文档形式存储，常见的格式包括JSON、XML等。每个文档独立存储，结构灵活，适应数据形式的变化。图模型通过图的结构存储数据，数据通过节点（实体）和边（关系）连接。图模型在处理复杂的关系数据时非常高效，特别适合社交网络、路径分析等应用。

8.3 关系数据库设计

关系数据库是当今使用最广泛的一类数据库系统，它采用表格结构存储和管理数据，并通过关系模型定义数据之间的联系。关系数据库以其高效、结构化的方式管理数据，广泛应用于各种企业信息系统、金融系统、电子商务平台等领域。其核心优势在于能够以非常直观和易于理解的方式组织复杂的数据，同时支持高效的查询、更新和管理操作。

8.3.1 关系数据库简介

关系数据库（Relational Database）是一种基于关系模型的数据管理系统，它通过表格（称为"关系"）组织数据，如表8-1所示。

表8-1

学号	姓名	性别	班级	籍贯
2023001	马鹏	男	播音01班	北京
2023002	徐晓磊	男	表演03班	安徽合肥
2023003	周毅	男	管理02班	湖南长沙
2023004	田文文	女	新闻04班	江苏南京

表格中的每一行称为"记录"或"元组"，每一列称为"字段"或"属性"。关系数据库的核心特点是通过表格结构将数据划分为不同的实体，通过外键关联不同的表格，从而实现数据之间的关系。关系数据库管理系统（RDBMS）使用结构化查询语言（SQL）进行数据的查询、插入、更新和删除操作，以其良好的数据结构和强大的数据一致性支持，在企业信息系统中得到了广泛应用。

关系数据库的设计基础是关系模型，它将数据视为表格的集合，并通过约束和规则维护数据的一致性和完整性。通过这种结构，关系数据库能够高效地管理大量的数据，并且提供强大的数据查询和分析功能。大多数企业级应用和事务处理系统，尤其是那些涉及大量结构化数据和复杂查询的系统，都会采用关系数据库作为其核心数据的存储方案。

1. 关系数据库的核心概念

在关系数据库中，理解一些基本术语和概念是理解其工作原理的关键。以下是一些常见的专业术语，这些术语是关系数据库设计与管理的基石。

- **关系（Relation）**：关系数据库中的基本概念，通常表现为一张二维表格。关系中的每一行表示一条记录，每一列表示记录的一个属性。
- **元组（Tuple）**：关系中的一行数据，也称为记录。每个元组包含多个属性值，代表一个实体的具体信息。
- **字段（Field）/属性（Attribute）**：字段是关系中的一列数据，也叫属性。每个字段表示一个数据特征，例如"姓名""学号"或"出生日期"。
- **主键（Primary Key）**：用来唯一标识关系中每一元组的字段（或字段组合）。主键的值必须唯一且不能为空，确保每条记录能够被唯一识别。
- **外键（Foreign Key）**：一个或多个字段，用来在一张表中表示与另一张表的关联。外键的值指向另一张表的主键，形成两张表之间的引用关系。
- **索引（Index）**：为了加速数据库查询而创建的数据结构，它为表中的某些列建立快捷查询通道，从而提高检索效率。
- **约束（Constraint）**：用来限制数据库中数据的规则，确保数据的完整性和一致性，例如，唯一性约束、非空约束、检查约束等。

2. 关系数据库的主要特征

关系数据库的主要特征如下。

- **数据独立性**：数据库的逻辑结构和物理存储结构是分离的，应用程序不需要关注数据的存储细节，从而实现数据的独立性。
- **一致性和完整性**：通过约束（如主键、外键、唯一性约束、非空约束等）保证数据的完整性和一致性。
- **SQL支持**：关系数据库使用SQL进行数据查询、更新和管理。SQL是一种标准化的编程语言，具备强大的查询和操作功能。
- **事务支持**：关系数据库支持事务（Transaction）管理，并提供ACID（原子性、一致性、隔离性、持久性）特性，确保数据库操作的可靠性和一致性。

3. 关系数据库的优势

关系数据库的最大优势在于其成熟的技术、强大的数据一致性保证以及便捷的数据查询能力。通过SQL，用户可以非常灵活地对数据库中的数据进行操作和管理，同时，事务支持确保了数据操作的可靠性与一致性。因此，关系数据库在大多数需要稳定性、数据一致性和复杂查询能力的应用场景中都表现得非常优异。

> **知识点拨**
>
> **关系数据库的应用**
>
> 关系数据库广泛应用于各行业，例如金融行业：处理大规模的交易数据，要求数据一致性和事务支持。电子商务平台：管理用户信息、商品信息和订单数据，支持复杂的查询和报表生成。企业资源规划（ERP）系统：整合企业各项业务数据，支持多种复杂的数据分析和操作。政府和公共服务系统：存储并管理大量结构化数据，如公民信息、税务数据等。

8.3.2 关系数据库的基本运算

在关系数据库中，数据通过表格形式组织，这些数据的操作和处理则依赖于一组基本的运算。关系数据库的基本运算是基于关系模型的原理，主要用于查询、插入、更新和删除数据。理解这些基本运算是学习和掌握关系数据库的关键。

关系数据库的基本运算可分为查询运算、集合运算和数据操作运算三类。这些运算不仅是关系数据库管理系统执行各种任务的基础，也是SQL操作的核心内容。每个运算的执行都是对数据库中关系（表格）内容的某种处理方式，能够在满足特定要求的情况下，快速准确地获取或更新所需的数据。

1. 查询运算

查询运算是从数据库中检索数据的操作，通常是通过SQL中的SELECT语句完成。查询运算可以简单地从单一表格中选取数据，也可以通过连接、过滤和排序等手段进行复杂的数据检索。查询运算的常见操作如下。

- **选择**：选择关系中满足特定条件的元组。常见的SQL命令是SELECT，用于选择表格中的行或列，或将多个表格进行组合查询。
- **投影**：选择关系中的某些列，类似于在查询中指定需要显示的字段。
- **连接**：连接操作用于将两个或多个表格中的相关数据结合在一起。常见的连接方式包括内连接（INNER JOIN）、外连接（LEFT JOIN、RIGHT JOIN）和全连接（FULL JOIN）等。
- **限制**：从关系中选择满足特定条件的元组，常用的SQL命令为WHERE，可以筛选出符合指定条件的数据。
- **排序**：排序操作用于根据某些字段对结果进行升序或降序排列，常见的SQL命令是ORDER BY。

2. 集合运算

集合运算是对两个或多个关系（表格）之间的数据进行操作，类似于集合论中的操作。关系数据库中的集合运算主要包括以下几种。

- **并集**：用于将两个表格中的数据合并，并返回所有不重复的元组。SQL中使用UNION命令实现。
- **交集**：用于返回两个表格中都存在的元组。SQL中使用INTERSECT命令实现。
- **差集**：用于返回一个表格中存在而另一个表格中不存在的元组。SQL中使用EXCEPT命令实现。
- **笛卡儿积**：将两个表格中的所有元组组合成一个新的表格，每个元组都包含两个表格中的一条记录。SQL中通过CROSS JOIN命令实现。

3. 数据操作运算

数据操作运算主要用于在数据库中插入、更新或删除数据。它们是关系数据库中最常用的操作之一。常见的数据操作运算如下。

- **插入**：插入运算用于向数据库表格中添加新的数据行。在SQL中，INSERT INTO命令用于插入新的元组（记录）。
- **更新**：更新运算用于修改现有数据的内容。SQL中使用UPDATE命令更新表格中的元组，通常配合WHERE子句限定更新的范围。
- **删除**：删除运算用于从数据库中移除某些数据行。SQL中使用DELETE命令删除表格中的元组，同样配合WHERE子句控制删除范围。

8.3.3 关系数据库设计

关系数据库设计是构建一个高效、灵活、易于管理的数据库系统的核心过程。良好的数据库设计不仅能提高数据处理效率，还能确保数据的一致性、完整性和可扩展性。在设计关系数据库时，开发人员需要考虑如何组织数据、如何定义表格之间的关系，以及如何确保数据的一致性和完整性。

1. 数据库设计阶段

数据库设计通常包括需求分析、概念设计、逻辑设计和物理设计4个阶段，每个阶段都对数据库的性能和可靠性产生重要影响。

（1）需求分析

关系数据库设计的第一步是需求分析，这是整个设计过程的基础。通过与业务部门和最终用户的沟通，分析和收集业务需求，明确系统所需的数据结构和功能。需求分析的目标是准确捕捉系统所需的数据实体、它们的属性和它们之间的关系。

（2）概念设计

需求分析完成后，进入概念设计阶段。在这一阶段，设计师将业务需求转化为高层次的概念模型。通常使用实体-关系模型（E-R图）表示系统中的实体、属性以及实体之间的关系。E-R图能够直观展示数据库中的主要元素及其相互关系，为后续的设计奠定基础。

（3）逻辑设计

完成概念设计后，进入逻辑设计阶段。在此阶段，设计师将概念模型转换为关系模型，即将E-R图转换为表格结构。每个实体通常对应一个表格，实体的属性则转换为表格中的字段。关系通过外键在表格之间建立联系。逻辑设计的目标是确保数据库的结构符合规范化原则，即通过消除数据冗余和避免更新异常来提高数据的完整性。规范化是关系数据库设计的关键步骤，通常包括以下几个阶段。

- 第一范式（1NF）：要求表格中的每个字段都包含原子值，即每个字段只能包含单一数据类型，不得包含重复或复合数据。
- 第二范式（2NF）：在满足1NF的基础上，要求每个非主属性完全依赖于主键，消除部分依赖。
- 第三范式（3NF）：在满足2NF的基础上，要求消除传递依赖，即非主属性不应依赖于其他非主属性。

规范化的目的是确保数据的结构尽可能简洁、无冗余，且不容易出现数据更新异常。然而，在某些情况下，为了提高查询性能，设计人员可能会选择适当的反规范化，以牺牲部分数据冗余来获得更高的查询效率。

（4）物理设计

物理设计阶段是关系数据库设计的最后一步，它将逻辑设计转换为实际的数据库结构，并确定如何存储数据。物理设计考虑的因素包括数据存储、索引设计、查询优化等。物理设计的目标是根据系统的具体需求和硬件环境，使数据库的存取效率最高，且能够承受预期的负载。在物理设计中，设计人员需要考虑以下几个重要方面。

- **表的存储方式**：根据数据访问模式选择合适的存储引擎，如关系数据库中的InnoDB、MyISAM等，或针对特定需求进行调整。
- **索引设计**：索引可以大大提高数据库查询的效率，设计人员需要根据查询频率和类型创建适当的索引。常见的索引类型包括单列索引、联合索引和全文索引等。
- **分区与分表**：当数据量非常庞大时，可以考虑将数据分割为多个表或分区，以提高数据存储和查询的性能。分区可以基于范围、哈希值或列表等方式进行。
- **冗余设计**：尽管规范化可以消除冗余，但在某些情况下，反规范化可以提高查询效率，因此在物理设计时需要根据具体业务需求权衡数据冗余和查询效率。

2. 数据库中的数据完整性与约束

在设计过程中，必须确保数据库中的数据完整性和一致性。关系数据库通过各种约束来实现这一目标，常见的约束类型如下。

- **主键约束**：确保每个记录在表格中具有唯一标识。
- **外键约束**：确保表格间的关联一致性，外键引用其他表格的主键，保证数据的参照完整性。
- **唯一性约束**：确保字段中的值在表格内唯一。
- **非空约束**：确保某个字段不能为空。
- **检查约束**：确保字段值满足特定条件或范围。

3. 数据库设计的优化

数据库设计的优化通常在数据库开发过程中进行，优化的目标是提高数据库的性能和可维护性。优化手段包括选择合适的数据类型、创建适当的索引、合理设计表格之间的关系以及使用存储过程等。

此外，数据库设计还需要考虑系统的扩展性、容错性和可恢复性。设计人员应根据实际需求进行容量规划和灾难恢复设计，确保数据库能够在高负载情况下平稳运行，并能在发生故障时快速恢复。

8.4 Access数据库的基本操作

Access属于功能强大、操作方便灵活的关系数据库管理系统。它具有完整的数据库应用程序开发工具，可用于开发适合特定数据库管理的Windows应用程序。本节对Access数据库的基本操作进行详细介绍。

8.4.1 Access基本对象

数据库中主要由表、查询、窗体、报表、宏、模块等基本对象组成，下面分别对这些基本对象的用途进行介绍。

1. 表

如果把数据比作一滴滴的水，那么表就是盛水的容器。在数据库中，不同主题的数据存储在不同的表中，通过行与列来组织信息。每张表都由多条记录组成，每个记录为一行，每行又有多个字段，如图8-4所示。其中，用户可以设置一个或者多个字段为记录的关键字，这些字段就叫"主键"。可以通过这些关键字来标识不同的记录。

图 8-4

Access表有两种视图显示方式，分别为"数据表视图"和"设计视图"。打开表对象后的默认视图模式为"数据表视图"，在该视图模式中可以方便地查看、添加、删除和编辑表中的数据。

2. 查询

建立数据库的主要目的是存储和提取信息。输入数据后，可以立即从数据库中获取信息，也可以几年后再获取这些信息。查询即在一张或多张表内根据搜索准则查找某些特定的数据，并将其集中起来，形成一个全局性的集合，供用户查看。

由于数据是分表存储的，用户可以通过复杂的查询将多张表的"关键字"连接起来，如图8-5所示，将查询出来的数据组成一张新表。

图 8-5

Access提供了以下4种查询方式。

- **简单查询**：可以从选中的字段中创建选择查询。
- **交叉数据表查询**：查询数据不仅要在数据表中找到特定的字段、记录，有时还需对数据表进行统计、摘要，如求和、计数、求平均值等，这样就需要使用交叉数据表查询方式。
- **查找重复项查询**：可以在单一表或查询中查找具有重复字段值的记录。
- **查找不匹配项查询**：可以在一张表中查找那些在另一张表中没有相关记录的行。

3. 窗体

窗体是Access提供的可以输入数据的"对话框"，使用户在输入数据时感到界面比较友好。一个窗体可以包括多张表的字段，输入数据时，用户不必在表与表之间来回切换，如图8-6所示。

图 8-6

4. 报表

表用来存储信息，窗体用来编辑和浏览信息，查询用来检索和更新信息，如果不能将这些信息以便于使用的格式输出，那么信息就不能以有效的方式传达给信息用户，信息管理的目标也就没有完全实现，因此，有必要将信息以分类形式输出。要实现此功能，报表是很好的选择。

报表用于将选定的数据信息进行格式化显示和打印。报表可以基于某一数据表，也可以基于某一查询结果，这个查询结果可以是多张表之间的关系查询结果。报表在打印之前可以进行打印预览，如图8-7所示。

图 8-7

5. 宏

宏是包含一个或多个操作的集合，可以使Access自动完成某操作。用户可以设计一个宏来控制一系列操作，当执行这个宏时，就会按这个宏的定义依次执行相应的操作。

6. 模块

模块是Access提供的使用VBA语言编写的程序段。模块有两个基本类型：类模块和标准模块。每一个过程可以是一个函数过程或一个子程序。

动手练 创建多表查询

下面介绍创建多表查询的具体操作方法。

步骤 01 打开包含多张表的Access文件，切换到"创建"选项卡，在"查询"组中单击"查询向导"按钮，如图8-8所示。

步骤 02 弹出"新建查询"对话框，选择"简单查询向导"选项，单击"确定"按钮，如图8-9所示。

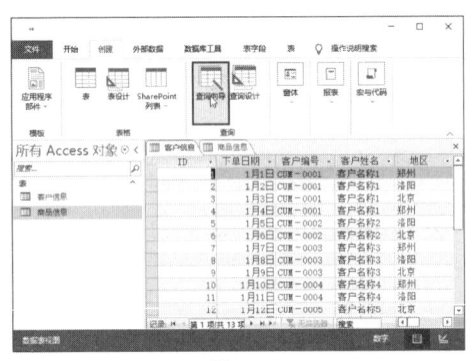

图 8-8 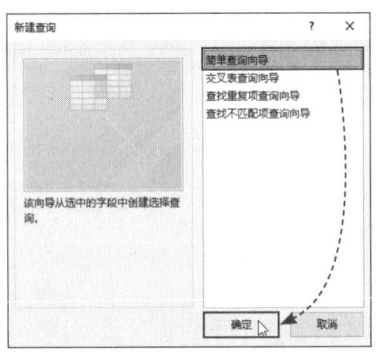　　　　　　　　　　　图 8-9

步骤 03 打开"简单查询向导"对话框，在"表/查询"列表中选择一张表，随后在"可用字段"列表中选择要创建查询的选项，单击 > 按钮，如图8-10所示。

步骤 04 所选字段随即被添加到右侧的"选定字段"列表中，随后继续添加其他字段，如图8-11所示。

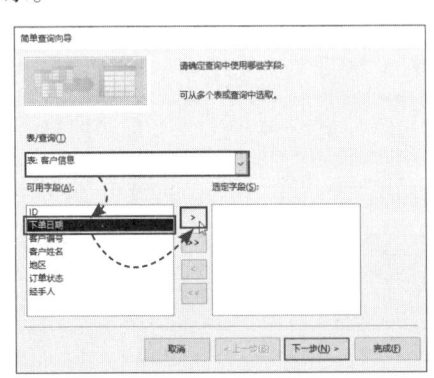

图 8-10 　　　　　　　　　　　图 8-11

步骤 05 单击"表/查询"下拉按钮，在下拉列表中选择其他表，如图8-12所示。

步骤 06 参照上述步骤，将该表中的指定字段添加到"选定字段"列表中，字段添加完成后单击"下一步"按钮，如图8-13所示。

图 8-12 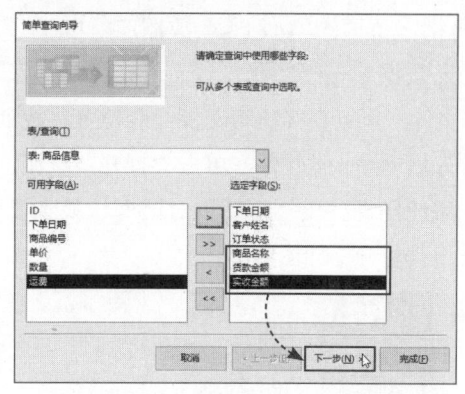　　　　　　　　　　　　　图 8-13

步骤 07 选中"明细（显示每个记录的每个字段）"单选按钮，单击"下一步"按钮，如图8-14所示。

步骤 08 在文本框中输入查询的标题，单击"完成"按钮，如图8-15所示。

图 8-14 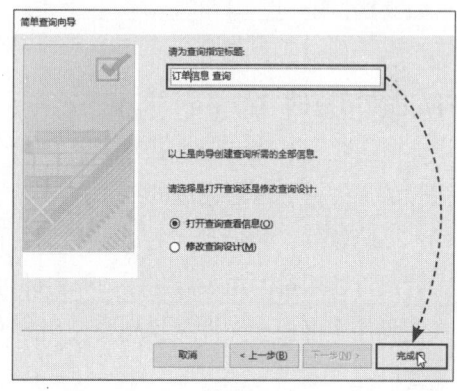　　　　　　　　　　　　　图 8-15

步骤 09 数据库中随即根据两张表中的指定字段创建查询，如图8-16所示。

| 注意事项 | 多表查询 |

根据多表字段创建查询前需要先为这些表创建关系。

图 8-16

8.4.2　打开Access数据库

Access文件的打开和关闭是使用数据库时最基础的操作，且操作方法不止一种。下面详细介绍如何打开Access数据库。

1. 打开指定位置的 Access 数据库

打开数据库有很多种方法，用户可以先启动软件，通过"打开"界面中的选项打开指定的Access文件，也可直接访问文件保存位置，找到相应文件后将其打开。

首先启动Access软件，单击"打开"按钮，在"打开"界面中单击"浏览"按钮，如图8-17所示。系统随即弹出"打开"对话框，找到要打开的Access文件并将其选中，单击"打开"按钮即可将其打开，如图8-18所示。

图 8-17 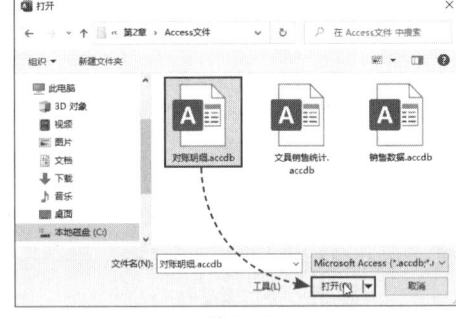　　　　　　图 8-18

2. 打开最近使用过的 Access 文件

Access将最近使用过的文件集中在一个特定的区域显示，用户在启动Access后便可以很快找到之前用过的文件，继续未完成的工作。

启动Access软件，切换到"打开"界面，保持"最近使用的文件"为选中状态，界面的右侧可以查看最近使用过的Access文件，单击即可打开相应文件，如图8-19所示。单击"文件夹"按钮，在该界面中可根据文件夹找到要使用的Access文件，并将其打开，如图8-20所示。

图 8-19 　　　　　　图 8-20

动手练　固定常用的Access数据库

用户可以对常用的数据库文件进行固定，方便以后查找和使用。下面介绍具体的操作方法。

步骤01 启动Access软件。切换到"打开"界面，将光标移动到要固定的数据库上方，单击"将此项目固定到列表"按钮，如图8-21所示。

步骤02 所选数据库随即被固定，被固定的数据库随即显示在顶端的"已固定"区域，如图8-22所示。

图 8-21　　　　　　　　　　　　　　　图 8-22

步骤 03 另外,在"开始"界面单击"已固定"按钮,也可查看所有被固定的数据库,如图8-23所示。

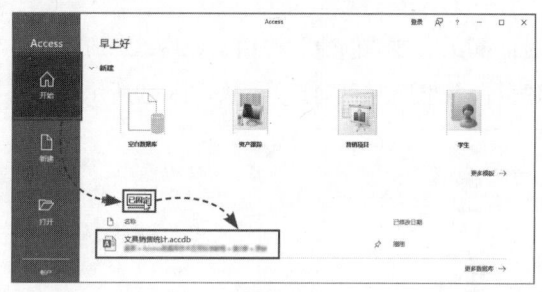

图 8-23

8.4.3　创建与保存数据库

使用Access的过程中,首先应该学会如何创建数据库,用户可以根据需要创建空白数据库或通过模板创建数据库。

1. 创建空白数据库

没有任何对象的数据库就是空白数据库,下面介绍如何创建空白数据库,具体的操作步骤如下。

步骤 01 双击桌面上的Access图标,如图8-24所示。

步骤 02 启动Access应用程序,选择"空白数据库"选项,如图8-25所示。

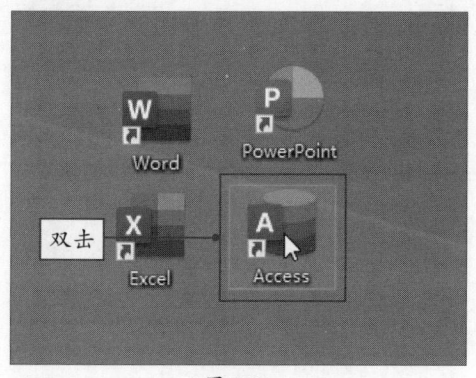

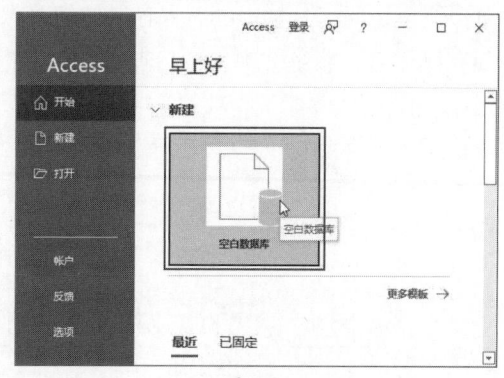

图 8-24　　　　　　　　　　　　　　　图 8-25

步骤 03 在随后弹出的对话框中输入文件名,随后单击文件名右侧的 按钮,如图8-26所示。

173

步骤 04 弹出"文件新建数据库"对话框，选择文件的保存位置，单击"确定"按钮，如图8-27所示。

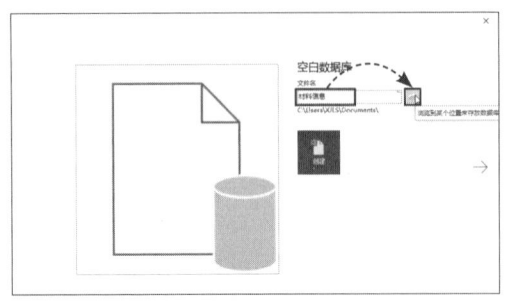

图 8-26 　　　　　　　　　　　　　图 8-27

步骤 05 返回上一级对话框，单击"创建"按钮，如图8-28所示。
步骤 06 系统随即创建空白数据库并自动打开，如图8-29所示。

图 8-28 　　　　　　　　　　　　　图 8-29

对于初学者来说，刚开始使用数据库管理数据时会不知从何入手，可以通过模板创建数据库。

2. 保存数据库

在数据库中执行操作后要及时保存，以免因软件意外退出、死机、计算机突然断电等情况造成数据丢失。保存数据库的常用方法包括以下三种。

（1）单击"保存"按钮保存数据库

单击快速访问工具栏中的"保存"按钮可保存数据库，如图8-30所示。若为新建数据库，执行保存操作后，系统会弹出"另存为"对话框，用户需要在该对话框中设置"表名称"，如图8-31所示。

图 8-30 　　　　　　　　　　　　　图 8-31

（2）在"文件"菜单中保存数据库

单击"文件"按钮，进入"文件"菜单，单击"保存"按钮即可保存数据库，如图8-32所示。

（3）使用组合键保存数据库

用户也可以使用Ctrl+S组合键快速保存数据库。

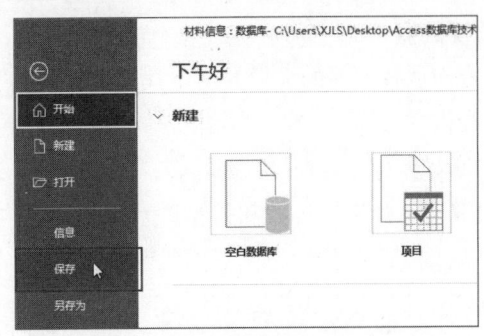

图 8-32

动手练 将数据库另存为兼容格式

将数据库另存为兼容格式可以保证文件与不同版本的Access软件兼容，以便使用高版本制作的数据库文件能够在低版本的Access软件中打开。下面介绍如何将数据库另存为兼容格式。

步骤 01 在"文件"菜单中单击"另存为"按钮，在"数据库另存为"列表中双击"Access 2002-2003数据库（*.mdb）"选项，如图8-33所示。

步骤 02 弹出"另存为"对话框。选择文件路径，单击"保存"按钮即可将数据库另存为兼容模式，如图8-34所示。

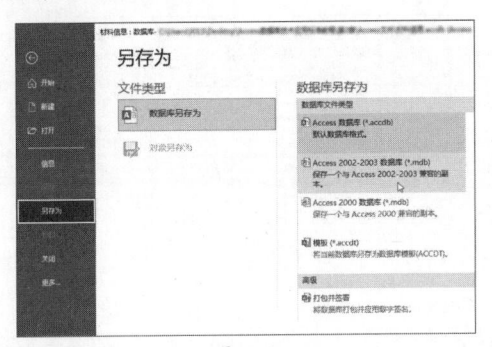

图 8-33 　　　　　　　　　　　图 8-34

知识拓展

数据库文件的后缀名

数据库默认的文件后缀名为".accdb"，兼容模式的数据库文件后缀名为".mdb"，不同格式的数据库文件其图标也稍有不同，如图8-35所示。

图 8-35

8.4.4 数据库记录的整理

当数据库中的数据比较多时，为了更好地分析和处理这些数据，可以对数据记录进行适当的整理，例如查找或替换数据、排序和筛选数据等。

1. 查找数据

若想从数据库的大量数据中找出需要的信息，可使用"查找"功能进行操作。下面介绍具体的操作方法。

步骤01 打开要查找数据的表，在"开始"选项卡中单击"查找"按钮，如图8-36所示。

步骤02 弹出"查找和替换"对话框，在"查找内容"文本框中输入要查找的内容，单击"查找范围"下拉按钮，在下拉列表中选择"当前文档"选项，如图8-37所示。

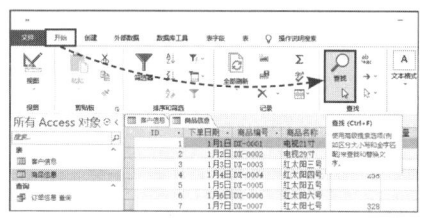

图 8-36 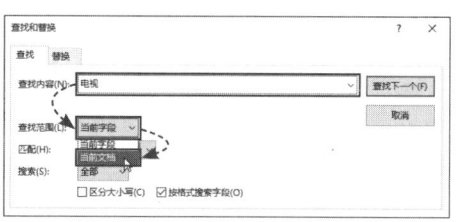　　　　　　　　　　　　　图 8-37

步骤03 单击"匹配"下拉按钮，在下拉列表中选择"字段任何部分"选项，如图8-38所示，随后单击"查找下一个"按钮。

步骤04 表中随即自动选中要查找的内容，如图8-39所示。当查找的内容在表中不止出现一次时，在"查找和替换"文本框中继续单击"查找下一个"按钮，可依次选中要查找的内容。

图 8-38 　　　　　　　　　　　　　图 8-39

2. 替换数据

在实际工作中，有时需要对名称相同的数据进行更改，一个个寻找，然后再进行修改，费时又费力，此时用户可以使用Access提供的替换功能，快速替换数据。下面介绍具体操作方法。

步骤01 打开要替换其中内容的数据库。在"开始"选项卡中单击"替换"按钮，如图8-40所示。

步骤02 弹出"查找和替换"对话框，在"查找内容"文本框中输入"电视"，在"替换为"文本框中输入"液晶电视"，保持"查找范围"为"当前文档"、"匹配"为"字段任何部分"，单击"全部替换"按钮，如图8-41所示。

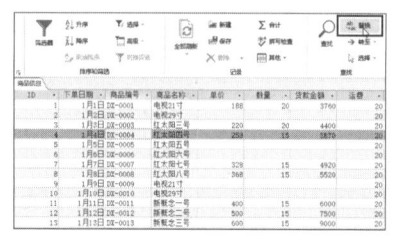

图 8-40 　　　　　　　　　　　　　图 8-41

步骤 03 系统随即弹出警告对话框,提示"您将不能撤销该替换操作",单击"是"按钮确认,如图8-42所示。

步骤 04 表中所有"电视"文本随即被批量替换为"液晶电视",如图8-43所示。

图 8-42 　　　　　图 8-43

3. 数据排序

若想让表中某个字段内容的数据按照指定的顺序进行排列,可以对该字段进行排序。例如按"升序"排列"文具销售统计"表中的"销售量"。

步骤 01 打开"文具销售统计"表,单击"销售量"字段标题中的下拉按钮,在展开的筛选器中选择"升序"选项,如图8-44所示。

步骤 02 "销售量"字段的中的数字随即按照升序(从小到大)重新排列,如图8-45所示。

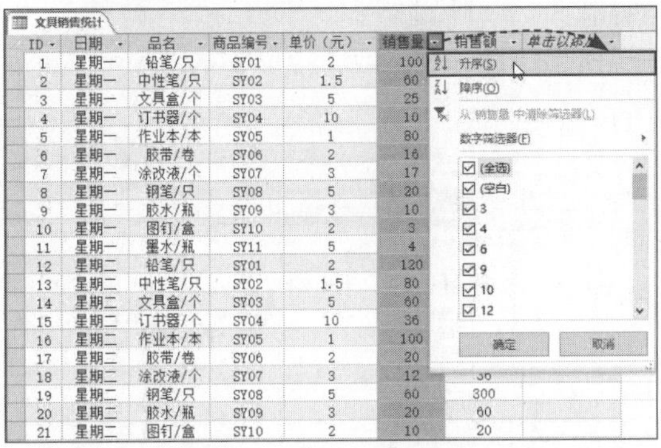

图 8-44 　　　　　图 8-45

步骤 03 若要让表中的数据恢复到排序之前的排列顺序,可以打开"开始"选项卡,在"排序和筛选"组中单击"取消排序"按钮,如图8-46所示。

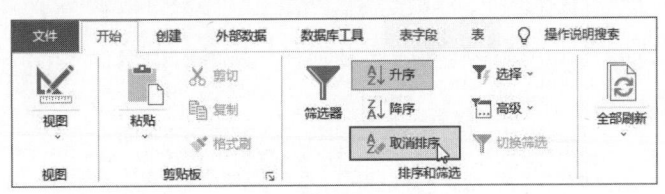

图 8-46

4. 筛选信息

若要在表中筛选出指定信息,可以使用筛选器进行操作。根据字段中数据类型的不同,筛选器中会提供相应的筛选项目。

步骤 01 单击"日期"字段标题中的下拉按钮,在下拉列表中取消勾选"全选"复选框,随后只勾选"星期三"复选框,单击"确定"按钮,如图8-47所示。

177

步骤 02 表中随即筛选出所有"星期三"的数据信息，如图8-48所示。

图 8-47

图 8-48

动手练 根据关键字筛选信息

筛选文本字段时，可以根据关键字进行筛选，例如从"文具销售统计"表中筛选出所有"品名"中带有"笔"的信息。

步骤 01 单击"品名"字段标题中的下拉按钮，在展开的筛选器中选择"文本筛选器"选项，在其下级列表中选择"包含"选项，如图8-49所示。

步骤 02 在"自定义筛选"文本框中输入"笔"，单击"确定"按钮，如图8-50所示。

图 8-49

图 8-50

步骤 03 "文具销售统计"表中随即筛选出所有"品名"中包含"笔"的信息，如图8-51所示。

图 8-51

178

8.5 实训项目

本章主要介绍数据库的相关知识及Access数据库的基本操作，下面利用两个实训练习帮助读者对所学知识进行巩固和消化。

8.5.1 实训项目1：按要求创建数据库

【实训目的】熟练掌握 Access 数据库的创建、保存以及命名方法。

【实训内容】使用新建模板数据库的方法创建数据库。

① 启动Access软件，在"新建"界面选择"行业"模板类型。

② 在搜索到的模板中选择"营销项目"选项，在随后弹出的对话框中单击"创建"按钮，创建所选类型的模板数据库。

③ 打开"文件"菜单，切换到"另存为"界面，保持数据库文件类型为默认的"Access数据库"，单击"另存为"按钮。

④ 弹出"另存为"对话框，选择好文件的保存位置，设置文件名为"产品营销"，单击"保存"按钮，完成模板文档的创建。

8.5.2 实训项目2：将外部数据导入Access

【实训目的】熟悉 Access 数据库的操作界面及功能区，掌握命令按钮及操作选项的使用方法。

【实训内容】导入"员工信息管理"Excel 工作簿中的数据。"实例文件"中提供了相应的练习素材，所有上机练习素材文件均放在"实例文件\附录"文件夹下。

① 启动Access软件，创建一个空白数据库，设置文件名为"员工信息"。使用"外部数据"选项卡中的"数据源"命令，执行"从文件"|Excel命令。

② 打开"获取外部数据-Excel电子表格"对话框，单击"浏览"按钮添加对象的来源。

③ 在"导入数据向导"对话框中设置"第一行包含标题""让Access添加主键"，设置导入的表名称为"员工基本信息"。将Excel工作簿中的内容导入Access数据库的效果如图8-52所示。

图 8-52

第 9 章

计算机网络基础

计算机网络（以下简称网络）是现代信息社会的基础设施，不仅支撑着全球范围内的数据传输与信息交互，还为人工智能的发展提供了坚实的技术支撑。随着网络技术的进步，人工智能逐渐融入网络管理、安全优化、流量预测等领域，使网络更加智能化。本章将介绍计算机网络的基本概念、体系结构及常见网络协议，并重点讲解人工智能在网络中的应用。

9.1 网络基础知识

网络是信息时代的基础设施，它连接全球的计算设备，实现数据和资源的共享。通过网络，计算机可以彼此通信。本节将深入讲解网络的基本概念、发展历程、功能及分类，帮助读者理解网络的组成和工作原理，为后续学习网络协议和设备的使用打下基础。

9.1.1 网络的定义

网络是由多个相互连接的计算设备组成的系统，它们通过通信介质（如电缆、光纤、无线信号等）交换数据和信息。网络可以覆盖小范围（如局域网）或大范围（如广域网），并通过标准的通信协议实现数据传输和资源共享。网络的基本目的是让分布在不同地点的计算机能够有效地互联、交流和协作，满足用户在数据处理、信息传递和资源共享等方面的需求。

网络的定义不仅限于计算机之间的通信，还包括各种网络设备和网络终端。例如，交换机、路由器等网络设备在数据的传输中扮演着关键角色，而网络终端除了计算机外，还包括智能手机、智能家电、智能安防设备、物联网终端设备等。随着技术的进步，网络已经发展成为包括物联网、云计算和人工智能等技术的基础设施，是现代信息社会不可或缺的部分。

9.1.2 网络的出现与发展

计算机刚出现时是孤立运行的，彼此之间没有直接的通信方式。具有现代意义的网络出现在20世纪60年代，美国国防部高级研究计划局（ARPA）为了防止特殊时期中心型网络的中央计算机一旦被摧毁，整个网络会全部瘫痪的情况发生，急于寻求一种没有中央核心的计算机的通信系统。这套特殊的系统中的节点设备之间互相独立，作用级别相同，并且彼此之间可以互相通信。

1969年，ARPA资助并建立的ARPA网络（ARPAnet），将美国西南部的大学University of California Los Angeles（加利福尼亚大学洛杉矶分校）、Stanford Research Institute Research Lab（斯坦福大学研究学院，图中为SRI Research Lab）、University of California Santa Barbara（加利福尼亚大学圣巴巴拉分校）和University of Utah（犹他大学）的4台主要计算机相连，如图9-1所

示，构成了网络的雏形，也是因特网（Internet）的雏形。此后ARPAnet的规模不断扩大，20世纪70年代节点超过60个，主机有100多台。连通了美国东西部的许多大学和科研机构，并通过卫星与夏威夷和欧洲地区的网络互联互通。

按照普遍观点，网络的发展大致经历了4个阶段，各阶段的代表性特点和优缺点如下。

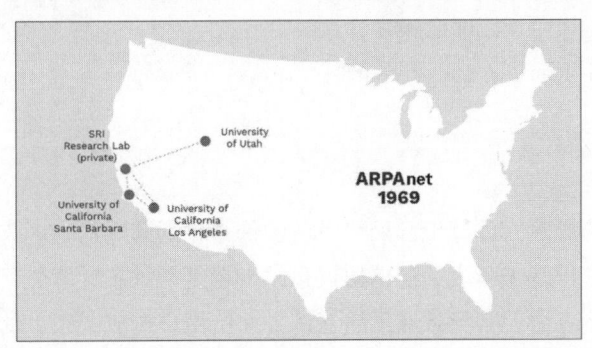

图 9-1

1. 终端远程联机阶段

20世纪50年代中后期，出现了由一台高性能的主机作为数据信息存储和处理的中心设备（也叫中央主机），然后通过通信线路将多个地点的终端连接起来，构成了以单个计算机为中心的远程联机系统，也就是第一代网络。它是以批处理和分时系统为基础构成的一个最简单的网络系统。其中各终端分时访问中心计算机的资源，而中心计算机将处理结果返回对应终端，终端没有数据的存储和处理能力。该拓扑结构如图9-2所示。当时全美国的航空售票系统就采用了该种模式的网络。

知识拓展

拓扑结构

拓扑结构是指网络中各节点和链路的物理布局或逻辑连接方式。它定义了网络中各设备如何相互连接，以及数据如何在网络中传输。通过图形将这种拓扑结构表示出来，就叫拓扑图。拓扑图有助于理解网络，在规划网络及网络故障排查时经常会用到。

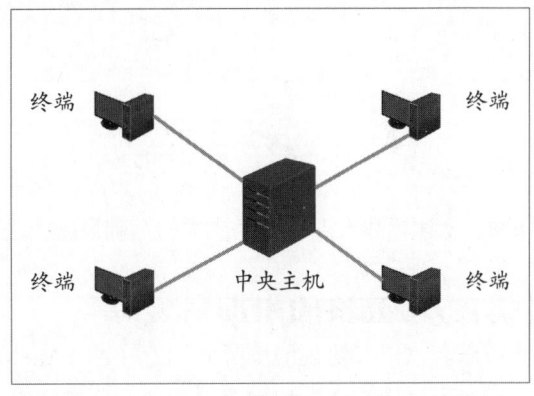

图 9-2

这种结构的网络对中央主机的性能和稳定性要求较高，如果中央主机负载过重，会使整个网络的性能下降。如果中央主机发生故障，整个网络系统就会瘫痪。而且该网络中只提供终端与主机之间的通信，无法做到终端间的通信。但当初的设计目的——实现远程信息处理，达到资源共享的目标已经基本实现。

2. 计算机互联阶段

随着大型主机、程控交换技术的出现与发展，提出了对大型主机资源远程共享的要求。前面介绍的ARPAnet就是在该阶段出现的。该阶段的网络逻辑拓扑结构如图9-3所示。该阶段的网络已经摆脱了中央主机的束缚，多台独立的计算机通过通信线路互联，任意两台主机间通过约定好的"协议"进行通信。此时的网络也称为分组交换网络，多以电话线路以及少量的专用线路为基础。目标是"建立以能够相互共享资源为目的的、互联起来的具有独立功能的计算机的集合体"。

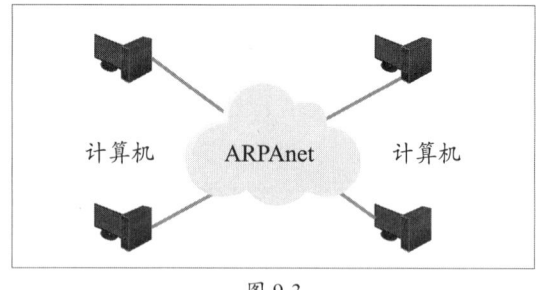

图 9-3

3. 网络标准化阶段

随着计算机技术的成熟，计算机和网络设备的价格也逐渐降低，越来越多的使用者加入到网络中，网络的规模变得越来越大，通信协议也越来越复杂。各计算机厂商以及通信厂商各自为政，自有产品使用自有协议，导致在网络互访方面给用户造成了很大的困扰。1984年，由国际标准化组织制定了一种统一的网络分层结构——OSI参考模型，将网络分为七层结构。在OSI七层模型中，规定了网络设备必须在对应层之间能够通信。网络的标准化大大简化了网络通信结构，让异构网络互联成为可能，如图9-4所示。

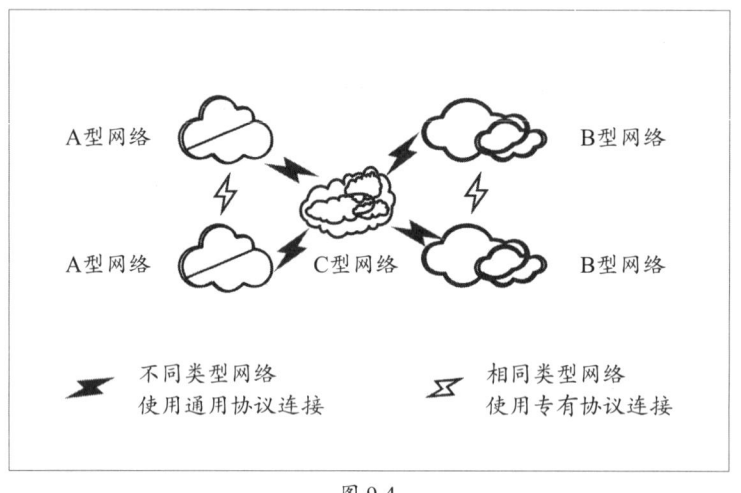

图 9-4

4. 信息高速公路建设

随着TCP/IP协议的广泛应用，在ARPAnet的基础上，形成了最早的Internet网骨干。而后被美国国家科学基金会规划建立的13个国家超级计算机中心及国家教育科技网所代替，后者变成了Internet的骨干网。20世纪80年代末开始，局域网技术发展成熟，并出现了光纤及高速网络技术。20世纪90年代中期开始，互联网进入高速发展的阶段，以Internet为核心的第四代网络出现。第四代网络也可以称为信息高速公路（高速、多业务、大数据量）。随着万维网（World Wide Web，WWW）的诞生以及浏览器的普及，互联网成为人们日常生活的一部分。Web 2.0的出现使得互联网不再是信息的单向传递平台，而是一个互动和参与的空间。社交媒体、电子商务、在线视频等新型应用大量涌现，进一步改变了人们的交流、购物、娱乐方式。

> **知识拓展**
>
> **新时代的网络**
>
> 进入21世纪,随着云计算、大数据、物联网(IoT)等技术的发展,网络不仅仅是数据传输的工具,更成为智能设备互联互通的平台。如今,5G技术的普及加速了移动互联网的发展,并为实时数据传输和智能应用提供了更强大的支持。人工智能与大规模数据分析相结合,也使得网络更加智能化,并渗透到社会各个角落。

9.1.3 网络的功能

网络在现代社会中扮演着至关重要的角色,它不仅实现了信息和资源的共享,还支持各种复杂的应用系统。通过网络,计算机能够互相通信、协作处理任务,并提供高效的服务。网络的基本功能主要包括以下几方面。

(1) 数据传输与通信

网络的核心功能是数据传输,网络终端设备之间通过网络进行信息交换。数据传输可以是单向的(如从服务器到客户端),也可以是双向的(如即时通信)。网络通过不同的传输介质(如电缆、光纤、无线信号等)确保信息在发送端和接收端之间高效、准确地传递。网络协议(如TCP/IP)规定了如何将数据切分、传输、排序和重组,以确保信息的完整性。

(2) 资源共享

网络使得设备和资源共享成为可能。无论是共享打印机、存储设备,还是共享计算能力,网络都能提供高效的资源管理和分配机制。局域网和广域网都允许多台计算机共享网络资源,减少重复投资和管理成本。例如,多个用户可以通过网络访问同一台打印机或共享文件夹,节省了硬件成本。

(3) 远程访问与协作

网络使得远程访问和协作成为可能。无论是远程办公、在线会议,还是跨地域的团队协作,网络都在其中发挥着关键作用。远程桌面、虚拟私人网络(VPN)和云计算服务等技术使用户可以通过网络访问分布在其他各处的计算机和数据,促进了跨地域、跨时区的协作与沟通。此外,网络还支持协同编辑、在线共享和实时交流,极大地提高了工作效率。

> **知识拓展**
>
> **网络云备份**
>
> 为保护用户资料的安全性,现在除了本地备份外,还可以依靠网络的安全性和稳定性进行云备份存储,以预防本地发生灾难时重要数据损坏或丢失。

(4) 提供互联网服务与应用

网络不仅是信息传输的通道,还提供各种应用和服务。例如,电子邮件、即时通信、文件传输、视频会议、在线支付等都依赖于网络的支持。这些服务使人们的工作、学习、娱乐和生活方式发生了根本性的变化。随着智能设备的普及,网络在智能家居、自动化生产和智能医疗等领域的应用也逐步增多。

（5）支持物联网与智能设备

随着物联网的发展，网络开始连接各类智能设备，包括传感器、智能家电、汽车、可穿戴设备等。这些设备通过网络互联，采集、传输并分析数据，实现自动化管理和决策。例如，智能家居系统通过网络控制家中的温控器、灯光、安防摄像头等设备，提升居住舒适性和安全性；物联网的广泛应用将进一步推动网络技术的创新和普及。

（6）提供基础设施支持

网络还为其他信息技术应用提供基础设施支持。云计算、虚拟化技术、数据中心等都依赖于高速、可靠的网络。通过高速的互联网连接，云平台能够提供高效的计算和存储资源，支持大数据分析、人工智能等先进应用。网络基础设施的建设和优化是数字化转型和智能化发展的关键。

（7）提高系统可靠性与访问质量

网络通过负载均衡、冗余设计、容错机制等手段，提高系统的可靠性与访问质量。负载均衡技术能够分配网络流量，防止某一节点过载，确保服务持续可用。冗余网络路径和设备可以在主路径或设备发生故障时自动切换，保证网络的高可用性。通过网络质量监控、流量控制等技术，保证用户在访问时获得稳定、流畅的体验。这些功能对于确保大规模企业级应用、云服务平台以及高性能计算等场景的稳定性至关重要。

9.1.4 网络的组成

通常来说，网络由处于核心的网络通信设备（主要是路由器）、网络操作系统以及各种线缆组成，这种结构叫通信子网，主要目的是传输及转发数据。所有互联的设备，无论是提供共享资源的服务器，还是各种访问资源的计算机及其他网络终端设备，都叫资源子网，负责提供及获取资源。网络的组成结构如图9-5所示。

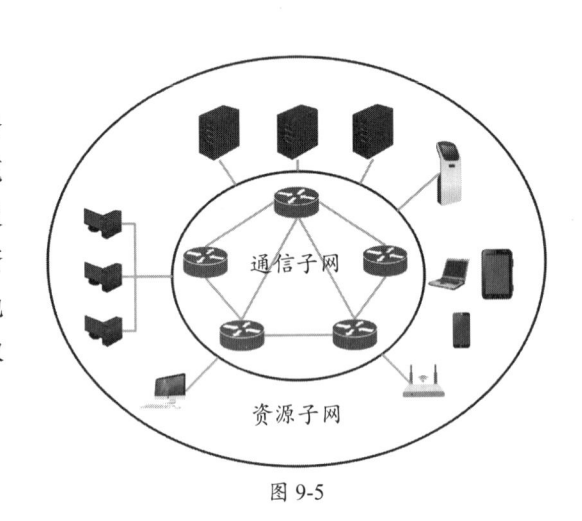

图 9-5

9.1.5 网络的分类

按照不同的标准，网络有不同的分类方法，最常见的是按照网络覆盖范围进行划分，可以将网络分为以下几种。

1. 局域网

局域网是覆盖范围较小的网络（一般指10km以内），通常用于同一建筑物、校园或办公区域内连接计算机及其他设备。局域网的传输速率较高，适用于设备密集的环境中。它通过交换机、路由器等网络设备将各种终端连接起来，支持有线或无线的方式进行数据传输。常见的无线局域网拓扑结构如图9-6所示。局域网的典型应用包括企业内部网络、学校校园网、家庭局域网等。局域网能够提供高速、低延迟的数据传输，广泛应用于小范围的文件共享、打印服务、视频会议等场景。局域网的建设和维护成本相对较低，易于管理，但其覆盖范围有限，无法满足跨越广泛地理范围的需求。

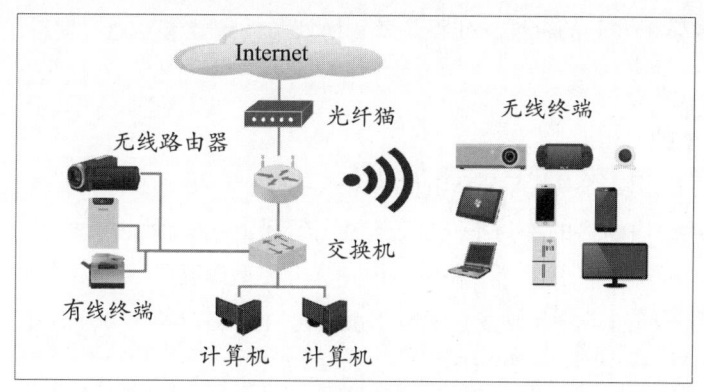

图 9-6

2. 城域网

城域网（Metropolitan Area Network，MAN）指的是覆盖城市级别范围的大型局域网。城域网既可以覆盖相距不远的几栋办公楼，也可以覆盖一个城市；既可以是私人网络，也可以是公用网络。城域网由于采用具有源交换元件的局域网技术，网中带宽较高，传输延时相对较小，传输媒介主要采用光纤、微波以及无线技术。例如某高校在城市中有多个校区或者行政办公位置，通过网络将这些校园网连接起来就形成了城域网，如图9-7所示。城域网的连接距离为10~100km。与局域网相比，城域网扩展的距离更长，覆盖的范围更广，传输速率更高，技术更先进、安全，但实现费用相对较高。

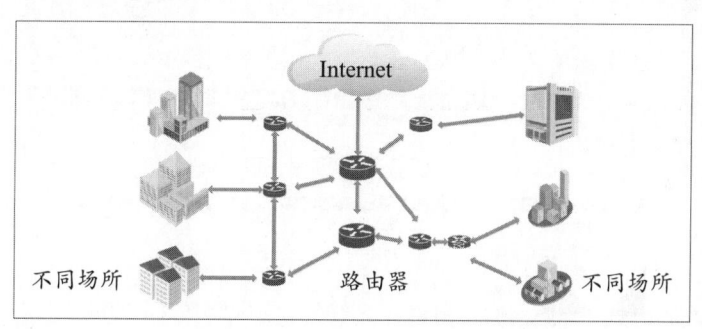

图 9-7

3. 广域网

广域网（Wide Area Network，WAN）也称为远程网。通常跨接很大的物理范围，所覆盖的范围从几十千米到几千千米，它能连接多个城市或国家，或横跨几个洲，并能提供超远距离通信，形成国际性的远程网络。覆盖的范围比城域网更广。广域网的通信子网主要使用分组交换技术，可以利用公用分组交换网、卫星通信网和无线分组交换网。它可以将分布在不同地区的局域网或计算机系统互联起来，达到资源共享的目的。广域网覆盖范围最广、通信距离最远、技术最复杂、建设费用最高。日常使用的Internet就是广域网的一种，也是最大的广域网。

9.1.6 网络体系结构与参考模型

网络体系结构与参考模型为网络的设计和实现提供了系统化的框架。它们通过定义不同层次和各层之间的关系，帮助人们理解网络如何在各层间协同工作。网络体系结构和参考模型为不同厂商和技术提供了共同的标准，使得设备、协议和系统能够互通，促进了全球范围内的网络的互联互通。

1. 认识网络体系结构

　　网络体系结构是指网络中各部分和组件的组织结构，它明确了各功能模块之间的关系与交互方式。网络体系结构的目的是为不同的通信需求提供一个高效、可扩展、可管理的解决方案。常见的网络体系结构有OSI参考模型、TCP/IP参考模型和五层原理参考模型，它们为网络的设计和实现提供了不同的思路和方案。网络体系结构通常分为多个层级，每一层都专注于特定的功能，完成网络通信中的某一部分任务。

2. OSI参考模型

　　OSI参考模型将网络通信分为七层，从物理层到应用层，各层通过特定的协议和接口进行通信，如图9-8所示。网络体系结构的层次划分有助于简化网络协议的设计，提高系统的可扩展性和互操作性。

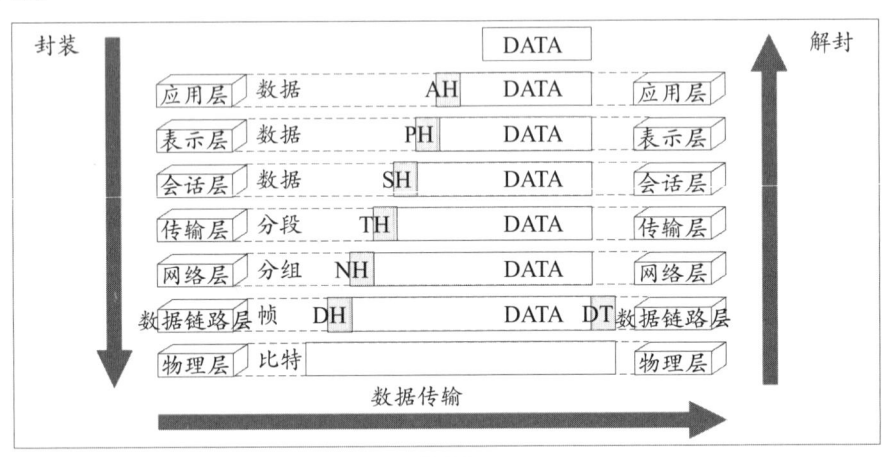

图9-8

- **物理层**：负责传输比特流，通过电缆、光纤等物理介质传递数据。
- **数据链路层**：提供数据帧的传输，并负责错误检测和纠正。
- **网络层**：负责数据包的路由选择和转发，决定数据如何在网络中传输。
- **传输层**：提供端到端的可靠数据传输，确保数据的完整性和顺序。
- **会话层**：管理应用进程之间的通信，建立、维护和终止会话。
- **表示层**：负责数据格式的转换和加密解密等操作。
- **应用层**：为用户提供网络服务，处理应用程序的数据交换。

3. TCP/IP参考模型

　　TCP/IP参考模型是基于OSI参考模型的实际应用和发展，特别是互联网协议栈的实际需求，提出的网络体系结构模型，强调协议的实现与应用。TCP/IP参考模型将网络通信过程划分为四个主要层次，便于用户理解和实现。TCP/IP参考模型的简洁性和灵活性使得它成为互联网发展的核心模型。该模型强调协议的实际应用，通过协议栈的方式组织通信，确保网络连接的稳定性和可扩展性。TCP/IP参考模型广泛应用于全球互联网，大多数现代网络基于TCP/IP协议栈。

OSI参考模型与TCP/IP参考模型的结构对比如图9-9所示。

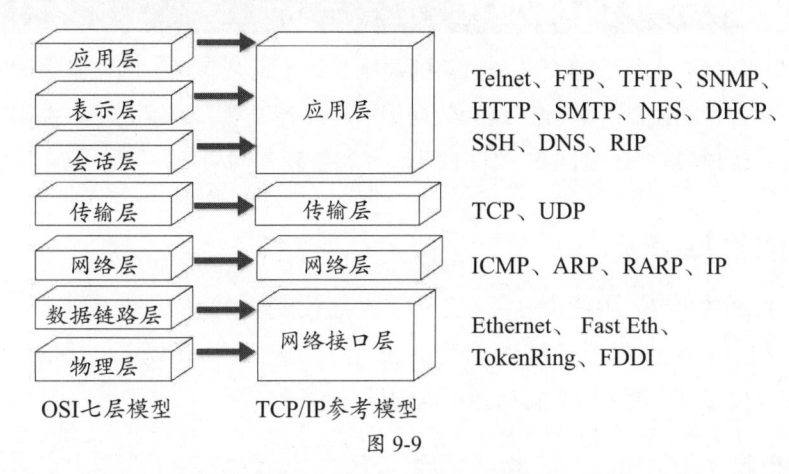

图 9-9

- **网络接口层**：对应OSI参考模型的物理层和数据链路层，负责在物理网络上传输数据。
- **网络层**：对应OSI参考模型的网络层，负责数据包的路由选择和转发。
- **传输层**：与OSI参考模型的传输层相似，提供端到端的可靠数据传输。
- **应用层**：与OSI参考模型的应用层、表示层和会话层功能合并，提供各种网络服务。

> **知识拓展**
>
> **层级之间的对应关系**
>
> 从模型的比较中可以看到，TCP/IP参考模型的网络接口层对应OSI参考模型的物理层与数据链路层，而应用层对应OSI参考模型的会话层、表示层与应用层。这种对应并不是简单的合并关系，而是一种映射关系，通过这种映射简化OSI参考模型分层过细的问题，突出TCP/IP参考模型的功能要点。

4. 五层原理参考模型

OSI参考模型有七层结构，TCP/IP参考模型有四层结构。为了学习完整体系，一般采用一种折中的方法：综合OSI参考模型与TCP/IP参考模型的优点，采用一种原理参考模型，也就是TCP/IP五层原理参考模型。五层原理参考模型与其他参考模型的对应关系如图9-10所示。五层原理参考模型并不是新的模型，而是在TCP/IP参考模型的基础上增加了一层。五层原理参考模型更具有学习价值。

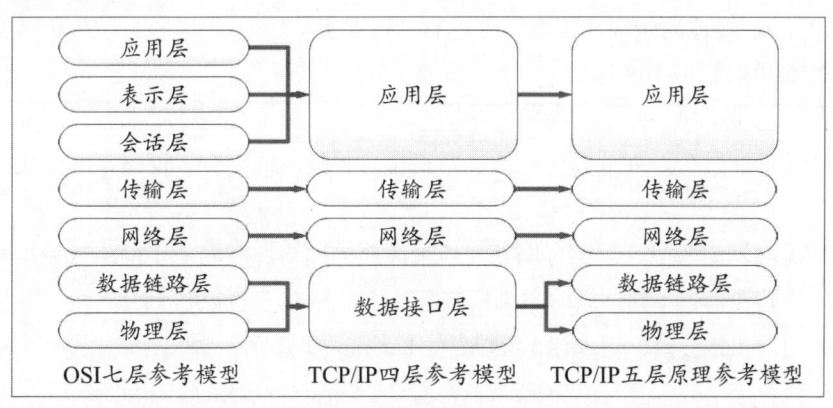

图 9-10

9.2 常见网络协议及应用

网络协议是网络中进行数据交换和通信的规则与约定，是实现不同设备之间相互通信的基础。随着互联网技术的发展，各种协议为数据传输、设备识别、资源共享等提供了可靠保障。无论是IP协议、TCP协议，还是DNS、HTTP协议，都在现代网络中发挥着关键作用。

9.2.1 IP协议

IP协议是TCP/IP协议簇中的重要协议之一，也是互联网中的核心协议之一，负责为网络中的每台设备分配一个唯一的IP地址，并负责数据包的传输。IP协议规定了数据包的格式、传输方式，以及如何根据目标地址将数据送达正确的设备。

1. IP协议的概念

IP是Internet Protocol的缩写，是TCP/IP体系中的网络层协议，是为终端在网络中进行通信而设计的协议，定义了如何在互联网上传输数据包。IP协议为每一个连接到网络中的设备分配一个唯一的地址，并将数据从源设备路由到目标设备。IP协议的作用如下。

- 解决网络互联问题，实现大规模、异构网络的互联互通。
- 分隔顶层网络应用和底层网络技术之间的耦合关系，以利于两者的独立发展。

IP协议是面向无连接的、尽力而为的传输协议。现在的网络设备基本上包括网络层、数据链路层、物理层。不管其他上层协议如何，只需要这三层，数据包就可以在互联网中畅通无阻，这就是TCP/IP协议的魅力所在。IP协议仅是尽最大努力保证包能够到达，至于包的排序、纠错、流量控制等，在不同的体系中都有其对应的解决方案。

2. IP地址

IP地址（Internet Protocol Address）是IP协议的一个重要组成部分，也叫互联网协议地址，又译为网际协议地址。IP地址是IP协议提供的一种统一的地址格式，是用于标识网络设备的唯一标识符，也是互联网通信的基础。它为互联网上的每一个网络和每一台主机分配一个逻辑地址，以此来屏蔽物理地址的差异。每台连接到网络的设备都必须有一个IP地址，以确保数据包能够在复杂的网络环境中正确地传输到目标设备。

最常见的IP地址是IPv4地址，IPv4地址用32位的二进制数表示，被分隔成4个8位的二进制数，也就是4字节。IP地址通常使用点分十进制的形式表示（a.b.c.d），每位的范围是0～255，如常见的192.168.0.1或192.168.1.1。

（1）网络位与主机位

32位的IP地址通过分段划分为网络位和主机位。根据不同划分，网络位与主机位的长度并不是固定的。

- 网络位也叫网络号码，用来标明该IP地址所在的网络，在同一个网络或者网络号中的主机可以直接通信，不同网络的主机只有通过路由器转发才能进行通信。
- 主机位也叫主机号码，用来标识终端的主机地址号码。

（2）IP地址的分类

IP地址是IP协议的一部分，如常见的IPv4地址，Internet委员会定义了5种IP地址类型，以适应不同容量、不同功能的网络，即A～E类，如表9-1所示。

表9-1

A类地址 1～126	0	网络地址（共8位，包括前面的0）					主机号（24位）		
B类地址 128～191	1	0	网络地址（共16位，包括前面的10）				主机号（16位）		
C类地址 192～223	1	1	0	网络地址（共24位，包括前面的110)				主机号（8位）	
D类地址 224～239	1	1	1	0	组播地址				
E类地址 240～255	1	1	1	1	0	保留用于实验和将来使用			

① A类地址。

在IP地址的四段号码中，第一段号码为网络号码，剩下的三段号码为主机号码的组合叫作A类地址。A类网络地址数量较少，有$2^7-2=126$个网络，但每个网络可以容纳主机数高达$2^{24}-2=16777214$台。A类网络地址的最高位必须是0，但网络地址不能全为0，另外A类地址中127网段无法使用，所以A类地址的网络位需要减去2，实际可用的网络地址范围为1～126。另外主机地址也不能全为0和1，所以也要减去2台主机。

> **知识拓展**
>
> **特殊的127网段**
>
> 127网段地址被保留用作回路及诊断地址，任何发送给127.×.×.×的数据都会被网卡回传到该主机用于检测使用，如常用的代表本地主机的127.0.0.1。

② B类地址。

在IP地址的四段号码中，前两段号码为网络号码，后两段号码为主机号码的组合，叫作B类地址。网络地址的最高位必须是10。B类IP地址中网络的标识长度为16位，主机标识的长度为16位。B类网络地址第一字节的取值为128～191。B类网络地址适用于中等规模的网络，有$2^{14}=16384$个网络，每个网络所能容纳的计算机数为$2^{16}-2=65534$台。

> **知识拓展**
>
> **特殊的169.254网段**
>
> 在B类地址中的169.254.0.0也是作为保留地址，不实际使用，在DHCP发生故障或响应时间太长而超出了系统规定的时间时，系统会自动分配该网段的一个地址。如果发现主机的IP地址是该网段的地址，则表示该主机是无法正常连接网络的。

③ C类地址。

在IP地址的四段号码中，前三段号码（24位）为网络号码，剩下的一段（8位）为本地主机号码的组合，叫作C类地址。C类地址的网络地址最高位必须是110，网络地址取值为192～223。C类网络地址数量较多，有2^{21}=2097152个网络。适用于小规模的局域网络，每个网络最多只能包含2^8-2=254台计算机。

④ D类地址。

D类IP地址不分网络号和主机号，被称为多播地址或组播地址。在以太网中，多播地址命名了一组站点，在该网络中可以接收到目标为该组站点的数据包。多播地址的最高位必须是1110，范围为224～239。

⑤ E类地址。

E类地址为保留地址，也可以用于实验，但不能分给主机，E类地址以11110开头，范围为240～255。

（3）外网与内网IP

在互联网上进行通信，每个联网的设备都需要从A、B、C类地址中获取到一个正常的、可以通信的IP地址，这个地址就叫外网地址或公网地址。但是由于网络的飞速发展，需要联网并需要使用IP地址的设备已经不是IPv4地址池所能满足的了。为了满足如家庭、企业、校园等需要大量IP地址的局域网的需求，Internet地址授权机构IANA从A、B、C类地址中各挑选的一部分作为内部网络地址使用，也叫私有地址或者专用地址，也就是常说的内网IP。它们不会在广域网中使用，只具有本地意义。这些内网IP地址如表9-2所示。

表9-2

内网IP地址类别	地址范围
A类	10.0.0.0～9.255.255.255
B类	172.16.0.0～172.31.255.255
C类	192.168.0.0～192.168.255.255

（4）网络地址与广播地址

网络号也叫网络地址，当网络中的某主机地址全为0（二进制表示）时，就代表该主机所在的网络。如C类地址192.168.1.10/24，该主机所在的就是192.168.1.0网络。其中主机地址为192.168.1.1～192.168.1.254。"/24"代表该IP地址的子网掩码。

广播地址就是当主机位全为1（二进制表示）时，例如192.168.1.0/24网络的广播地址就是192.168.1.255。目标为该地址的数据包，网络中的所有主机都可以收到。

（5）子网与子网掩码

为了更好地管理大型网络，可以将一个大的网络划分为若干个小的独立子网。子网就像是一个小区，小区内部的计算机可以互相通信，但是要访问其他小区的计算机则需要通过网关。

子网掩码是表示子网络特征的一个参数。它在形式上等同于IP地址，也是一个32位二进制数，它的网络位全部为1，主机位全部为0。例如，IP地址192.168.100.1，如果已知网络部分是前24位，主机部分是后8位，那么子网络掩码就是11111111.11111111.11111111.00000000，写成十进制就是255.255.255.0。

> **知识拓展**
>
> **无类域间路由**
>
> 无类域间路由（Classless Inter-Domain Routing，CIDR）是一种IP地址分配和路由选择机制，旨在提高IP地址的利用效率，并简化路由表的管理。它也是一种去除了IP地址分类限制的分配机制，允许更灵活的网络划分，不再局限于固定的A、B、C类地址。这种方法可以根据实际需求分配适当数量的IP地址，避免了传统IP地址分类导致的浪费问题。

（6）IPv6

IPv6（Internet Protocol Version 6）是第六版互联网协议，被设计用于代替目前广泛使用的IPv4，以解决IPv4地址耗尽的问题，同时提供更好的网络性能和安全特性。IPv6的最大优势之一是提供极大数量的IP地址（2^{128}个地址），能够支持未来互联网设备的快速增长。IPv6地址由128位组成，每个IPv6地址可以分成8组，每组由4个十六进制数表示，用冒号":"分隔。例如2001:0db8:85a3:0000:0000:8a2e:0370:7334，可以将连续的多个0省略为"::"，但只能省略一次。例如，上面的地址可以简化为2001:db8:85a3::8a2e:370:7334。

动手练　查看设备的IP地址

查看IP地址的方法有很多种，例如在Windows中，可以在"设置"中的"网络和Internet"中查看当前主机的IP地址和其他网络参数，如图9-11所示。也可以通过在命令提示符界面（按Win+R组合键打开"运行"对话框，输入cmd命令，按Enter键后启动该界面）使用ipconfig命令查看，如图9-12所示。

图 9-11 　　　　　　　　　　　图 9-12

9.2.2　TCP协议与UDP协议

TCP协议和UDP协议是位于传输层的两种常见协议，也是TCP/IP协议簇中的重要协议。它们都负责在网络中传输数据，但它们的工作方式和适用场景有显著不同。TCP协议提供可靠、面向连接的服务，UDP协议则提供不可靠、无连接的服务。

1. TCP 协议简介

TCP协议是一种面向连接的、可靠的、基于字节流的传输层通信协议。是为了在不可靠的互联网络上提供可靠的端到端而专门设计的一个传输协议。TCP允许通信双方的应用程序在任何时候都可以发送数据，应用程序在使用TCP传送数据之前，必须在源进程端口与目的进程端口之间建立传输连接。每个TCP连接用双方端口号来唯一标识，每个TCP连接为通信双方的一次进程通信提供服务。TCP协议的特点如下。

- **面向连接**：TCP协议需要在通信双方建立连接之后才能进行数据传输。这种连接是通过三次握手建立的，确保双方都准备好了进行数据传输。
- **可靠传输**：TCP协议提供数据包的可靠传输机制，包括丢包检测、重传机制、超时机制、确认机制等。能确保数据在传输过程中不会丢失或损坏，即使出现问题也能通过重传纠正。
- **流量控制**：TCP协议使用滑动窗口机制和流量控制，确保发送方不会发送超过接收方处理能力的数据。
- **拥塞控制**：TCP协议通过拥塞控制算法（如慢启动、拥塞避免等），防止网络过载或拥塞，确保网络资源被合理利用。
- **数据有序传输**：TCP协议将数据按照字节流的方式进行传输，确保接收方按发送顺序接收数据，避免乱序问题。
- **全双工通信**：TCP协议支持全双工通信，双方可以同时发送和接收数据。

（1）三次握手

TCP协议在数据传输前需要建立可靠的连接。三次握手就是TCP连接建立过程中的一个重要机制，确保双方都准备好了进行数据传输。三次握手的内容如下。

① 客户端发送SYN包：客户端向服务器发送一个SYN包（同步序列号），表示希望建立连接，并包含客户端选择的初始序列号。

② 服务器发送SYN+ACK包：服务器收到SYN包后，向客户端发送一个SYN+ACK包，既表示确认了客户端的连接请求，也包含服务器选择的初始序列号。

③ 客户端发送ACK包：客户端收到SYN+ACK包后，再发送一个ACK包给服务器，表示同意服务器的序列号。至此，三次握手完成，连接建立。

（2）四次挥手

当通信双方都完成了数据传输，需要释放连接时，就会发生四次挥手。过程如下。

① 客户端发送FIN包：客户端先发送一个FIN包给服务器，表示自己不再发送数据了。

② 服务器发送ACK包：服务器收到FIN包后，发送一个ACK包，确认收到客户端的关闭请求。

③ 服务器发送FIN包：服务器也可能还有未发送完的数据，所以它也会发送一个FIN包给客户端，表示自己也不再发送数据了。

④ 客户端发送ACK包：客户端收到服务器的FIN包后，发送一个ACK包确认。至此，四次挥手完成，连接断开。

2. UDP 协议简介

UDP协议是一种简单的、无连接的传输层协议，适用于对传输速度要求较高但不需要严格可靠性的应用。UDP协议是TCP/IP协议簇中的重要部分，和TCP协议不同，UDP协议提供的服务不保证数据传输的可靠性、顺序或完整性，但其传输效率高，延迟低。UDP协议所做的工作也非常简单，在上层数据包中增加了端口功能和差错检测功能，然后将数据包交给网络层进行封装和发送。UDP协议的特点如下。

- **无连接**：UDP协议不需要建立连接（如三次握手）就能发送数据。发送方可以直接把数据包发送给接收方，接收方无须事先准备好接收。
- **不可靠传输**：UDP协议不提供像TCP协议那样的可靠性保证，不会重传丢失的数据包，也不保证数据包按顺序到达。数据可能会丢失、重复或乱序。
- **面向报文**：UDP协议以独立的消息（数据包）的形式发送数据，每个数据包有完整的边界。发送方将数据包一次性发送出去，接收方也一次性接收整个数据包，保持了应用层的报文边界。
- **头部开销小**：UDP协议的头部只有8字节，相比于TCP协议（20字节），UDP协议具有更少的开销，因此数据传输效率高。
- **无流量控制和拥塞控制**：UDP协议不负责管理流量控制，也没有拥塞控制机制，这意味着发送方可以以任意速率发送数据包，而不会考虑网络的负载情况。

3. 进程与端口号

在传输层，数据的传输不再是简单的点对点，而是从一台主机的一个进程传递到另一台主机的某个进程。进程是操作系统中正在执行的程序实例。每个进程都有一个唯一的标识符，称为进程ID（PID）或进程号，用于区分不同的进程。

计算机的操作系统种类很多，不同的操作系统使用不同形式的进程标识符。为了解决这一问题，就需要用统一的方法对TCP/IP体系的应用进程进行标识。这个方法就是使用传输层的协议端口，也叫协议端口号。从逻辑上，可以把端口号作为传输层的发送地址和接收地址，而不需要考虑其他的因素。传输层所要做的，就是将一个端口的数据发送给逻辑接收端的对应接口。

端口号是传输层为每个进程分配的标识符，用于区分主机上不同的进程。每个传输层协议（TCP或UDP）都有16位的端口号，取值范围是0～65535。常见的端口号分为三类。

- **知名端口（0～1023）**：这些端口号通常分配给一些常见的网络服务和应用。例如，HTTP使用端口80，HTTPS使用端口443，FTP使用端口21。
- **注册端口（1024～49151）**：这些端口号分配给特定的用户进程或应用程序，一些服务器应用可能使用这些端口号。
- **动态/私有端口（49152～65535）**：这些端口号通常由客户端进程动态分配，用于短期通信。

4. 套接字

套接字（Socket）是通信的基石，是支持TCP/IP协议的基本操作单元，是对网络中不同主机的应用进程之间进行双向通信端点的抽象。套接字通过"IP地址+端口号"的组合来唯一标识某台主机的某个进程（IP地址标识了设备的网络地址，端口号标识了特定的服务进程）。要通过互联网进行通信，至少需要一对套接字，其中一个运行于客户端，称为Client Socket，另一个运行于服务器端，称为Server Socket。

9.2.3　DNS协议

DNS（Domain Name System，域名系统）是一种将易记的域名（如www.example.com）转换为计算机能够理解的IP地址（如192.168.0.1）的协议。DNS是互联网的关键组成部分，它确保了人们可以使用友好的域名，而不需要记住复杂的IP地址。随着互联网的不断扩展，DNS协议已经成为保证网络通信顺畅的重要技术。

1. DNS协议的原理

DNS协议采用客户端-服务器模型，通过一组分布式的数据库提供域名解析服务。基本的工作流程如下。

（1）域名解析

当用户输入一个域名时，计算机会向DNS服务器发送查询请求，查找该域名对应的IP地址。DNS服务器通过一系列递归查询或迭代查询，返回目标IP地址。

（2）递归查询与迭代查询

在递归查询中，DNS服务器会帮助用户完成所有查询，直到获取目标IP地址。在迭代查询中，DNS服务器只会返回指向其他DNS服务器的地址，用户需要依次向这些服务器发送请求，直到获得最终结果。

（3）缓存机制

为了提高效率，DNS服务器会缓存之前查询过的域名及其对应的IP地址。这种缓存机制能够大大减少重复查询的时间，降低网络延迟。

2. 域名的结构

Internet采用树状层次结构的命名方法，任何一个连接在因特网上的主机，都可以有一个唯一的层次结构的名字，即域名，与其对应。域名的结构由标号序列组成，各标号之间用点隔开，格式为"主机名.二级域名.顶级域名."。各标号分别代表不同级别的域名，层级结构如图9-13所示。

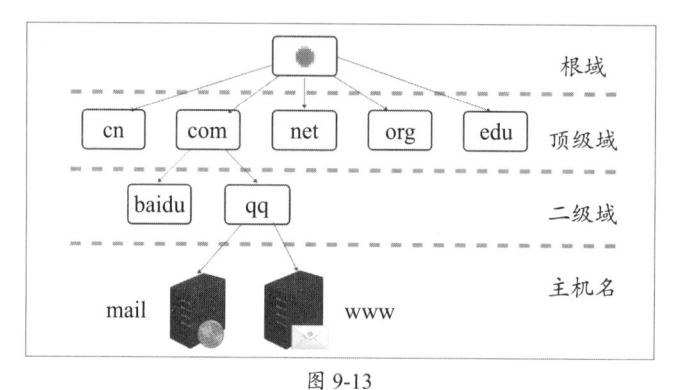

图 9-13

（1）根域及根域服务器

根域由Internet名字注册授权机构管理，该机构负责把域名空间各部分的管理责任分配给连接到Internet的各组织。

> **知识拓展**
>
> **根域名服务器**
>
> 全世界只有13台逻辑根域名服务器（这13台根域名服务器名字分别为A～M，如a.rootservers.net……），分布于多个国家中。在IPv6网络中，又增加了25台IPv6根域名服务器，其中中国会部署4台。

（2）顶级域名

比较常见的顶级域名有com（公司和企业）、net（网络服务机构）、org（非赢利性组织）、edu（教育机构）、gov（政府部门）、mil（军事部门）、int（国际组织）。另外还有国家级别的，如cn（中国）、us（美国）、uk（英国）等。

（3）二级域名

企业、组织和个人可以去申请二级域名，常见的baidu、qq、taobao等，都属于二级域名。

（4）主机名

通过上面的三者就可以确定一个域。通常输入的www，其实是指该域中主机的名字。根据习惯，常常将提供网页服务的主机标识为www；提供邮件服务的叫作mail；提供文件服务的叫作ftp。主机名加上本区的域名就是一个完整域名（FQDN）。

> **知识拓展**
>
> **继续划分域**
>
> 在本区域中还可以继续划分域名，如"test.com"下还可以继续划分"abc.test.com"域（其中的主机就是www.abc.test.com）。只要本地有一台负责继续进行域名解析的DNS服务器，提供域名和相应设备的IP地址转换就可以。

> **知识拓展**
>
> **FQDN**
>
> FQDN是Fully Qualified Domain Name（完全限定域名）的缩写。它是指一个域名在DNS层级结构中，从主机名到顶级域的所有部分的完整表示，并且以一个点作为结尾（通常被省略）。FQDN能够清晰、无歧义地标识互联网上的一个特定主机或资源。

动手练 使用命令进行域名解析

可以在命令提示符中，使用"nslookup 域名"命令将域名解析为IP地址，如图9-14所示。

9.2.4 HTTP/HTTPS协议

HTTP（Hypertext Transfer Protocol，超文本传输协议）和HTTPS（Hypertext

图 9-14

Transfer Protocol Secure，安全超文本传输协议）是现代互联网中最基础、最重要的协议之一，广泛应用于网页浏览、在线购物、社交媒体以及各种Web应用。HTTP协议负责客户端与服务器之间的数据交换，HTTPS则在HTTP协议的基础上加入了加密机制，保障数据的安全性。随着网络安全问题的日益突出，HTTPS已经成为大多数网站的标准协议。

1. HTTP 协议的基本原理

HTTP协议是一个无状态的、面向请求/响应的协议。在HTTP中，客户端（如浏览器）向服务器发送请求，服务器处理请求并返回响应。每一次请求都是独立的，且不保留之前请求的信息。这种无状态的设计简化了协议的实现，但也意味着需要在每次请求时携带所有必要的信息。HTTP请求包括请求方法、请求头、请求体等内容，而服务器的响应包括状态码、响应头、响应体等。HTTP使用明文传输，监听的端口号是80，具有很大的安全隐患。

2. HTTPS 协议的工作原理

HTTPS协议是HTTP协议的加密版，通过SSL/TLS（安全套接字层/传输层安全协议）技术对数据进行加密，确保信息在传输过程中的机密性和完整性。HTTPS使用证书和公钥加密机制，在客户端和服务器之间建立一个安全的加密通道，使得数据无法被第三方窃取或篡改。HTTPS使用端口443进行监听，其工作流程通常包括以下步骤。

① SSL/TLS握手：在通信开始之前，客户端和服务器进行SSL/TLS握手，以协商加密算法和交换密钥。

② 对称加密和公钥加密结合使用：使用对称加密技术加密传输的数据，公钥加密用于密钥交换。

③ 数据验证：通过校验和消息认证码（MAC）确保传输的数据未被篡改。

3. HTTPS 协议的优势

- **数据安全性**：通过SSL/TLS加密，HTTPS保护数据传输过程中的机密性和完整性，防止中间人攻击、窃听、数据篡改等安全问题。
- **身份验证**：HTTPS通过证书验证服务器的身份，确保客户端访问的是合法的服务器，防止钓鱼攻击和伪造网站。
- **SEO优化**：现代搜索引擎（如Google）倾向于优先显示HTTPS站点，因此采用HTTPS可以提高网站的搜索排名。
- **用户信任**：浏览器会显示绿色锁标志，增强用户对网站的信任，尤其在处理敏感信息时（如支付、登录等）。

> **知识拓展**
>
> **HTTP/2和HTTP/3**
>
> 随着互联网技术的发展，HTTP协议也在不断演化。HTTP/2通过多路复用、头部压缩等技术，减少了延迟，提高了数据传输效率。HTTP/2可以在同一连接上并发处理多个请求，避免多次建立连接的开销。HTTP/3基于QUIC（Quick UDP Internet Connections）协议，进一步优化了传输性能，尤其在高延迟网络环境中表现更为优秀。它采用UDP协议而不是TCP协议，以减少连接的延迟，并且更加不易丢包。

9.2.5 FTP协议

FTP（File Transfer Protocol，文件传输协议）是一种用于在计算机之间传输文件的标准网络协议。它在客户端与服务器之间提供双向文件传输功能，广泛应用于文件上传、下载、备份以及网站管理等场景。FTP协议基于客户端-服务器模型，允许用户通过远程连接进行文件管理操作，包括文件上传、下载、删除、重命名等。

1. FTP 的基本原理

FTP协议采用客户端-服务器架构，客户端通过FTP客户端软件与FTP服务器进行通信。客户端发送请求，服务器响应请求并执行相关操作。FTP协议使用TCP/IP协议栈进行数据传输，通常使用21号端口作为控制连接端口，用于建立连接并交换命令。数据传输则通过另一个端口（通常为20号端口）进行。在传输过程中，FTP协议需要管理两个主要的连接。

- **控制连接**：用于发送命令和接收服务器的响应信息，使用21号端口。
- **数据连接**：用于传输文件的实际数据，通常使用20号端口，或者根据客户端与服务器的设置动态分配端口。

2. FTP 的工作模式

FTP协议支持两种工作模式：主动模式和被动模式。这两种模式的主要区别在于控制连接和数据连接的建立方式。

- **主动模式**：在主动模式下，客户端通过21号端口向服务器发起请求，并且客户端将监听一个端口，服务器则通过客户端指定的端口（通常为20号端口）连接客户端并进行数据传输。
- **被动模式**：在被动模式下，客户端请求连接后，服务器开放一个端口供客户端进行数据传输。由于防火墙或NAT（网络地址转换）设备的存在，许多现代FTP客户端和服务器会默认使用被动模式进行通信。

3. FTP 协议的安全性

FTP协议本身并没有对数据传输过程进行加密，这意味着通过FTP协议传输的文件、用户名和密码等敏感信息都是以明文形式传输的。因此，FTP协议存在一定的安全隐患，容易受到中间人攻击和数据窃取。为了解决这个问题，FTP协议出现了两个增强安全性的扩展。

- **FTPS（FTP Secure）**：FTPS是对FTP协议的扩展，采用SSL/TLS加密技术对FTP连接进行加密。FTPS既可以加密控制连接，也可以加密数据连接，确保传输过程中数据的机密性和完整性。
- **SFTP（SSH File Transfer Protocol）**：与FTPS不同，SFTP并非FTP协议的扩展，而是基于SSH（Secure Shell）协议实现的文件传输协议。SFTP通过加密的SSH连接提供更高安全性的数据传输。

4. FTP 与人工智能的结合

随着人工智能（AI）技术的快速发展，FTP协议也可以与人工智能技术结合，提升数据传输的效率和智能化。例如，在大数据和机器学习项目中，海量数据需要上传至云服务器进行处理，人工智能算法可以帮助优化FTP协议的传输过程，自动检测文件传输中的潜在问题，如网络延迟、丢包、带宽波动等，从而提高文件传输的稳定性和效率。此外，人工智能还可以通过分析文件内容和传输日志，自动分类和整理文件，提高数据管理的智能化水平。

9.2.6 其他常见的协议

除了以上介绍的比较重要的协议，在网络中还有很多其他常见的协议。

（1）ARP协议

ARP（地址解析协议）是局域网中用于将IP地址映射到物理硬件地址（MAC地址）的协议。它确保了局域网中的设备能够基于IP地址找到相应的设备。

（2）DHCP协议

DHCP（动态主机配置协议）用于自动为局域网内的设备分配IP地址、子网掩码、网关和DNS服务器等网络配置信息。无须手动为每个设备配置IP地址。

（3）NFS协议

NFS（网络文件系统）协议允许不同主机之间共享文件系统，使得局域网中的计算机可以挂载其他计算机的文件系统，并像本地磁盘一样访问文件。

（4）TFTP协议

TFTP（简单文件传输协议）是一个简单的文件传输协议，它比FTP协议更简单，通常用于局域网中的文件传输，特别是在没有复杂认证机制的情况下。

（5）ICMP协议

ICMP（互联网控制消息协议）用于在网络设备之间传递控制信息，主要用于网络诊断和错误报告（例如，ping命令通过ICMP协议测试主机是否在线）。

> **知识拓展**
>
> **TCPing**
>
> TCPing是一种网络诊断工具，类似于常用的ping命令。但与ping命令使用ICMP协议不同，TCPing是基于TCP协议的。它通过尝试建立TCP连接来检测目标主机上的特定端口是否开放，并测量响应时间。

（6）SNMP协议

SNMP（简单网络管理协议）是一种广泛应用于局域网和广域网的协议，主要用于网络设备的监控和管理。它通过网络上的管理站与受管设备之间的通信，提供网络性能的监控、设备故障的诊断以及配置管理等功能。

（7）电子邮件协议

电子邮件协议是用于在网络中传输和管理电子邮件的标准协议。电子邮件的发送和接收基于不同的协议标准。SMTP：电子邮件发送协议（25号端口）；POP3协议：电子邮件下载协议；IMAP协议：电子邮件接收协议，可支持多种设备，比POP3协议更灵活且强大。

动手练 使用Ping命令测试网络连通性

用户可以在命令提示符界面通过ping命令测试网络连通性，测试到某主机（图9-15）或某网站（图9-16）是否可以通信。命令格式为"ping IP地址/域名"。

图 9-15

图 9-16

9.3 网络与人工智能

随着人工智能技术的不断发展，网络在人工智能应用中的重要性愈加突出。人工智能不仅推动了网络技术的进步，也借助网络平台实现数据处理、智能分析等功能。网络与人工智能的结合为各行各业的运作模式带来了变革，尤其在智能化网络架构、大数据传输、云计算等方面展现出巨大潜力。

9.3.1 网络在人工智能领域的作用

网络技术在人工智能领域的作用至关重要，它为人工智能提供了数据传输、计算支持、实时响应等功能，是实现人工智能应用的基础设施。随着人工智能算法对数据量和计算能力的要求不断提高，网络的作用变得愈加重要。尤其在大规模数据传输、分布式计算和低延迟需求等方面，网络技术为人工智能提供了重要支撑。

（1）数据传输与存储

网络为人工智能提供了高速数据传输通道，尤其是在大数据的传输与存储方面，支持人工智能算法从各种数据源（如物联网设备、传感器、云计算平台等）收集大量数据。通过高效的网络，人工智能可以获取实时数据并进行快速分析，促进智能决策的及时性和准确性。

（2）分布式计算支持

在人工智能训练和推理过程中，大量的计算任务通常需要分布式计算资源的支持。网络通过为多个计算节点提供连接，使得人工智能可以在分布式环境中进行高效计算。特别是在深度学习模型训练中，借助分布式计算，人工智能可以处理更大的数据集和更复杂的模型。

（3）边缘计算与低延迟处理

网络技术与边缘计算的结合，使得人工智能能够在网络的边缘节点进行计算处理，从而减少数据传输延迟。尤其在需要实时响应的应用（如自动驾驶、智能监控、物联网等）中，边缘计算可以在本地处理数据，避免将数据传输到远程数据中心，从而大幅提升系统的响应速度和实时性。

> **知识拓展**
>
> **多接入边缘计算（MEC）与网络智能化**
> MEC将计算资源推向网络边缘，结合人工智能能够提供低延迟和高效的数据处理，特别适用于实时应用和5G网络。

（4）智能网络管理

随着网络规模和复杂度的增加，人工智能也被引入网络管理中，以提高网络的智能化水平。人工智能可以通过网络监控和数据分析，自动优化网络流量、故障诊断、流量预测等。通过机器学习和深度学习，人工智能能够自适应地调整网络配置，提升网络的稳定性与效率。

9.3.2 人工智能对网络技术的影响

人工智能的快速发展正在深刻改变网络技术的面貌，推动网络向智能化、自动化方向发展。人工智能的引入，不仅优化了网络的管理和运营，还在网络的设计、性能提升、问题解决等方面发挥着重要作用。通过数据分析、预测模型和自适应算法，人工智能使网络更加高效、灵活、稳定，并能够自动处理复杂的网络任务。以下是人工智能对网络技术的几个重要影响。

（1）网络自动化与自愈能力

传统的网络管理往往依赖于人工干预，容易受到人为错误或延迟的影响。通过人工智能的引入，网络管理过程得到了极大的自动化支持。人工智能能够实时监控网络状态，自动识别潜在问题，并根据预设的策略或自学习算法进行修复或优化，从而提升网络的可靠性和自愈能力。智能化网络管理不仅提高了运维效率，还减少了人为错误带来的风险。

（2）网络流量预测与优化

网络流量的激增对网络性能提出了更高要求。人工智能通过对历史流量数据的深度分析，能够预测未来流量的变化趋势，从而实现网络的智能优化。人工智能能够根据流量预测自动调整带宽分配、流量调度等策略，确保网络在高负荷下仍然稳定运行。智能流量管理不仅提高了网络的利用率，还减少了资源浪费。

（3）智能网络安全

网络安全是一个日益严峻的挑战，传统的安全防护手段已难以应对复杂的安全威胁。人工智能通过机器学习算法，可以快速检测到异常行为、入侵迹象或病毒活动，并作出响应。人工智能能够识别出未知的攻击模式，并实时防御。通过深度学习，人工智能还能够从大量的网络安全数据中提取出规律，提升网络防护的预测能力和响应速度，构建更智能的安全防线。

（4）网络拓扑优化与自适应配置

人工智能在网络拓扑结构的优化中也发挥了重要作用。人工智能可以根据网络的实际负载、设备状态等因素，自动调整网络架构和配置，以提高网络的性能和效率。通过机器学习，人工智能能够不断分析网络运行的瓶颈和问题，实时调整路由、交换、流量分配等参数，确保网络始终处于最佳状态。

（5）增强的网络虚拟化能力

网络虚拟化技术在人工智能的帮助下得到了进一步发展。人工智能通过分析网络资源的使用情况、需求变化等因素，能够动态调整虚拟网络的资源分配，并优化虚拟网络的配置。人工智能还能够对虚拟网络的性能进行实时监控，发现潜在问题并及时进行修复，提升虚拟化网络的灵活性和可靠性。

（6）智能化网络服务提供

随着人工智能的广泛应用，传统网络服务提供商正在向智能化服务转型。人工智能技术可以通过分析用户行为、服务请求、网络状态等信息，智能化地分配资源，提升服务质量。在内容分发、智能流量管理、自动故障排除等方面，人工智能都能提供精准、高效的服务，提升用户体验。

9.3.3　人工智能在网络中的应用

人工智能正在各领域迅速发展，并且在网络技术中的应用也逐渐扩展。下面介绍几类人工智能技术在网络中的应用。

（1）网络故障预测与自动修复

网络故障常常导致服务中断或性能下降。传统的网络故障诊断方法往往依赖人工操作，修复过程耗时且不够精确。通过人工智能，网络可以实现自动故障诊断与预测。人工智能可以通过分析网络设备的历史数据和实时数据，识别潜在的故障风险，并提前进行预警。人工智能还能够根据故障类型自动进行修复，减少人工干预，提高网络的自愈能力。

（2）智能网络配置与优化

网络配置是确保网络稳定运行的关键，而传统的手动配置过程烦琐且容易出错。人工智能通过自动化的配置管理和优化技术，能够根据网络状态自动调整设备配置。人工智能还能够通过分析网络使用情况自动发现性能瓶颈，进行动态配置调整，以优化网络资源的使用。这种智能化的配置管理，不仅提升了网络的效率，还减少了人工干预的风险。

（3）边缘计算与人工智能结合

边缘计算通过将计算任务推向网络的边缘节点，减少数据传输的延迟，并提高处理速度。在边缘计算中，人工智能可以发挥重要作用。人工智能能够对边缘设备的数据进行实时分析，快速作出响应，减少对中心服务器的依赖。边缘计算与人工智能的结合，使得网络可以更加智能地处理数据，从而在智能制造、自动驾驶、智能医疗等领域提供低延迟、高可靠性的服务。

（4）智能内容分发与加速

在现代网络中，尤其是内容分发网络（CDN）中，人工智能被用来优化内容分发过程。通过分析用户的访问行为、地理位置和网络状况，人工智能能够智能地选择最优的内容分发路径，以提高用户体验。人工智能还可以预测网络负载和用户需求，动态调整内容缓存和分发策略，确保内容快速且稳定地传输到用户端。

9.4 实训项目

了解网络的原理后，下面通过常见的实训案例了解网络测试的常用软件、命令及方法。为了更好地了解网络各种协议的工作过程，还会介绍如何使用抓包工具来抓取网络包并进行分析。

9.4.1 实训项目1：使用TCPing检测目标的存活性

【实训目的】了解 TCPing 的原理，掌握 TCPing 工具检测目标存活性的方法。

【实训内容】

① 下载"TCPing64.exe"工具，将其放置在"C:\Windows\System32"目录中。

② 在Windows搜索栏中输入cmd命令，调出"命令提示符"窗口，使用"tcping64 目标主机IP/域名"命令检测目标是否存活（或与目标的连通性），结果如图9-17所示。

图 9-17

9.4.2 实训项目2：使用Wireshark抓取分析网络流量包

【实训目的】通过抓包工具 Wireshark 抓取网络中的流量包，通过查看流量包的结构信息，了解其使用的各种网络协议及关键的网络参数。

【实训内容】

① 下载Wireshark，安装或使用绿色版本。

② 启动该程序，选择侦听的网卡后启动抓包功能。等待一段时间后停止抓包，查看某数据包的内容，如图9-18所示。

③ 使用命令筛选出符合条件的所有数据包。

④ 使用追踪功能查看TCP的连接过程。

图 9-18

▶ 第 10 章

局域网与互联网技术

随着信息技术的快速发展，局域网与互联网技术已经成为现代社会信息交互的核心支撑。局域网主要用于构建封闭环境中的高效通信系统，互联网则连接全球各地，实现跨地域的信息共享和数据交换。在人工智能、大数据和云计算的推动下，网络技术的智能化、自动化程度不断提高，为各行业的数字化转型提供了重要保障。

10.1 认识局域网

局域网（Local Area Network，LAN）是最常见的网络类型之一，能够提供高速的数据传输和低延迟的通信服务，广泛应用于企业、学校、家庭等场景中。在人工智能和大数据时代，局域网不仅支持日常办公和信息传输需求，还为高效的计算资源共享、设备互联和数据处理提供基础设施。理解局域网的基本概念、结构和组成，是深入了解网络以及提升信息系统可靠性的关键。

10.1.1 局域网的定义

局域网是一种在相对小的地理区域内，如单一建筑物、办公区域、校园或家庭内，连接计算机及其他网络设备的网络。局域网的目的是实现设备之间的快速数据交换和资源共享。与广域网（WAN）和城域网（MAN）不同，局域网的覆盖范围通常较小，传输速率较高，延迟较低，适合需要高效传输的局部环境。

局域网可以通过有线和无线两种方式连接设备。典型的有线局域网使用以太网技术，通过网线和交换机将计算机和其他设备连接在一起；无线局域网（WiFi）则通过无线信号连接设备，提供灵活的接入方式。

局域网的建设成本较低，且易于扩展和管理，因此被广泛应用于各种场景中，如企业、学校、医院等。随着智能设备的普及，局域网的应用场景也越来越广泛，包括物联网设备的连接和人工智能设备的数据交换。

10.1.2 局域网的拓扑结构

局域网的拓扑结构是指网络中各设备之间的连接方式，它决定了数据传输的路径、网络的效率以及网络故障的影响范围。选择合适的拓扑结构对于提高局域网的性能、可靠性和扩展性至关重要。常见的局域网拓扑结构包括总线型拓扑、星状拓扑、环状拓扑、树状拓扑等，每种结构有其适用的场景和优缺点。

1. 总线型拓扑

总线型拓扑使用一条主干线将所有设备连接在一起。所有设备通过共享这条主干线进行通信，如图10-1所示。数据传输时，信号沿着主干线传播，所有设备都接收到信号，但只有目标设备会处理该信号。

总线型网络适合小型局域网，布线较为简便，节省成本。网络中设备的数量较少时，主干线的负担较轻，因此能保持较高的传输速率。随着设备数量的增加，主干线的带宽容易出现拥塞，数据传输速率降低。特别是当多个设备同时发送数据时，会产生冲突，造成延迟。如果主干线发生故障，可能导致整个网络无法正常运行。所有设备都依赖同一条传输介质，主干线的任何问题都可能导致通信中断。

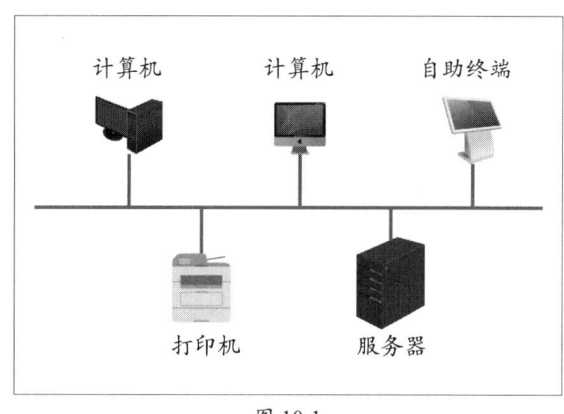

图 10-1

> **知识拓展**
>
> **总线型网络的应用**
>
> 总线型网络现在的应用较少，但也有其适用环境。例如，电力猫就是使用家庭中的强电电缆进行数据传输的设备，使用的就是总线型网络，方便在没有铺设网线的家庭中使用。

2. 星状拓扑

星状拓扑是最常见的局域网拓扑结构，如图10-2所示。在这种结构中，所有设备都通过一台中心设备（如交换机或集线器）连接。每个设备与中心设备建立独立的连接，数据在设备间传输时会通过该中心设备转发。

新增设备只需要与中心设备连接即可，便于维护和升级。由于设备之间的连接都集中在中心设备，网络结构清晰、易于管理，管理员可以轻松地监控和配置网络。如果某个设备出现故障，不会影响其他设备的正常运行。即使某个终端出现问题，中心设备的正常运行也会确保网络大部分功能不受影响。中心设备出现故障时，会导致整个网络瘫痪。因此，中心设备的可靠性非常关键，通常需要高性能且具备冗余备份功能的设备，以减少故障带来的影响。

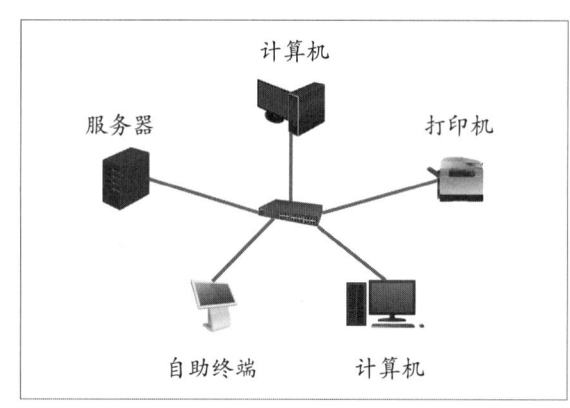

图 10-2

3. 环状拓扑

环状拓扑的特点是所有设备以闭合环路的方式相互连接，如图10-3所示。数据在环路中沿一个方向传递，每次数据传输都会经过每个设备，直到到达目标设备。其典型代表是令牌环局域网。

图 10-3

在环状拓扑中，数据传输的路径是固定的，数据传递迅速，不易出现延迟。每个设备仅负责处理其接收到的数据，因此不会产生竞争的情况，传输过程较为顺畅。若环路中的设备或连接出现故障，整个网络的传输将被中断，需要特殊的故障恢复机制。为了解决这一问题，通常使用双向环路或备用路径来保证网络的稳定性。每个设备的数据处理负载均等，有利于网络的负载均衡。在数据传输过程中，所有设备的负载相对平衡，减少了数据传输时的瓶颈。

4. 树状拓扑

树状拓扑是星状拓扑和总线型拓扑的结合，呈现分支结构。在树状拓扑中，多个设备通过多个中心设备（如交换机）连接，形成一个层级化的网络结构，如图10-4所示。树状拓扑属于分级集中控制结构，在大中型企业中比较常见。

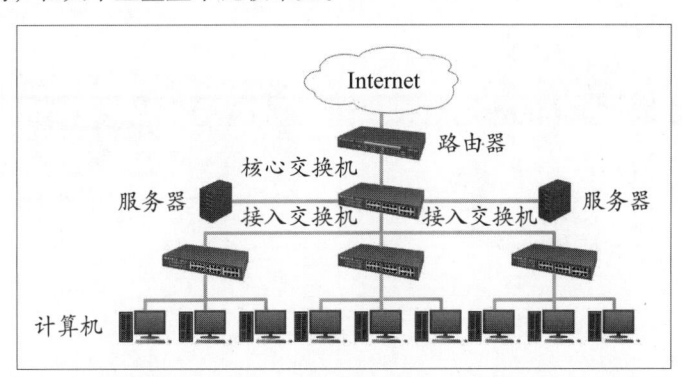

图 10-4

树状拓扑适合大规模网络设计，能够提供较好的可扩展性。由于树状拓扑采用分层结构，设备可以分布在多个层次中，避免了单一层次中设备过多的问题。如果树的根节点发生故障，可能会导致整个网络的通信中断，因此需要冗余设计以增强可靠性。冗余路径的使用能保证根节点发生故障时网络依然能继续运作。通过添加新的分支节点，可以方便地扩展网络。树状拓扑具备较高的灵活性，适合需要频繁扩展的组织或机构。

> **知识拓展**
>
> **混合型拓扑**
>
> 混合型拓扑是将两种或多种基本拓扑结构结合起来的方式。它通常用于大型或复杂的网络中，以兼顾不同拓扑的优点。

10.1.3 局域网的组成

局域网由多个设备和组件组成，这些设备和组件通过不同的传输介质和通信协议实现信息的传输与共享。局域网的组成不仅包括硬件设备，还涉及软件和配置方面的内容。局域网的高效运行依赖于这些组成部分的紧密配合与协作。以下是局域网的主要组成部分。

1. 网络设备

网络设备用于连接和管理局域网中的所有设备，确保数据能够高效、可靠地在网络中传输。主要的网络设备包括路由器、交换机、网卡等。

（1）路由器

路由器又称为网关，是网络层最常见的设备，也是互联网的枢纽设备。它会根据网络的情况自动选择和设定路由表，以最佳路径、按前后顺序发送数据包。根据不同的用途和使用环境，路由器可以分为以下两类。

- **接入级路由器**：生活中常见的一种路由器，一般带有无线上网功能，叫作无线路由器，如图10-5所示。主要在家庭或小型企业中带机量不多的情况下使用。可以使用PPP拨号连接网络，另外接入级路由器还提供实用的管理功能。

- **企业级路由器**：主要用在各种大中型企业局域网中，如图10-6所示，其主要目标是路由和数据转发，并且进一步要求支持QoS、组播、多种协议、防火墙、包过滤以及大量的管理和安全策略等。

图 10-5 　　　　　　　　　　图 10-6

（2）交换机

交换机是局域网经常使用的另一种设备，主要作用是负责有线终端设备的网络接入，并负责在接入的设备之间高速传输数据，间接实现共享上网的目的。交换机一般在有很多有线终端设备需要联网的情况下使用。在家庭中有线设备较少，可以使用小型路由器自带的接口接入，或者购买接口较少的小型交换机，如图10-7所示。而企业中需要联网的有线设备非常多，必须使用带有大量接口的交换机才能满足要求，如图10-8所示。企业局域网内部的通信更多，数据交换量更大，所以在交换机的选择上，还需要满足更强的数据交换性能以及可控的要求等。

图 10-7 　　　　　　　　　　图 10-8

（3）网卡

网卡也叫网络接口卡或网络适配器，是所有需要在网络上进行通信的设备必须使用的硬件。网卡属于数据链路层的设备，不仅能实现与局域网传输介质之间的物理连接和电信号匹配，还涉及帧的发送与接收、帧的封装与拆封、介质访问控

图 10-9 　　　　　图 10-10

制、数据的编码与解码以及数据缓存的功能等。网卡的形式有很多，例如常见的大部分终端设备的网卡芯片都集成在电路板上，无线终端通过隐藏的天线进行无线通信，有线终端则通过网络接口通信。计算机除了支持集成的有线和无线网卡进行通信外，还支持扩展的PCI-E接口网卡和USB接口网卡，如图10-9和图10-10所示。

知识拓展

防火墙

防火墙用于保护网络，也可以作为网关设备。防火墙分为硬件防火墙和软件防火墙，有些和网关设备集成在一起。

2. 网络终端设备

网络终端设备是局域网中的用户设备，包括计算机、智能办公设备、智能家居设备、智能安防设备、智能手机等。终端设备是局域网的核心，它们直接与网络中的其他设备进行通信与交互。

3. 网络传输介质

网络传输介质是用于传输网络信号的物理介质，主要有有线传输介质和无线传输介质。传输介质的选择会直接影响局域网的性能、可靠性和建设成本。

（1）双绞线

双绞线也称为网线，是当前局域网主要的有线传输介质，因其8根线两两缠绕在一起而得名。双绞线通过缠绕抵消单根线产生的电磁波，也可以抵御一部分外界的电磁波，从而降低信号的干扰，提高线缆对电子信号的传输能力和稳定性。

双绞线具有8种不同的颜色，每一根都由中心的铜制导线和外绝缘保护套组成。双绞线由于造价低廉、传输效果好、安装方便、易于维护，被广泛使用在各种局域网中。常见的双绞线分为非屏蔽双绞线（图10-11）与屏蔽双绞线（图10-12）两大类。

现在比较常用的双绞线标准有超五类双绞线（100Mb/s，线材较好、距离较短的情况可以达到1000Mb/s）、六类双绞线（1000Mb/s）、超六类双绞线（10000Mb/s或10Gb/s）、七类双绞线（10Gb/s，七类及以上只有屏蔽）以及八类网线（有25Gb/s和40Gb/s的标准）。

图 10-11  　　　　　图 10-12

> **知识拓展**
>
> **双绞线线序**
>
> 双绞线标准中应用最广的是ANSI/EIA/TIA-568A和ANSI/EIA/TIA-568B。现在最常使用的线序是T568B，线序为橙白-橙-绿白-蓝-蓝白-绿-棕白-棕。双绞线两端都按照统一的标准制作，连接设备后就可以通信。

（2）光纤

双绞线是电子信号传输的载体，而光纤是光信号的载体。光纤是光导纤维的简称，是一种由玻璃或塑料制成的纤维，可作为光传导工具。光纤传输原理是"光的全反射"，可以保证光信号的稳定性，且没有较大的衰减，所以可以进行超远距离数据传输。光纤的优势是容量大、损耗低、重量轻、抗干扰能力强、环保节能、工作稳定可靠、成本低。由于光纤的特点，在近年来被大规模使用，而且不仅仅在主干线路中使用，FTTH将光纤引到了用户家中。根据传输模式，光纤可以分为单模光纤和多模光纤两类。

（3）同轴电缆

同轴电缆最早用于总线型局域网中，作为网络主干。由于其性价比较低，现在只在一些特殊场景中使用。同轴电缆本身由中间的铜质导线（也叫内导体）、外面的导线（也叫外导体），以及两层导线之间的绝缘层和最外面的保护套组成。有些外导体做成了螺旋缠绕式，叫作漏泄同轴电缆。有些做成了网状结构，且在外导体和绝缘层之间使用铝箔进行隔离，就是常见的射频同轴电缆。

4. 通信协议

通信协议是局域网中各设备之间进行信息交换的约定，定义了数据传输的格式、顺序和错误处理等规则。局域网常见的主要协议如下。

- **Ethernet协议**：Ethernet（以太网）是局域网中最常用的通信协议，适用于大多数局域网的组建。Ethernet协议定义了数据帧的格式、网络访问控制以及数据传输速率等。
- **TCP/IP协议**：TCP/IP协议是局域网中应用最广泛的网络协议，特别是在互联网和局域网的互联中，提供可靠的、面向连接的数据传输服务。
- **WiFi协议**：WiFi（无线保真）协议用于无线局域网，它支持无线设备的接入和数据传输，适用于无缝的移动连接。

> **知识拓展**
>
> **应用协议**
>
> 常见的应用层协议有FTP、SMTP、HTTP、HTTPS、DNS等。

5. 网络操作系统与管理软件

网络操作系统和管理软件是局域网中的重要组成部分，用于设备的管理、数据的共享以及网络安全的控制。

- **网络操作系统**：如Windows Server、Linux等，它们提供设备的连接管理、资源共享、权限控制等功能。
- **管理软件**：局域网中的管理软件用于监控网络设备的运行状态、检测网络故障、流量分析以及优化网络性能。通过集中管理，可以提高网络的可靠性和安全性。

10.1.4 无线局域网简介

无线局域网（WLAN）是局域网的一种形式，使用无线电波而非有线介质进行数据传输，使得设备可以在一定范围内自由连接并进行数据交换。无线局域网的引入打破了传统有线网络的限制，提供更大的灵活性和移动性，尤其适用于那些需要高度便捷和快速部署的环境。WLAN广泛应用于家庭、办公室、商场、机场等处，为用户提供无缝的网络连接。

> **注意事项** | **WiFi与WLAN** |
>
> WiFi是一种可以将个人计算机、手持设备（如PDA、手机）等终端以无线方式互相连接的技术。WLAN是工作于2.5GHz或5GHz频段，以无线方式构成的局域网，简称无线局域网。从包含关系上来说，WiFi是WLAN的一个标准，WiFi包含于WLAN中，属于采用WLAN协议的一项技术。WiFi的覆盖范围可达90m，WLAN最大可以到5km。WiFi无线上网比较适合智能手机、平板电脑等智能型数码产品。

1. 无线局域网的特点

无线局域网相较于有线局域网具有一些独特的优势和局限性。
- **灵活性与便捷性**：无须依赖物理线路，可以提供更大的灵活性，用户可以在不受限制的地方接入网络。这对需要频繁移动或在不固定位置工作的用户尤为重要。
- **快速部署**：可以迅速部署，减少布线的复杂性和成本。尤其是在新建建筑物或临时场所，WLAN是非常理想的解决方案。
- **覆盖范围受限**：尽管无线网络在设备接入方面具有较强的灵活性，但信号的覆盖范围和质量会受到无线干扰、建筑结构等因素的影响。
- **带宽与稳定性**：无线网络的带宽通常低于有线网络，特别是在高用户负载的情况下，可能出现网络速度下降或连接不稳定的问题。

2. 无线局域网的工作模式

常见的无线局域网的工作模式有如下几种。

（1）对等网

对等网也叫Ad-Hoc，由一组有无线网卡的计算机或无线终端设备组成，如图10-13所示。这些计算机以相同的工作组名、ESSID和密码相互直接连接，在WLAN的覆盖范围之内，进行点对点或点对多点通信。

> **知识拓展**
>
> **BSSID与ESSID**
>
> BSSID指接入点的MAC地址，不可修改。ESSID就是常说的SSID，可以修改。SSID用来区分不同的无线网络，最多可以有32个字符。通过无线信号扫描可以发现AP发出的SSID号，为了安全起见，可以隐藏无线网络的SSID号。

（2）基础结构网络

基础结构网络是用户日常接触最多的网络类型，在基础结构网络中，具有无线网卡的计算机或无线终端设备以无线接入点（无线AP）为中心，通过无线网桥、无线接入网关、无线接入控制器和无线接入服务器等将无线局域网与有线网络连接起来，组建多种复杂的无线局域网接入网络，实现无线移动办公的接入。任意站点之间的通信都需要使用无线AP转发，终端也使用AP接入网络。

（3）桥接模式

桥接模式也可以叫混合模式。如图10-14所示，AP和节点1之间使用基础结构的网络，而节点2通过节点1开启的无线连接功能间接连接AP。例如常见的笔记本电脑或智能手机通过其他无线终端设备开启的热点连接到网络。

图 10-13

图 10-14

（4）Mesh组网

Mesh网络即"无线网格网络"，是一种"多跳（multi-hop）"网络，由Ad-Hoc网络（对等网）发展而来。Ad-Hoc网络中的每一个节点都是可移动的，并且能以任意方式动态地保持与其他节点的连接。无线Mesh能够与其他网络协同通信，形成一个动态的、可不断扩展的网络架构，并且在任意两个设备之间均可保持无线互联。

3. 无线局域网的标准

现在的WLAN主要以IEEE 802.11为标准，定义了物理层和MAC层规范，允许无线局域网及无线设备制造商建立互操作网络设备。基于IEEE 802.11系列的WLAN标准共20多个标准，最早的IEEE 802.11标准发布于1997年，支持2.4 GHz频段的无线通信，最大传输速率为2Mb/s。由于传输速率较低，实际应用很少。随后进行了改进和扩展，直到现在的最新标准WiFi 7。其中802.11a、802.11b、802.11g、802.11n、802.11ac、802.11ax和802.11be是其中有代表性的协议。各标准的有关数据如表10-1所示。

表10-1

协议	工作频率	兼容性	理论最高速率	发布时间
802.11a	5GHz		54 Mb/s	1999年
802.11b	2.4GHz		11 Mb/s	1999年
802.11g	2.4GHz	兼容802.11b	54 Mb/s	2003年
802.11n	2.4GHz/5GHz	兼容802.11a/b/g	600 Mb/s	2009年
802.11ac	5GHz	兼容802.11a/b/g/n	1.Gb/s以上	2013年

（续表）

协议	工作频率	兼容性	理论最高速率	发布时间
802.11ax	2.4GHz/5GHz		9.6Gb/s	2019年
802.11be	2.4GHz/5GHz/6GHz		46Gb/s	2024年

WiFi 7是基于IEEE 802.11be标准的新一代无线局域网技术，给用户带来更高的传输速率、更低的延迟以及更好的网络性能。它的目标是显著提升现有WiFi网络的带宽和容量，以满足日益增长的高带宽需求，如8K视频、虚拟现实（VR）、增强现实（AR）、云游戏等。

4. 无线局域网的频段

工作频段是指WLAN工作时使用的无线电波的频率，单位为Hz。WLAN的工作频段主要集中在2.4GHz和5GHz，最新的标准还引入了6GHz频段。每个频段的特点不同，适用于不同的应用场景。WLAN常见的工作频段和特点如下。

（1）2.4GHz频段

范围为2.4～2.4835GHz，2.4GHz频段的信号可以更好地穿透墙壁和障碍物，适合在覆盖范围较大的环境中使用。但由于2.4GHz频段还被许多其他设备（如微波炉、蓝牙设备、无线电话）使用，容易受到干扰。信道数量较少且信道间有重叠，容易导致信道拥塞。

（2）5GHz频段

范围为5.15～5.725GHz（不同国家或地区有所差异）。5GHz频段支持更多信道和更高的带宽，传输速率更高，适合高清视频流媒体、在线游戏等高带宽应用。相比2.4GHz，5GHz频段受到的干扰较少，因此网络性能更加稳定。5GHz频段有更多的非重叠信道，可减少干扰。但5GHz信号的穿透能力较弱，覆盖范围较小，适合在没有太多障碍物的环境中使用。

（3）6GHz频段

6GHz频段是WiFi 6E和WiFi 7引入的新频段，旨在提供更大的带宽和更低的干扰。6GHz频段能提供更多的非重叠信道，进一步提升传输速率和网络容量，适合未来的高密度设备环境和应用。由于6GHz频段的信道数量更多，干扰较少，网络拥塞现象更少，延迟更低，适用于实时应用（如VR、AR和云游戏）。与5GHz相比，6GHz信号的穿透能力进一步降低，因此适合近距离或同一房间内使用。

5. 无线局域网常见的设备

无线局域网的设备均具备无线功能，具有无线信号的接收和发送能力。常见的无线设备包括无线路由器、无线AP、无线AC、无线网桥等。

（1）无线路由器

无线路由器属于路由器的一种，具备寻址、数据转发的基本功能，同时具有无线信号传输的作用。小型的无线路由器主要在家庭和小型公司等小型局域网中使用。一般具备有线接口和无线功能，可以连接各种有线及无线设备，起到设备互联互通和共享上网的目的。而大中型企业通常使用企业级路由器，或者使用无线控制器+AP的模式提供网络连接和共享上网的功能。这是由两者的性能和适用范围决定的。

（2）无线AP

无线接入点（Access Point，AP）是无线局域网的一种常见设备，是无线网和有线网之间的沟通桥梁，是组建无线局域网的核心设备。它主要提供无线终端设备的接入、共享上网，以及和有线局域网之间的互访。在AP信号覆盖范围内的无线终端都可以通过它相互通信。无线AP是一个包含很广的名称，不仅包含单纯性无线接入点，也同样是无线路由器（含无线网关、无线网桥）等设备的统称。常见的无线AP如吸顶式AP（图10-15），以及面板式AP（图10-16），此外还有室外使用的三防AP等。

图 10-15　　　　图 10-16

> **知识拓展**
>
> **胖AP与瘦AP**
>
> 胖AP（FAT）除了能提供无线接入的功能外，同时还具备WAN口、LAN口等，功能比较全，一台设备就能实现接入、认证、路由、VPN、地址翻译等功能，有些还具备防火墙功能。通常见到的无线路由器就是胖AP。
>
> 瘦AP（FIT），通俗讲就是将胖AP进行瘦身，去掉路由、DNS、DHCP服务器等功能，仅保留无线接入的部分。瘦AP一般指无线网关或网桥，它不能独立工作，必须配合无线控制器的管理才能成为一个完整的系统，多用于终端较多、无线质量要求较高的场合。
>
> 现在很多AP都具有胖AP和瘦AP的切换功能。

（3）无线AC

无线控制器（Wireless Access Point Controller，AC）如图10-17所示，是一种专业化的网络设备，用来集中控制无线AP，是一个无线网络的核心，负责管理无线网络中的所有无线AP。无线AC包括独立AC以及和路由结合的一体式AC。

图 10-17

（4）无线网桥

无线网桥利用无线传输方式实现在两个或多个网络之间搭起通信的桥梁，从通信机制上分为电路型网桥和数据型网桥。无线网桥工作在2.4GHz或5.8GHz的免申请无线执照的频段，因而比其他有线网络设备更方便部署。无线网桥根据不同的品牌和性能，可以实现几百米到几十千米的传输。很多监控使用无线网桥进行传输。

> **知识拓展**
>
> **其他无线设备**
>
> 其他常见的无线设备还包括计算机使用的随身WiFi、用于延长无线信号覆盖范围的无线中继器、无线Mesh网络设备等。

10.2 局域网设备工作原理

网络设备在网络中扮演着至关重要的角色。它们通过处理和转发数据流,确保不同网络之间的有效连接与通信。在局域网中,交换机、路由器等设备各自承担着不同的功能,协同工作以保证数据的正确传输。

10.2.1 交换机的工作原理

IP协议是TCP/IP协议簇中的重要协议之一,也是互联网中的核心协议之一,负责为网络中的每台设备分配一个唯一的IP地址,并负责数据包的传输。IP协议规定了数据包的格式、传输方式以及如何根据目标地址将数据送达正确的设备。

1. 交换机的概念

交换机是局域网中的常用网络设备之一,负责在网络中的不同设备之间转发数据帧。根据数据帧的目标MAC地址,将数据转发到相应的端口,从而实现网络内部的高效数据传输。与集线器不同,交换机能够智能地识别和处理网络流量,只将数据发送到目标设备所在的端口,从而减少网络中的冲突和带宽浪费。现在的交换机都使用交换式以太网,也称为以太网交换机。

> **知识拓展**
>
> **共享式以太网的通信原理**
>
> 以太网是一种广泛应用于局域网的网络技术,提供设备间的数据传输协议和标准。交换式以太网出现以前,使用的是传统的共享式以太网。共享式以太网的标准结构是总线型网络,如图10-18所示。其工作过程如下。
>
> 图 10-18
>
> 如果PC3给PC1发送信息,则PC3向总线发送一个数据帧,其他所有计算机都能接收到该数据帧。PC1发现数据帧的目的地址是自己时,就会接收该数据帧,并向上层提交。其他计算机发现目的地址不是自己时,就会将该数据帧丢弃。基于此,以太网就在具有广播特性的总线上实现了一对一的数据通信。但总线型网络的固有缺点也限制了共享式以太网的发展,并最终被交换式以太网代替。这里的设备间使用了一种CSMA/CD(Carrier Sense Multiple Access with Collision Detection,载波侦听多路访问/冲突检测)协议,设备能够检测到冲突并及时处理,减少无效数据的传输。

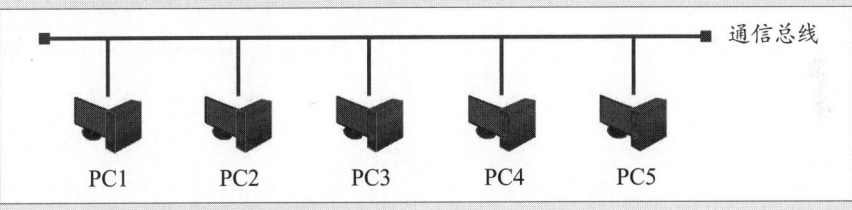

2. 网桥及交换式以太网的出现

为解决共享式以太网固有的缺点,出现了网桥。网桥属于数据链路层设备,一般有两个端口,分别有一条独立的交换信道,而不是共享一条背板总线,可隔离冲突域。此后网桥被具有更多端口、同时也可隔离冲突域的交换机所取代。网桥根据MAC帧进行寻址，查看目的MAC地址后确定是否进行转发，以及应该转发到哪个端口。

> **知识拓展**
>
> **MAC地址**
>
> MAC地址（Media Access Control Address）即媒体访问控制地址，也称为物理地址、硬件地址或链路层地址。它是用来唯一标识网络设备接口的地址。可以把它想象成每台网络设备的身份证号码，是全球唯一的。通常由12个十六进制数字组成，每两位数字之间用冒号隔开，例如00:1B:44:11:3A:B7。MAC地址的前三位代表厂商代码，由IEEE分配，后三位是厂商自行分配给设备使用的。在网络中，MAC地址用于区分不同的网络设备。在数据链路层，数据帧的头部包含源MAC地址和目标MAC地址，用于标识数据帧的发送方和接收方。

交换式以太网是现代局域网中广泛使用的一种网络技术，它通过以太网交换机连接网络设备，是一种典型的星状网络结构，可以实现高效的网络数据传输。与早期的共享以太网不同，交换式以太网为每个连接的设备提供独立的通信通道，将冲突隔绝在每一个端口，对于其他端口则正常传输数据。交换式以太网的出现将共享式以太网的冲突问题隔绝在每一个端口，从而大大提高网络的性能和带宽利用率。交换式以太网采用全双工通信，不再使用共享式以太网的CSMA/CD技术。

3. 交换机的工作过程

交换式以太网的核心设备是交换机，学习交换式以太网，首先需要了解交换机的工作过程、工作原理等知识。交换机工作于OSI参考模型的第二层，即数据链路层，同网卡一致。交换机内部的CPU会在每个端口成功连接时，通过将MAC地址和端口对应，形成一张MAC表。在今后的通信中，发往该MAC地址的数据包将仅送往其对应的端口，而不是所有端口，如图10-19所示。由于不采用传统式以太网的通信技术，所以效率也更高。具体工作过程如下。

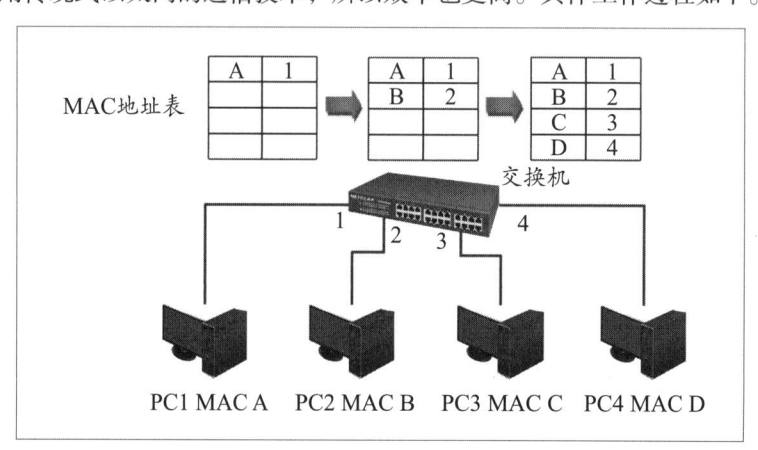

图 10-19

PC1要向PC2发送数据，首先发送一个目标是MAC B的数据帧（如果不知道，则会通过ARP协议进行广播，通过IP地址获取MAC B的MAC地址），交换机收到后，会将PC1的MAC地址A和对应的端口1记录在MAC地址表中。然后查询地址表有无目标MAC地址，如果有则直接转发，如果没有，则向2、3、4号口进行转发（广播），PC3及PC4接收到帧后，发现不是自己的就丢弃。PC2发现目标是自己，就会回传一个帧，用来确认。交换机收到后，记录PC2的MAC地址B和端口2，然后查询路由表，发现有PC1的MAC地址对应的端口记录，然后直接从1号口转发出去，不会向3、4号口再转发。PC1收到返回包，就开始正式的数据发送。经过一段时间后，交换机会记录完成当前局域网所有的MAC地址和对应的端口号，以后只要收到MAC表中存在的地址帧，就不再广播，直接进行数据帧的转发。目的MAC若不存在，则广播到所有的端口，这一过程叫作泛洪（Flood）。

基于交换机的共享矩阵和强大的背板带宽，可以将冲突域限制在端口上，PC1和PC2通信，不会影响PC3和PC4通信。使用交换机后，转发效率会更高。这也是交换式以太网取代传统的共享式以太网的重要原因。

4. 交换机的作用

从交换机的工作过程中可以总结出交换机的主要作用及功能。

（1）学习

通过一段时间的学习，以太网交换机记录每一端口相连设备的MAC地址，并将地址和端口的关系保存在交换机缓存中的MAC地址表中，并持续维护这张表，以保证准确性。

（2）转发

收到数据帧后，对目的地址进行检查，如果在MAC地址表中有映射，它会被快速转发到连接目的节点的端口，而不是所有端口（如该数据帧为广播/组播帧，则转发至所有/指定的端口组）。

（3）避免回路

如果交换机被连接成回路状态，很容易使广播包反复传递，从而产生广播风暴，造成设备高负载，数据发送缓慢，最终导致网络瘫痪。高级交换机会通过各种高级策略，如生成树协议技术避免回路的产生，并且起到线路的冗余备份作用。

（4）提供大量网络接口

交换机通常是网络中有线终端的直连设备，企业级交换机可以为大量计算机及其他网络设备提供足够的有线接入端口，以使所有设备可以接入网络。

（5）分隔冲突域

和网桥的作用类似，集线器相当于一条总线，所有的接入设备都在一个冲突域中。而同一台交换机的不同端口分处于不同的冲突域，通信时端口互不干扰。例如A端口与B端口通信，不影响C端口与D端口通信。

知识拓展

交换机的转发类型

直通转发：一旦解读到数据包目的地址，就开始向目的端口发送数据包。存储转发：交换机接收到所有数据包后再决定如何转发。自适应转发：结合存储转发和直通转发的优点，根据网络条件的变化自动选择合适的转发模式。

10.2.2 路由器的工作原理

路由器是连接不同网络的关键设备，负责根据网络层（IP层）的信息转发数据包。与交换机不同，路由器不仅仅在同一网络内转发数据，而且能够跨越多个网络，处理不同子网之间的通信。通过维护路由表，决定数据包的转发路径，从而实现不同网络间的互联互通，是连接局域网与广域网（如互联网）之间的桥梁。

1. 路由器的工作过程

路由器加入网络后，会自动地定期同其他路由器进行沟通，将自己连接的网络拓扑信息发送给其他路由器，并接收其他路由器的网络宣告包（其他路由器所连接的网络拓扑信息），然后更新自己的路由表，等待接收数据包并按照路由表进行数据转发。路由器的工作过程如图10-20所示，具体内容如下。

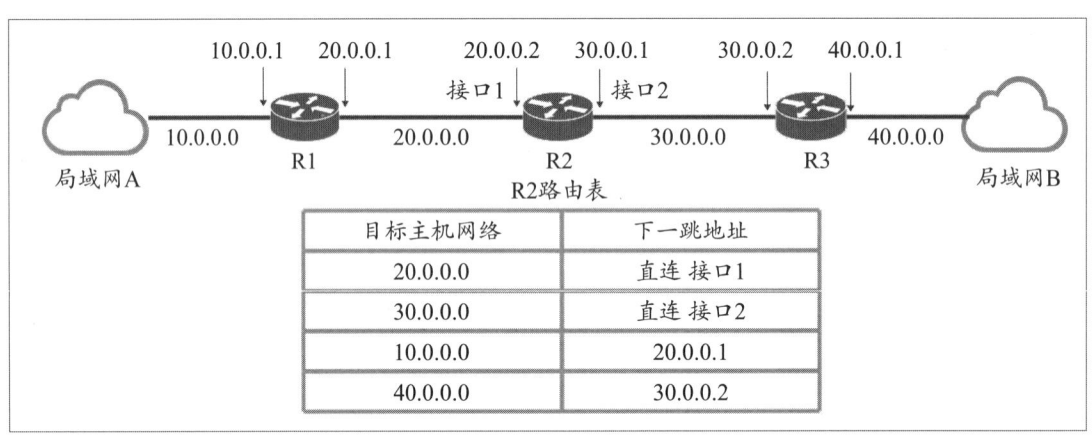

图 10-20

如果R2收到了数据包，会首先拆包并查看目标设备IP地址，如果目标地址是在20.0.0.0网段，查看路由表后从接口1直接发出。如果目标是30.0.0.0网段，查看路由表后会从接口2直接发出。如果目的地址是10.0.0.0或者40.0.0.0网段，则检查路由表，通过对应的下一跳地址或者接口将数据包发送出去。如果没有到达目的网络的路由项，则查看是否有默认路由，将包发给默认路由即可。这样最终一定可以找到目的主机所在目的网络上的路由器（可能要通过多次的间接交付）。只有到达最后一个路由器时，才试图向目的主机进行直接交付。如果确实找不到目标网络，则会报告转发分组错误。

> **知识拓展**
>
> **隔绝广播域**
>
> 如果R1左侧的端口收到了目标地址是在10.0.0.0网段的数据包（如广播包），查看路由表后，发现该网络就在左侧端口（和接收该数据包的端口网络地址一致）。此时，R1不会将数据转发到其右侧的网段，从而隔绝广播域。如果左侧发生了广播风暴，也不会影响其他网络的通信。

IP数据包的首部没有地方可以用来指明"下一跳路由器的IP地址"。当路由器收到待转发的数据包，不是将下一跳路由器的IP地址重新封装到数据包中，而是送交网络接口层。网络接口层使用ARP解析协议,将下一跳路由器的IP地址转换成硬件地址(MAC地址),并将此MAC地址重新封装到MAC帧中链路层信息的首部(也就是目标MAC地址),然后根据这个硬件地址发送给下一跳路由器。转发过程中,数据包的MAC信息会被修改,但IP信息是固定不变的,如图10-21所示。

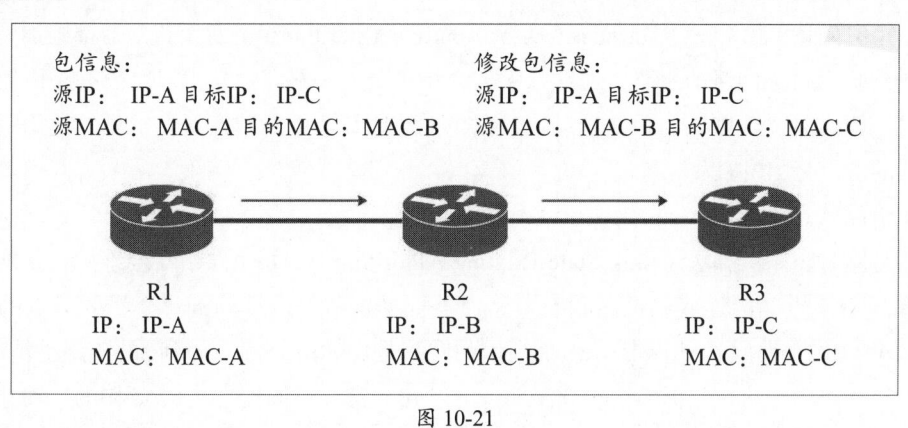

```
包信息:                          修改包信息:
源IP: IP-A 目标IP: IP-C          源IP: IP-A 目标IP: IP-C
源MAC: MAC-A 目的MAC: MAC-B      源MAC: MAC-B 目的MAC: MAC-C

        R1              R2              R3
     IP: IP-A        IP: IP-B        IP: IP-C
     MAC: MAC-A      MAC: MAC-B      MAC: MAC-C
```

图 10-21

从图10-21中可以看出几个关键信息。一是源IP地址和目标IP地址是始终不变的。这是因为数据包在进行转发时,每个路由器都要查看目标IP地址,然后根据目标IP的网络决定转发策略。当包返回时,也同样必须要知道源IP地址。

MAC地址是直连设备通信使用的,随着设备的跨越不断改变,通过下一跳的IP地址解析出MAC地址,然后将包发送给下一跳的目标设备。路由器的数据链路层进行封包时,将MAC地址重写,然后进行发送。MAC地址是直连的网络才可以使用,是直连的点到点的传输;而IP地址可以跨设备,是端到端的传输。

只要保证支持参考模型的下三层,就可以将数据包转发到指定目标。这三层的作用也是尽最大努力进行数据的交付。

2. 路由的种类

路由是指在计算机网络中,决定数据包从源地址到达目标地址的路径选择过程。它由专门的网络设备(路由器)根据特定的路由协议和算法,自动或手动选择最佳路径,将数据包传输到目的地。

(1)静态路由

静态路由是网络管理员手动配置的固定路由。一旦配置完成,路由表中的条目就不会自动改变,除非管理员手动修改。静态路由配置简单,易于管理,网络拓扑结构发生变化时,需要管理员手动修改。可以精确控制数据包的转发路径,提高网络安全性,适用于小型网络。

(2)动态路由

路由器之间通过路由协议自动学习网络拓扑信息,并动态更新路由表。能够自动适应网络拓扑的变化,不需要人工干预,适合网络规模大、拓扑结构复杂的网络。

(3)默认路由

当路由器无法在路由表中找到到达目的地的具体路由时会使用默认路由。路由器会将无法路由的数据包转发到默认网关中进行下一步处理。

3. 常见的路由算法

路由算法用于确定数据包在网络中从源节点到目的节点的最佳路径。不同的路由算法基于不同的策略选择最优路径。在路由算法中，选择路径的依据称为性能度量。

（1）距离矢量路由算法

使用距离矢量路由算法（Distance Vector Routing Algorithm）的每个路由器都维护一个路由表，记录到每个目标网络的距离（通常以跳数计算）及下一跳路由器。以跨越的路由器个数作为度量值，跨越越少，则认为距离越近，数据包就按照最近的路线发送。常见的使用距离矢量路由算法的协议是RIP协议。

（2）链路状态路由算法

使用链路状态路由算法（Link State Routing Algorithm）的每个路由器会维护一张网络拓扑图，存储所有节点间的连接和链路状态。路由器根据这些信息计算到每个目的节点的最优路径。例如A到B的链路是10Mb/s带宽，而A到C的链路是100Mb/s带宽，B到C的链路也是100Mb/s带宽，根据该路由算法，数据包会选择A到C，再到B。这样反而比直接从A到B的传输速率更高（RIP协议会选择A到B的直连通道）。路由器使用全局网络拓扑图计算到每个目标节点的最优路径。常见的OSPF协议就是使用该算法。

> **知识拓展**
>
> **混合路由算法**
>
> 混合路由算法结合了距离向量算法和链路状态算法的优点，路由器之间只交换部分路由信息，以减少路由更新的复杂性和资源消耗，但依然能快速收敛。平衡了简单性和效率，适用于中大型网络，例如常见的思科公司开发的EIGRP混合路由协议。

动手练 查看当前主机的路由表

可以在命令提示符界面使用"router print"命令查看当前主机的路由表，如图10-22所示。用户还可以使用"tracert IP/域名"命令跟踪数据包走向，如图10-23所示。

图 10-22

图 10-23

10.3 Internet技术

随着信息技术的不断发展，Internet已成为全球数据交换和通信的核心平台。互联网不仅推动了全球信息的流动，也为商业、教育、医疗等领域带来了革命性的变革。本节重点介绍互联网的基本概念、主要接入技术及其在各领域的应用，为深入理解网络技术提供理论基础，并结合人工智能在网络领域的潜在应用进行讲解。

10.3.1 Internet简介

Internet是一个全球范围的分布式网络系统，由无数个计算机和终端设备通过特定的协议相互连接，支持信息的传输与交换。互联网不仅是一个信息传播平台，还推动着全球经济、文化和科技的高度融合，成为人们日常生活中不可或缺的一部分。

注意事项 | Internet和internet |

这两个词经常被混用，但二者实际上是有区别的。Internet（互联网）是一个全球性的计算机网络系统，它将世界各地的计算机、局域网、广域网等连接起来，形成一个庞大的信息交换网络。而internet是一个泛指的概念，可以指代任何相互连接的网络。可以指代局域网、广域网等任何类型的网络。相对于互联网，internet的范围更小。

1. Internet 的起源与发展

互联网最初起源于ARPAnet，这是一种基于研究和军事需求而设计的计算机网络。进入21世纪后，互联网的普及速度加快，各种创新技术的不断涌现使得互联网的应用场景更加丰富，推动着信息化、数字化社会的形成。

2. Internet 的核心技术

Internet的运行依赖于多种技术支持，其中最基础和关键的技术是TCP/IP协议。它为互联网中的数据传输提供了一个可靠、稳定的基础架构。通过这一协议，全球的计算机和网络设备可以通过标准化的方式进行通信，实现全球范围内的信息互通。

知识拓展

Internet的基本架构

Internet由众多的网络设备、协议和传输介质组成，主要包括互联网服务提供商（ISP）、交换机、路由器、光纤传输、无线网络等基础设施。它们共同支持信息在全球范围内的快速传输与共享。

10.3.2 Internet接入技术

Internet接入技术是指用户通过各种设备和手段连接到网络，实现信息的传输与交流。随着互联网的普及和发展，接入技术日益丰富，不同类型的接入方式适应不同的需求和场景。无论是家庭用户、企业用户还是移动设备，合理的接入技术能够确保高效、安全、稳定的网络体验。

1. DSL 接入

DSL接入是一种通过电话线传输数字信号的宽带接入技术。DSL技术在数据传输过程中，能够保证语音信号和数据传输信号不互相干扰，因此，用户在使用DSL接入的同时，仍然可以使用传统的电话服务。DSL技术种类多样，其中较为常见的是ADSL（非对称数字用户线路），其上行和下行速率不对称，适用于家庭用户上网需求。DSL通过利用电话线的不同频段进行数据传输。电话线的低频段用于语音传输，较高频段用于数据传输。DSL设备通常包括调制解调器（Modem）和分离器。由于固定电话的逐步消失，DSL接入技术逐步被其他接入方式取代，现在主要用在一些特殊领域。

2. 以太网接入

以太网接入也叫小区宽带，网络服务商会采用光纤到小区或到楼，然后使用双绞线接入用户家中，直接连接用户的路由器而不需要调制解调器。采用以太网作为互联网接入手段的主要原因是，所有流行的操作系统和应用有与以太网兼容、性价比高、可扩展性强、容易安装开通以及高可靠性等特点。以太网接入，带宽分为10Mb/s、100Mb/s、1000Mb/s三级，可按需升级。就像局域网中使用交换机和路由器共享上网一样，这种接入方式共享网络出口，在用户较多时会影响用户的网速。另外由于传输距离、运营成本、升级、管理、设备安全及耗能的问题，以太网接入技术已经逐渐被光纤技术取代。

3. 光纤接入

由于光纤传输具有通信容量大、质量好、性能稳定、防电磁干扰、保密性强等优点，被高速普及，光纤接入技术是现在最流行的宽带接入技术。特别是无源光网络（Passive Optical Network，PON），几乎是综合宽带接入技术中最经济的一种方式。光纤接入的带宽下行速率为100~1000Mb/s，甚至更高。光纤成本不断降低，性价比逐渐显现。速度极快、延迟低、承载量高，适合大规模数据传输、高清视频、云计算等。而且光纤的使用成本低、安全稳定，会作为未来主要的接入技术。

光纤接入技术主要分为以下几种。

- **光纤到户（Fiber To The Home，FTTH）**：光纤一直铺设到用户家中可能是居民接入网最好的解决方法，也是普通用户接触最多的。
- **光纤到楼（Fiber To The Building，FTTB）**：光纤进入楼宇后就转换为电信号，然后用电缆或双绞线分配到各用户，也就是前面介绍的光纤+以太网接入技术。
- **光纤到路边（Fiber To The Curb，FTTC）**：从路边到各用户可使用星形结构双绞线作为传输媒体。

4. 无线接入

无线接入技术为用户提供了无须布线的灵活接入方式，常见的无线接入技术包括WiFi、4G/5G等，它们能够通过无线信号连接到互联网，适用于各种移动设备和场所。

- **WiFi接入**：WiFi技术通过无线电波传输互联网信号，是家庭和办公环境中常见的接入方式。WiFi不仅便捷，而且支持多设备同时连接。随着WiFi 7的推出，WiFi接入技术的速度和稳定性得到了显著提升。

- **4G/5G移动网络**：4G/5G技术为移动设备提供高速、低延迟的互联网接入服务。随着5G的推广，移动互联网接入速度大大提高，特别适用于物联网（IoT）、高清视频、VR/AR等应用场景。

> **知识拓展**
>
> **卫星接入技术**
>
> 卫星接入技术是一种利用卫星通信实现互联网接入的方式，主要应用于地面网络设施无法覆盖的地区，如偏远山区、海上、航空等环境。卫星接入利用地面站通过卫星链路将数据传输到用户的终端设备。卫星通信通常采用Ku波段或C波段进行数据传输，通过卫星中继将信号从一个站点转发到另一个站点。

10.3.3　Internet技术与人工智能的结合

互联网技术在各领域的应用深刻改变了人类的生活和工作方式。从电子商务到社交网络，再到人工智能技术的快速发展，互联网技术的影响力正在不断扩大。与信息技术的结合，使得传统行业得到了前所未有的变革，也为人工智能的发展提供了强大的支持。

1. 电子商务与智能推荐系统

电子商务在互联网技术的推动下得到了空前的发展。电商平台如亚马逊、阿里巴巴等为全球消费者提供了便利的购物体验。随着人工智能技术的融入，电商平台通过智能推荐系统精准分析消费者的购买习惯、浏览记录、搜索关键词等行为数据，为用户推送个性化的商品推荐。信息技术为电商交易提供了基础设施，而人工智能通过大数据分析和机器学习，优化了用户体验和平台运营效率。

> **知识拓展**
>
> **AI智能分析**
>
> 通过分析用户行为数据，人工智能可以预测用户可能感兴趣的商品，提高转化率和销售额。此外，人工智能还可以通过对销售数据的实时分析，帮助商家作出精准的库存管理决策，提升供需匹配效率。

2. 社交媒体与情感分析

在社交媒体领域，互联网技术为人们提供了一个广泛的互动平台。社交平台如微博、Facebook、Twitter和小红书等不仅促进了全球范围内的社交，还成为了信息传播和新闻获取的重要途径。人工智能技术的引入，尤其是在情感分析和舆情监测方面，极大地提高了社交媒体的数据处理能力。通过自然语言处理（NLP）和机器学习，人工智能能够分析用户发布的文本、评论、图片和视频，从中提取出情感信息并对公众情绪作出预测。

3. 智慧城市与物联网

智慧城市是基于互联网技术和物联网（IoT）技术的综合体，通过智能化的信息网络系统对城市资源、交通、环境、能源等进行高效管理。人工智能技术通过大数据分析和机器学习，可以实时分析智慧城市中的各类数据，优化城市运营并提高公共服务效率。例如，智能交通系统通过实时数据分析，可以调整信号灯的时长，减少交通拥堵。

智慧城市中的智能交通系统能够通过监控摄像头和传感器收集交通流量数据，并利用人工智能分析作出实时决策，减少拥堵，提升交通效率。智慧医疗系统通过物联网设备采集患者的健康数据，并通过人工智能分析提供诊疗建议，帮助医生制定治疗方案。

4. 智慧医疗与远程诊断

在智慧医疗领域，互联网技术与人工智能技术的结合正推动着医疗服务的智能化。借助远程医疗系统，医生可以利用互联网平台进行患者健康数据的远程监测和分析，人工智能技术则通过对大量医学数据的学习，帮助医生作出更精确的诊断和治疗方案。特别是在偏远地区，智慧医疗能够让患者在没有专业医生的情况下得到及时有效的医疗帮助。

通过人工智能辅助的远程诊断系统，患者可以上传自己的症状和体征信息，人工智能系统会分析并提供初步诊断建议，同时通过智能医疗设备进行持续监测，确保患者在治疗过程中获得更精确的健康管理。

5. 人工智能驱动的智能客服系统

智能客服系统依托于互联网技术和人工智能技术，能够实现24h全天候的在线客户服务。通过自然语言处理和机器学习，智能客服能够理解用户提问的意图并提供精准的回复。客服系统可以通过不断学习客户的反馈信息，提高问题解决的效率和准确性。许多企业的客户服务部门已经开始使用数字人等客服系统，帮助解答常见问题、进行产品推荐，极大地提高了客服效率，降低了企业的运营成本。

10.4 实训项目

局域网是日常使用最多的一种网络，局域网中比较常见且重要的功能是局域网的资源共享和局域网的共享上网配置。本实训介绍局域网共享的实现以及笔记本电脑共享上网的设置。

10.4.1 实训项目1：局域网共享

【实训目的】了解局域网共享的目的，掌握局域网共享的设置方法。

【实训内容】

① 局域网共享环境的设置操作，如图10-24所示。

② 文件夹共享的设置操作，如图10-25所示。

③ 局域网共享的访问操作。

图 10-24

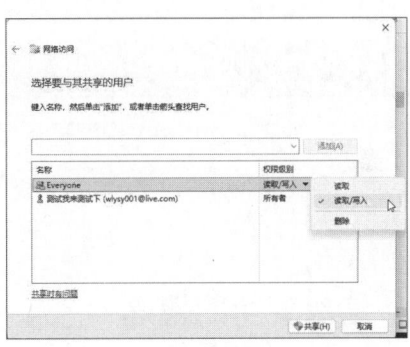

图 10-25

10.4.2 实训项目2：笔记本电脑无线热点共享上网

【实训目的】了解无线热点、共享上网的概念，掌握笔记本电脑开启无线热点共享上网的操作。

【实训内容】

① 将笔记本电脑通过网线接入Internet。

② 开启移动热点，如图10-26所示。

③ 配置接入参数，如图10-27所示。

图 10-26

图 10-27

第 11 章

信息安全技术

随着信息化社会的到来，信息安全已成为国家、企业及个人不可忽视的重要问题。在数字化、智能化日益普及的背景下，信息的保护不仅仅是防止数据泄露和攻击，还涉及如何应对日益复杂的安全威胁。尤其是人工智能技术迅猛发展，信息安全的挑战与应对策略不断演变。本章详细介绍信息安全的基础知识、常见的安全技术手段，以及前沿的安全防护技术，并讲解人工智能在提升信息安全防护中的应用与潜力，帮助读者全面了解信息安全技术的现状与未来发展方向。

11.1 信息安全概述

信息安全是指对信息及其相关资源进行保护，以确保其机密性、完整性、可用性和不可否认性。在信息技术飞速发展的今天，信息安全已成为保护个人隐私、企业核心数据及国家安全的重要组成部分。

11.1.1 信息安全的概念

信息安全是指通过技术、管理和法律手段，对信息系统及数据进行防护，确保其免受未经授权的访问、破坏或泄露。随着信息化社会的发展，信息已成为关键的资产之一，任何信息泄露、损坏或篡改都可能造成严重后果。因此，信息安全不仅涉及计算机和网络的防护，还包括如何有效地管理和控制信息的流动与访问权限。通过实施信息安全措施，企业和个人可以有效防范网络攻击、数据泄漏、病毒感染等安全威胁，确保信息系统的正常运行和信息的安全性。

信息安全的核心目标是确保信息在存储、处理、传输过程中的安全性。具体来说，信息安全的三大基本目标如下。

- **机密性**：确保信息仅对授权人员可见，防止未经授权的访问。信息的机密性可以通过加密、访问控制等技术手段加以保护。
- **完整性**：保证信息的准确性和一致性，防止信息在存储、传输过程中被篡改。信息的完整性通常依赖于数据校验、数字签名等技术进行验证。
- **可用性**：确保合法用户在需要时能够访问和使用信息。可用性的保障需要有效的备份机制、灾难恢复方案以及防止系统故障的预防措施。

随着人工智能的进步，信息安全领域也迎来了新的挑战和机遇。人工智能可以通过自动化的安全防护机制和智能分析，提升信息安全管理的效率和精准度。

> **知识拓展**
>
> **促进人工智能与信息技术的融合**
>
> 随着人工智能在各领域的应用，信息安全的技术手段也在不断更新，人工智能可以辅助检测网络威胁、预测安全风险并快速响应，大大提升安全防护的智能化与效率。

11.1.2 信息安全面临的威胁与挑战

随着信息技术的迅速发展，信息安全面临的威胁日益复杂和多样化。特别是在人工智能、大数据、云计算等新技术的广泛应用背景下，信息安全不仅面临传统的技术挑战，还面临更多来自网络攻击、数据泄露、恶意软件等方面的威胁。下面详细讲解信息安全所面临的主要威胁与挑战。

1. 网络攻击与恶意软件

网络攻击是当前信息安全面临的主要威胁之一。攻击者通过各种手段侵入目标系统，获取、篡改或破坏信息。常见的网络攻击形式如下。

- **DDoS攻击（分布式拒绝服务攻击）**：通过大量的虚假请求淹没目标服务器或网络，导致正常服务无法运行。
- **SQL注入**：通过在输入字段中插入恶意SQL语句，攻击者能篡改数据库，获取敏感数据。
- **跨站脚本攻击（XSS）**：攻击者将恶意脚本嵌入网页中，诱导用户执行，从而窃取用户的个人信息。

此外，恶意软件（如病毒、木马、蠕虫）也是信息安全的重要威胁之一。这些软件通过网络传播，能够损坏计算机系统，窃取用户数据，甚至控制被感染的设备。近年来，勒索病毒（如WannaCry）已成为全球范围内影响巨大的网络安全事件，它通过加密用户文件来勒索赎金，严重影响企业和个人设备的正常运行。

2. 数据泄露与隐私问题

数据泄露是信息安全领域的另一个重大威胁，尤其是在大数据和云计算广泛应用的今天。数据泄露不仅可能来自外部攻击，也可能来自内部员工的失误或故意行为。敏感信息（如个人隐私、客户数据、财务数据等）一旦泄露，将对个人、企业乃至国家造成无法估量的损失。

在各种隐私保护法律的推动下，数据保护成为企业在进行业务活动时必须遵守的合规要求。然而，在大数据分析、人工智能训练和云服务的使用过程中，如何平衡隐私保护与数据利用的矛盾仍然是一个巨大的挑战。

3. 云计算与虚拟化带来的安全风险

云计算的广泛应用带来了显著的便利性，但也使得信息安全面临新的挑战。云计算的共享性质、数据存储的远程性以及资源的动态分配，使得数据安全、隐私保护和服务可用性成为重要问题。

- **云服务提供商的安全性问题**：如果云服务提供商的安全措施不够完善，可能导致客户数据泄露或系统被攻击。
- **数据隔离问题**：在多租户环境中，不同客户的数据是否能够得到有效隔离是云计算面临的安全难题。漏洞可能导致数据之间的相互访问，从而暴露敏感信息。
- **虚拟化技术的安全性**：虚拟化技术的应用使得多台虚拟机共享同一硬件资源，虽然提高了硬件的利用率，但也可能导致恶意代码通过虚拟机之间的漏洞传播，造成潜在的安全风险。

4. 内部威胁与社会工程学攻击

除了外部攻击，内部威胁也构成了信息安全的严重挑战。内部威胁可能来自不小心的员工、离职员工，或者故意为之的恶意内部人员。通过对系统的漏洞或权限滥用，内部威胁往往比外部攻击更加隐蔽和难以防范。

> **知识拓展**
>
> **社会工程学攻击**
>
> 社会工程学攻击是一种通过操控人们的心理、情感等方式来获取敏感信息的攻击手段。常见的社会工程学攻击包括钓鱼邮件、假冒电话和假冒网站等形式。攻击者通过伪装成可信任的实体（如银行、公司同事等），诱骗受害人提供个人账户信息、密码等重要资料。

5. 人工智能带来的安全挑战

随着人工智能技术的兴起，信息安全领域也面临着新的挑战。虽然人工智能能够提升安全防护水平，如通过机器学习检测网络异常行为、识别潜在的安全漏洞等，但人工智能本身也成为了攻击者的新工具。

- **增强的网络攻击**：黑客利用机器学习算法，能够快速扫描大量网络数据，寻找系统漏洞并进行攻击。通过自动化工具，攻击者可以在极短的时间内发起大规模攻击。
- **对抗性攻击**：对抗性攻击是一种通过精心设计的输入扰动来欺骗机器学习模型的技术。例如，通过对图像或语音数据添加微小的噪声，攻击者可以使人工智能模型错误判断，从而绕过安全防护。

11.1.3 信息安全体系架构

信息安全体系架构是为保障信息安全而构建的一个综合框架，它由一系列的策略、技术和管理措施组成，旨在识别、评估、应对和防范信息系统的潜在风险。一个健全的安全架构不仅可以有效保护企业信息资产，还能帮助应对各种不断变化的安全威胁。信息安全体系架构一般包括以下几个关键部分。

1. 安全策略与管理框架

信息安全体系的基础是安全策略。安全策略是企业在信息安全方面的基本方针和行为规范，它为安全实施提供指导，确保信息资产的保护与使用符合组织的业务目标和合规要求。管理框架则提供一个系统性的方式来组织、实施和监控这些安全策略。管理层需要为安全策略的实施提供支持，并确保所有部门和人员遵守相关规定。常见的安全策略如下。

- **访问控制策略**：定义谁可以访问信息系统、在什么条件下访问，以及访问权限的管理方式。
- **数据保护策略**：如何保护敏感数据，包括加密存储、数据备份、数据销毁等措施。
- **事件响应策略**：描述在遭遇安全事件时，如何进行响应、调查和恢复工作。

2. 防护层次与安全技术

信息安全架构通常采用多层防护的策略，建立多个安全防护层次，每一层次都起到独立防护作用，以实现对安全威胁的多重防护。通过这种多层防护的方式，即使攻击者突破了某一层的防护，其他层次的防护仍然可以有效阻止攻击，减少损失。这些层次如下。

- **物理层安全**：信息安全的第一道防线，确保设备、设施及数据存储环境不受非法入侵或物理损害。例如机房的物理访问控制、设备安全、监控系统等。
- **网络层安全**：这一层的安全保障主要针对信息系统的网络通信，常见的技术包括防火墙、入侵检测系统（IDS）、入侵防御系统（IPS）、虚拟私人网络（VPN）等。通过这些技术，可以有效防止外部恶意攻击、流量劫持等。
- **主机层安全**：主机层涉及对计算机系统的保护，包括操作系统、应用程序的安全性。通过防病毒软件、补丁管理、文件完整性检测等措施，确保系统不受病毒和木马攻击。
- **应用层安全**：应用层是信息安全的核心层次，涉及对应用程序和数据的保护。常见的技术包括Web应用防火墙（WAF）、数据库加密、防SQL注入、身份认证等。
- **数据层安全**：数据层安全关注的是信息资产的保护，特别是数据的机密性、完整性和可用性。加密技术、数据备份、数据去标识化等技术在这一层尤为重要。

3. 风险评估与合规性

风险评估是信息安全体系的核心内容之一，它帮助组织识别和评估潜在的安全威胁，并基于评估结果采取适当的防范措施。风险评估过程如下。

- **威胁分析**：识别所有可能威胁到信息资产的外部和内部因素。
- **脆弱性评估**：分析系统、网络和应用的脆弱点，以发现可能被利用的安全漏洞。
- **风险评估**：评估威胁和脆弱性带来的潜在风险，并对其可能性和影响进行量化。

在信息安全体系架构中，合规性也是一个重要部分。各国对数据保护、隐私保护等方面的法律规定（如GDPR、HIPAA等）要求组织必须确保其信息安全措施符合相关法律法规。企业需要通过合规审计和证书（如ISO 27001、SOC2等）来验证其信息安全措施的有效性。

4. 事件响应与恢复计划

在信息安全体系中，事件响应与恢复计划（Incident Response & Recovery Plan）是关键的一环。无论是网络攻击、数据泄露、设备故障，还是自然灾害，都可能影响信息系统的正常运行。因此，必须建立系统的事件响应机制。

- **事件检测与分析**：利用监控工具、IDS/IPS系统等手段实时监控网络活动，发现异常情况，及时报告并进行分析。
- **应急响应**：在发生安全事件时，迅速启动应急响应流程，采取措施隔离威胁，避免事件进一步扩大。

● **恢复与修复**：安全事件发生后，需要迅速恢复系统运行，并对漏洞进行修复。恢复工作包括数据恢复、系统重建、日志分析等，以减少事件对业务的影响。

5. 持续监控与评估

信息安全不是一成不变的，而是一个动态的过程。随着网络环境、技术架构、业务需求的变化，安全威胁和风险也在不断演变。因此，持续监控与评估是信息安全体系不可或缺的一部分。通过不断的漏洞扫描、性能测试等手段，可以确保安全防护措施始终有效。

> **知识拓展**
>
> **人工智能技术带来新的监控方式**
>
> 人工智能技术的引入正在改变信息安全体系的监控方式。通过机器学习算法和大数据分析，人工智能能够实时识别出潜在的安全威胁，并自动采取应对措施，大大提升了安全防护效率。

6. 人员与组织管理

信息安全不仅仅是技术问题，还是管理问题。安全策略的执行需要整个组织的支持，包括管理层、技术团队、业务部门等。人员培训和意识提升至关重要，员工的安全意识、行为规范及对安全策略的遵守，直接影响信息安全体系的效果。因此，企业应当定期开展安全培训，并通过安全文化的建设，确保每个员工能积极配合信息安全的管理工作。

11.1.4 信息安全等级保护

信息安全等级保护是我国针对网络信息安全制定的规范。信息系统安全等级保护的核心是对信息系统分等级，按标准进行建设、管理和监督。

1. 信息安全等级保护的概念

信息安全等级保护是我国非保密信息系统网络信息安全基本建设的主要规范。对互联网和信息系统依照必要性标准分等级维护，安全性防护级别越高，规定安全性维护工作能力就越强。

在我国信息安全等级保护已经被法律明确其地位，《中华人民共和国网络安全法》第21条明确规定，互联网经营者要执行等级保护规章制度责任；某些领域必须满足信息安全等级保护的要求才能涉足，绝大多数领域如诊疗、文化教育、交通出行、电力能源、电信网这些重要信息基础设施建设领域都需要达到信息安全等级保护规定。

信息安全等级保护实施的重要意义包括以下三方面。

● 满足合法合规要求，明确责任和工作方法，让安全防护更加规范。
● 明确组织整体目标，改变以往单点防御方式，让安全建设更加体系化。
● 提高人员安全意识，树立等级化防护思想，合理分配网络安全投资。

2. 划分细则

《信息安全等级保护管理办法》规定，国家信息安全等级保护坚持自主定级、自主保护的原则。信息系统的安全保护等级应当根据信息系统在国家安全、经济建设、社会生活中的重要程度，信息系统遭到破坏后对国家安全、社会秩序、公共利益以及公民、法人和其他组织的合法权益的危害程度等因素确定。66号文件将信息系统的安全保护等级分为以下五级，一至五级逐级增高。

（1）第一级：自主保护级

适用于一般的信息和信息系统，信息系统受到破坏后，会对公民、法人和其他组织的合法权益造成损害，但不损害国家安全、社会秩序和公共利益。第一级信息系统运营、使用单位应当依据国家有关管理规范和技术标准进行保护。

（2）第二级：指导保护级

适用于一定程度上涉及国家安全、社会秩序、经济建设和公共利益的一般信息和信息系统，信息系统受到破坏后，会对公民、法人和其他组织的合法权益产生严重损害，或者对社会秩序和公共利益造成损害，但不损害国家安全。国家信息安全监管部门对该级信息系统安全等级保护工作进行指导。

（3）第三级：监督保护级

适用于涉及国家安全、社会秩序、经济建设和公共利益的信息和信息系统，信息系统受到破坏后，会对社会秩序和公共利益造成严重损害，或者对国家安全造成损害。国家信息安全监管部门对该级信息系统安全等级保护工作进行监督、检查。

（4）第四级：强制保护级

适用于涉及国家安全、社会秩序、经济建设和公共利益的重要信息和信息系统，信息系统受到破坏后，会对社会秩序和公共利益造成特别严重损害，或者对国家安全造成严重损害。国家信息安全监管部门对该级信息系统安全等级保护工作进行强制监督、检查。

（5）第五级：专控保护级

适用于涉及国家安全、社会秩序、经济建设和公共利益的重要信息和信息系统的核心子系统，信息系统受到破坏后，会对国家安全造成特别严重损害。国家信息安全监管部门对该级信息系统安全等级保护工作进行专门监督、检查。

3. 基本要求

信息系统安全等级保护的基本要求是等级保护的核心，它建立了评价每个保护等级的指标体系，也是等级测评的依据。信息系统安全等级保护的基本要求包括基本技术要求和基本管理要求两方面，体现了技术和管理并重的系统安全保护原则。不同等级的信息系统应具备的基本安全保护能力如下。

（1）第一级

应能够防护系统免受来自个人的、拥有很少资源的威胁源发起的恶意攻击、一般的自然灾难，以及其他相当危害程度的威胁所造成的关键资源损害，系统遭到损害后，能够恢复部分功能。

（2）第二级

应能够防护系统免受来自外部小型组织的、拥有少量资源的威胁源发起的恶意攻击、一般的自然灾难，以及其他相当危害程度的威胁造成的重要资源损害，能够发现重要的安全漏洞和安全事件，系统遭到损害后，能够在一段时间内恢复部分功能。

（3）第三级

应能够在统一安全策略下防护系统免受来自外部有组织的团体、拥有较为丰富资源的威胁源发起的恶意攻击、较为严重的自然灾难，以及其他相当危害程度的威胁造成的主要资源损害，能够发现安全漏洞和安全事件，系统遭到损害后，能够恢复绝大部分功能。

（4）第四级

应能够在统一安全策略下防护系统免受来自国家级别的、敌对组织的、拥有丰富资源的威胁源发起的恶意攻击、严重的自然灾难，以及其他相当危害程度的威胁造成的资源损害，能够发现安全漏洞和安全事件，系统遭到损害后，能够迅速恢复所有功能。

11.2 常见信息安全技术

信息安全技术是防护信息系统免受各种威胁和攻击的核心手段。在当今数字化时代，信息的安全性直接影响到个人、企业乃至国家的安全与稳定。为了确保数据的机密性、完整性和可用性，信息安全领域涌现了多种技术手段。这些技术通过不断演化和创新，形成了多层次、全方位的安全防护体系。本节将介绍一些常见的信息安全技术，包括信息加密、身份认证、数字签名及数字证书、数据完整性保护、访问控制、防火墙、入侵检测、漏洞扫描与修复、无线安全、数据备份与还原、病毒与木马的防范等，这些技术是保护信息系统安全不可或缺的基础。

11.2.1 信息加密技术

信息加密技术是确保数据安全性的核心技术之一，广泛应用于信息传输、存储和访问控制等场景。其基本目标是通过特定算法，将明文数据转化为不可理解的密文，防止未授权的用户或系统在数据传输和存储过程中窃取、篡改或泄露信息。只有合法授权的用户，凭借密钥或解密算法，才能恢复数据的原始内容。

1. 加密的基本原理

加密技术是利用数学或物理手段，对电子信息在传输过程中和存储体内进行保护，以防止泄露的技术。通过密码算法对数据进行转化，使之成为没有正确密钥任何人都无法读懂的报文。而这些以无法读懂的形式出现的数据一般称为密文。为了读懂报文，密文必须重新转变为它的最初形式——明文。含有用数学方式转换报文的双重密码就是密钥。据不完全统计，实现这种转化的算法到现在为止已经有200多种。

2. 密钥与算法

加密技术主要由两个元素组成，即算法和密钥（Key）。

密钥是一组字符串，是加密和解密的最主要的参数，是由通信的一方按一定的标准计算得来。密钥是变换函数所用到的重要的控制参数，通常用K表示。

算法是将正常的数据（明文）与字符串进行组合，按照算法公式进行计算，从而得到新的数据（密文），或者将密文通过算法还原为明文。

没有密钥和算法这些数据没有任何意义，从而起到保护数据的作用。

3. 对称加密与非对称加密

根据加密和解密时使用的密钥，可以将加密分为对称加密与非对称加密。

（1）对称加密

对称加密是最早的一种加密方式，通常使用同一个密钥进行加密和解密。常见的对称加密算法包括DES（数据加密标准）、AES（高级加密标准）等。其优点是加密和解密速度较快，但存在密钥分发的问题，尤其在大规模通信中，密钥的安全管理非常重要。

（2）非对称加密

非对称加密使用一对密钥（公钥与私钥）来加密和解密数据。加密过程使用接收者的公钥，解密过程使用接收者的私钥。这种方式解决了密钥分配问题，广泛应用于数字证书、电子邮件加密等领域。

> **知识拓展**
>
> **常见的对称与非对称算法**
>
> 现在国际上比较流行的DES、3DES、AES、RC2、RC4等算法都是对称算法。非对称算法主要有RSA、背包算法、McEliece算法、Diffie-Hellman算法、Rabin算法、零知识证明、椭圆曲线算法、ELGamal算法等。

4. 加密技术的应用

信息加密技术应用广泛，从日常的电子邮件加密、网上支付保护，到军事通信、云存储安全等，都是加密技术的重要应用领域。特别是随着云计算和大数据的迅速发展，数据在传输和存储过程中的安全性变得尤为重要，加密技术在保护用户隐私和企业数据安全方面起到了至关重要的作用。

5. 人工智能与加密技术

人工智能在加密技术领域的应用，逐渐成为提升加密算法效率和安全性的重要手段。人工智能可以用于加密算法的优化和漏洞检测，如利用机器学习和深度学习模型自动识别加密算法中的弱点，或者通过模式识别技术加速加密计算。随着量子计算的崛起，人工智能也有可能在应对量子破解技术上发挥重要作用，推动新一代加密技术的发展。

动手练 使用第三方工具进行强加密

使用第三方工具对计算机中的文件进行加密是非常常见的操作。例如常用的加密工具Encrypto，该软件使用了全球知名的高强度AES-256加密算法，被广泛应用于军事科技领域，文件被破解的可能性几乎为零，安全性极高。但这种运算比较复杂，加密大文件需要一定的时间。用户可以到其官网下载该软件，安装后，双击就可以启动该软件。将需要加密的文件拖入其中，设置加密密钥后，单击Encrypt按钮进行加密，如图11-1所示。加密完成后，单击"Save As..."按钮，将加密后的文件存储到指定位置，如图11-2所示。

图 11-1　　　　　　　图 11-2

将加密后的文件、加密软件和密钥传输给接收方，对方安装后，双击加密后的文件，输入密钥，解密后选择保存的位置即可。

> **知识拓展**
>
> **Windows BitLocker**
>
> Windows系统本身自带了驱动器加密工具"Windows BitLocker"，通过加密Windows操作系统上存储的所有数据，可以更好地起到保护作用。BitLocker帮助保护Windows 操作系统和用户数据，并确保数据即使在无人参与、丢失或被盗的情况下也不会被篡改。除此之外，Windows还可以对文件夹启动加密，以账户为单位进行防范。

11.2.2　身份认证技术

身份认证技术是信息安全领域中非常重要的一环，旨在确保只有合法用户才能够访问特定资源。它是信息系统安全防护的第一道防线。身份认证的核心任务是通过验证用户的身份信息，防止未授权的用户获取敏感信息或访问系统。随着网络和信息技术的不断发展，身份认证技术已不再局限于传统的用户名和密码验证，新的认证方式也逐渐兴起，提高了身份验证的安全性和便利性。

1. 身份认证的常见方法

身份认证的基本原理是通过验证用户的某些信息来确认其身份。常见的身份认证方法主要有三类。这些认证方式可以单独使用，也可以结合使用。

（1）基于生物特征

基于生物特征的认证方法在近几年非常流行，包括指纹认证、虹膜认证、面部特征以及声音特征的认证。其他特征还包括笔迹、视网膜、DNA等。基于生物特征识别和其他身份识别技术各有优势，可以互补以提高身份认证的准确性，提高信息的安全性。

（2）基于信任物体

基于信任物体的身份认证首先需要确保信任物体和受信者的关系，物体也要被受信者妥善保存，因为系统通过信任物体完成认证并提供权限，并不直接对受信者进行身份认证，一旦物体被非受信者获取，整个身份认证体系就形同虚设。不过相对于生物特征，基于信任物体的身份认证更加灵活。另外信任物体的验证需要专业的设备和机构进行验证。

当前主要的信任物体包括信用卡、IC卡、印章、证件以及USB Key等。

（3）基于信息秘密

基于受信者个人秘密，如密码口令、识别号、密钥等，仅仅为受信者及系统所知晓，不依赖于自身特征，可以在任意场景中使用，对认证设备要求也比较低，并且容易被窃取及伪造。现在复合型信息秘密的身份认证体系还要求提供手机验证码。

2. 身份认证的主要技术

身份认证的主要技术如下。

（1）密码认证

密码是最传统的身份认证方式，用户输入用户名和密码，系统进行验证。虽然密码简单易用，但随着攻击技术的进步，密码认证逐渐暴露出弱点，如密码泄露、暴力破解等。因此，密码认证经常与其他认证方式结合使用以提高安全性。

（2）双因素认证（2FA）

双因素认证结合了两种不同的认证方式，通常是"信息秘密"加"信任物品"或"生物特征"。例如，输入密码后，通过手机App生成的验证码或者短信中的动态密码进一步确认用户身份。双因素认证可以大大提高系统的安全性。

（3）多因素认证（MFA）

相比于双因素认证，MFA更加强调多种认证方式的组合。通常，MFA包括信息秘密、信任物品、生物特征。多因素认证是当今许多高安全需求系统中使用的标准认证方法，如银行系统和企业应用。

> **知识拓展**
>
> **基于行为的认证**
>
> 近年来，行为分析技术的应用使得基于用户行为的身份认证成为可能。通过分析用户的输入模式、鼠标点击习惯、键盘敲击速度等行为特征，系统可以动态地验证用户身份，并在检测到异常时触发额外的安全措施。该方法在提高用户体验的同时也提升了安全性。

3. 身份认证与人工智能的结合

随着人工智能技术的快速发展，人工智能被广泛应用于身份认证系统中，提高认证的准确性和效率。人工智能能够通过大数据分析、机器学习和深度学习等技术，分析用户的行为模式，预测和识别异常操作，进一步提升身份认证的安全性。

- **面部识别与人工智能**：人工智能已经使得面部识别技术得到了显著提升，人工智能能够根据多角度图像和深度学习算法准确识别用户的面部特征，提升身份认证的便捷性与准确性。
- **行为生物特征认证与人工智能**：除了传统的生物特征（如指纹、虹膜等），人工智能还通过用户的行为特征进行认证。人工智能能够实时监测用户的行为，检测到用户的行为异常时，触发警报或重新验证身份。
- **人工智能驱动的多因素认证**：人工智能可以将各种身份认证技术结合起来，智能识别并选择最适合的认证方式，结合多种认证因素验证用户身份，提高身份认证的安全性和效率。

11.2.3　数字签名及数字证书技术

数字签名和数字证书技术是确保网络中数据传输及身份认证安全的重要手段。在信息安全体系中，数字签名和数字证书技术通过加密算法为数据的完整性、真实性和不可否认性提供保障。数字签名为数据提供源头验证，确保数据在传输过程中没有被篡改，并且验证数据发送方的身份。数字证书则是由受信任的证书颁发机构（CA）颁发的一种电子证明，确认证书持有者的身份，有助于实现安全通信和可信的电子交易。

1. 数字签名

数字签名的核心原理是基于公钥密码学。数字签名首先通过私钥对数据进行加密，产生唯一的签名值。接收方使用发送方的公钥对签名进行解密，并对比数据的原始内容与解密后的Hash值是否一致，从而验证数据的完整性和来源。

发送方使用自己的私钥对数据进行签名，确保签名与发送方的身份绑定，并且只有私钥持有者能够生成该签名。接收方使用发送方的公钥对签名进行解密。如果解密后得到的结果与接收到数据的Hash值一致，则说明数据未被篡改，且来自合法的发送者。

> **知识拓展**
>
> **数字签名的特性**
> 数字签名具有两个特性。
> - **不可伪造性**：只有拥有私钥的人才能签署数据，可以用来验证数据的来源。
> - **不可篡改性**：一旦数据被签名，任何对数据的修改都会导致签名验证失败，确保数据的完整性。

2. 数字证书

数字证书是由可信的第三方证书颁发机构签发的电子文件，主要用于验证公钥的归属与持有者的身份。数字证书包含持证人的信息、公钥以及证书颁发机构的签名等内容。数字证书可以使得用户和服务器在没有直接信任关系的情况下，也能够建立信任关系，确保通信的安全性。数字证书的一般内容如下。
- **持证人信息**：证书持有者的名称、组织单位等信息。
- **公钥**：持证人的公钥，用于加密和验证签名。
- **证书有效期**：包括生效时间和过期时间。
- **证书颁发机构签名**：由CA对证书进行签名，以证明其合法性。

数字证书的工作原理是，当用户与服务器通信时，服务器会向用户提供其数字证书。用户可以通过CA的公钥验证该证书的真实性确认服务器的身份。这样即使在不认识对方的情况下，通信双方也能建立起相互信任的关系，防止恶意中间人攻击。

3. 与人工智能的结合

随着人工智能和机器学习技术的快速发展，数字签名与数字证书技术也逐步融入智能化的安全防护体系中。人工智能可以被用来监控和识别数字签名及证书的滥用或伪造行为，智能检测异常的签名请求和证书的生成活动。通过深度学习和数据分析，人工智能能够识别潜在的恶意活动并进行实时响应。例如，人工智能可以通过对大量签名和证书数据进行学习，识别异常模式并及时警告管理人员，以防范来自内部或外部的攻击。同时，人工智能也可以优化证书管理流程，使得证书的颁发、撤销和更新过程更加高效和安全。

11.2.4 数据完整性保护

数据完整性保护是确保数据在传输、存储和处理过程中不被篡改、损坏或丢失的一种安全措施。数据完整性保护旨在确保数据的原始性和可信性，以防止未经授权的修改或损坏，从而保障数据的可靠性和准确性。数据完整性是信息安全的重要组成部分。

1. 消息认证技术

消息认证是一种用于验证通信中消息真实性和完整性的技术，也称为报文鉴别或报文认证。它通常用于确认消息的发送者和内容是可信的，并且消息在传输过程中未被篡改。消息认证技术是网络安全和信息安全中的重要组成部分，常用于保护通信数据的安全。

消息认证技术的基本原理是使用密钥和消息认证码（MAC）对消息进行认证。发送方使用密钥和消息计算出MAC，并将MAC与消息一起发送给接收方。接收方使用相同的密钥和消息计算出MAC，并将计算出的MAC与接收到的MAC进行比较。如果两个MAC相同，则表示消息没有被篡改，并且来自可信的发送方。

2. 报文摘要技术

报文摘要也称为消息摘要或数字指纹，是一种对报文进行压缩的算法，其目的是生成报文的唯一标识，用于验证报文的完整性。报文摘要通常是报文的一部分，可以用来验证报文是否被篡改。

发送方在发送消息之前，使用Hash函数对消息内容进行摘要计算，生成一个固定长度的摘要，并将摘要附加到消息中一起发送。接收方接收到消息后，重新计算收到消息的摘要，并将计算得到的摘要与接收到的摘要进行比较。如果两者相同，则说明消息完整且未被篡改；如果不同，则表示消息可能已被篡改或损坏。报文摘要算法使用Hash函数将报文转换为固定长度的摘要。报文摘要技术的特点如下。

- **不可逆性**：报文摘要通过Hash函数生成，具有不可逆性，即无法从摘要反推出原始消息内容。
- **固定长度**：报文摘要的长度是固定的，不受原始消息长度的影响。常见的摘要长度包括128位、160位、256位等。
- **唯一性**：对于不同的消息内容，生成的摘要是唯一的，即使原始消息内容只有微小的改变，生成的摘要也会大不相同。
- **敏感性**：原始消息内容的任何改变都会导致生成的摘要发生变化，从而可以检测到消息的篡改。

3. Hash 函数

Hash一般翻译为散列、杂凑，或音译为Hash。Hash函数是一种将任意长度的输入数据映射为固定长度的输出数据，通常称为Hash值或摘要。这个过程是确定性的，即给定相同的输入，Hash函数总是生成相同的输出。前面介绍报文摘要的生成其实就是使用了Hash函数。

如果对一段明文使用Hash算法，而且哪怕只更改该段落中的一个字母，随后的Hash值都将产生不同的值。要找到Hash值为同一个值的两个不同的输入，在计算上是不可能的，所以数据的Hash值可以检验数据的完整性。

> **知识拓展**
>
> **常见的Hash函数**
>
> MD5（Message Digest Algorithm 5）是一种广泛使用的Hash函数，用于将任意长度的消息（字符串或二进制数据）转换成固定长度的128位（16字节）Hash值。SHA（Secure Hash Algorithm，安全哈希算法）是一系列密码学Hash函数。SHA算法的设计目标是产生固定长度的Hash值，使得对输入数据的任何细微变化都会导致输出Hash值的大幅度变化，同时尽可能地减小碰撞的可能性。常见的有SHA-256、SHA-512等。

动手练 计算文件的Hash值

Hash函数在实际中主要用在保证完整性方面，也就是防止数据被篡改。发送者将数据、文件、软件通过Hash算法计算出Hash值并发布到网上，如图11-3所示。

图 11-3

用户下载后，也可以通过软件计算文件的Hash值，将结果与发布时的MD5值进行对比，如果完全一致，说明软件未经过任何篡改，如图11-4所示。除了计算文件的Hash值外，这些工具还可以计算文本或密码的Hash值。有些人还会对一些密码进行Hash计算，并存储在数据库中，通过网站提供的Hash值的反查询来达到破解Hash算法的目的。

图 11-4

11.2.5 访问控制技术

访问控制技术是信息安全中的一项核心技术，它通过对用户和资源的访问进行管理和限制，确保信息系统的机密性、完整性和可用性。访问控制技术的目的是确保只有经过授权的用户能够访问特定的资源，防止未授权的访问和潜在的安全威胁。在信息安全体系中，访问控制不仅涉及对系统资源的保护，还与用户身份的验证和权限管理密切相关。

1. 访问控制技术

访问控制的基本目标是保护信息资源不被未授权的用户访问、修改或删除。通过实施策略来限制或允许对资源的访问，并根据权限进行合理分配。在一个安全系统中，访问控制通常依赖于以下几个要素。

- **主体（Subject）**：请求访问资源的用户或进程，通常是指人、设备或程序。
- **客体（Object）**：系统中的资源，如文件、数据库、设备、网络服务等。
- **权限（Privilege）**：用户或进程对资源操作权限，如读取、写入、执行、删除等。

2. 访问控制模型

访问控制技术通常依赖于不同的模型实施权限管理，这些模型为资源的访问提供了不同的策略框架。常见的访问控制模型如下。

（1）自主访问控制

在自主访问控制（Discretionary Access Control，DAC）模型中，资源的所有者具有对资源的访问权限控制权。资源所有者可以自行决定哪些用户或组可以访问特定资源及其权限。DAC模型适用于个人用户对数据的自主控制，但其安全性较低，容易受到权限滥用的威胁。

（2）强制访问控制

在强制访问控制（Mandatory Access Control，MAC）模型中，访问权限由系统管理员或安全策略强制规定，不能由资源的所有者随意修改。资源和用户之间的访问权限是由系统根据预定义的安全策略进行控制的。MAC模型提供更强的安全保障，广泛应用于军事、政府及敏感数据保护领域。

（3）基于角色的访问控制

基于角色的访问控制（Role-Based Access Control，RBAC）模型将权限与用户的角色相关联。每个用户根据其职责和角色被赋予相应的访问权限，避免了对个体权限的逐一管理。角色可以是"管理员""普通用户""开发人员"等，权限的分配基于这些角色的特点。RBAC模型适用于复杂的企业环境，尤其是权限管理庞大的情况下。

（4）基于属性的访问控制

基于属性的访问控制（Attribute-Based Access Control，ABAC）模型是一种更灵活的访问控制模型，它基于属性（如用户属性、资源属性、环境条件等）动态地确定是否允许访问。ABAC模型适合高度复杂、动态变化的环境，可以根据访问请求的具体情况实时调整权限。

3. 访问控制技术的实现方法

访问控制技术通常通过以下几种方法实现。

（1）访问控制列表

访问控制列表（Access Control List，ACL）是一种列出资源的访问权限的方法，它明确了哪些用户或组可以对某个资源执行哪些操作。ACL广泛应用于操作系统和网络设备中，通过指定每个用户或组的访问权限来实现资源的保护。

（2）权限矩阵

权限矩阵是二维表格，其中列出所有的资源对象（如文件、数据库等）和访问对象（如用户或进程），并为每一对资源和用户定义相应的访问权限。权限矩阵适用于大型信息系统中的复杂权限管理。

（3）访问控制框架

在现代操作系统中，访问控制通常依赖于集中的访问控制框架。例如，Linux中的SELinux和Windows中的Active Directory可以对系统资源进行精细化的访问控制，确保不同用户根据其角色和策略获得相应权限。

知识拓展

访问控制面临的挑战

在大型组织和多层次的企业环境中，如何有效管理大量用户的权限成为巨大的挑战。传统的访问控制模型可能难以适应现代复杂的业务需求。权限过度是指用户拥有的权限超出了其职责范围，这可能导致安全隐患。滥用权限则是指用户在其职责范围内利用权限进行恶意操作，给系统带来风险。

4. 访问控制和人工智能的结合

随着人工智能技术的快速发展，访问控制系统的智能化已成为信息安全领域的一个发展趋势。人工智能可以通过学习用户行为模式、数据访问规律等，动态调整访问权限和安全策略。以下是人工智能与访问控制技术结合的几方面。

（1）智能身份认证与动态权限调整

人工智能可以通过人脸识别、行为分析等生物识别技术进行身份认证，并根据实时数据调整用户的访问权限。人工智能可以识别异常行为，例如，某用户在非工作时间尝试访问敏感数据时，系统可以自动进行警告或调整访问策略。

（2）异常检测与响应

人工智能通过实时分析用户行为和访问模式，可以发现异常的访问请求或潜在的攻击行为。例如，通过机器学习算法，人工智能可以识别常规访问模式的变化，及时发现恶意访问并作出响应，从而减少人为错误和攻击带来的威胁。

（3）访问权限的自动化管理

人工智能能够在大规模系统中快速识别哪些权限是多余的，哪些是必要的，从而优化访问控制策略，实现访问权限的自动化管理。

11.2.6 防火墙技术

防火墙技术是一种网络安全措施，用于监督和控制进出网络的流量。防火墙通过设定规则来过滤数据包，从而防止未经授权的访问和潜在的网络攻击。无论是公司网络、家庭网络，还是数据中心的环境，防火墙都是确保网络安全的基石。防火墙技术不仅能防御外部攻击，还能够防止内部网络中存在的安全风险。

1. 防火墙的类型

根据工作层次、实现方式和功能的不同，防火墙主要分为以下几种类型。

（1）包过滤防火墙

包过滤防火墙可以基于静态规则对数据包进行过滤，可以对IP地址、端口号和协议进行过滤。包过滤防火墙会查看所流经的数据包头部信息，由此决定数据包的处理方式。防火墙可能会丢弃某个包（通知发送者或直接丢弃），可能会接受某个包（让包通过），也可能执行其他更复杂的动作。数据包过滤用于内部主机和外部主机之间，过滤系统是一台路由器或一台防火墙主机。包过滤防火墙的优点是效率高、易于配置和管理。缺点是只能检查包头信息，无法识别数据包的内容，对应用层攻击（如SQL注入）无防护能力。

（2）状态检测防火墙

状态检测防火墙又称为动态包过滤，是包过滤防火墙的扩展。状态检测防火墙工作于传输层，与包过滤防火墙相比，状态检测防火墙判断允许还是禁止数据流的依据也是源IP地址、目的IP地址、源端口、目的端口和通信协议等。与包过滤防火墙不同的是，状态检测防火墙是基于会话信息作出决策，而不是包的信息。状态检测防火墙摒弃了包过滤防火墙仅考察数据包的IP地址等几个参数，而且不关心数据包连接状态变化的缺点，在防火墙的核心部分建立状态连接表，并将进出网络的数据当成一个个会话，利用状态表跟踪每个会话状态。状态检测防火墙对每个包的检查不仅根据规则表，更考虑数据包是否符合会话所处的状态，因此提供完整的对传输层的控制能力。优点是能够防御基于连接的攻击，适合需要状态跟踪的协议。缺点是状态表需要额外资源，影响效率。

（3）应用代理防火墙

应用代理防火墙通常也称为应用网关防火墙，防火墙会彻底隔断内网与外网的直接通信，内网用户对外网的访问变成防火墙对外网的访问，然后再由防火墙转发给内网用户。所有通信都必须经应用层代理软件转发，访问者任何时候都不能与服务器建立直接的TCP连接，应用层的协议会话过程必须符合代理的安全策略要求。应用代理防火墙可以对HTTP、FTP等特定协议进行深层检测。

> **知识拓展**
>
> **下一代防火墙**
>
> 下一代防火墙的工作方式会结合包过滤、状态检测、应用层控制、入侵防御、VPN等多种功能，并利用深度包检测（DPI）识别数据包中的应用层信息。下一代防火墙的优点是能够识别应用层协议、检测恶意流量、过滤不合规应用等，可提供全面保护。缺点是配置较为复杂，资源消耗较大，成本较高。

2. 人工智能在防火墙领域的应用

随着网络攻击的复杂性不断提高，人工智能技术已被应用于防火墙技术中，以提高检测效率和响应能力。人工智能在防火墙中的应用主要体现在以下几方面。

- **流量分析与行为识别**：人工智能可以通过机器学习算法分析流量模式和用户行为，识别潜在的攻击行为，例如异常流量、恶意软件传播等。通过对历史数据的分析，人工智能能够自动调整防火墙规则，以应对新的攻击模式。
- **深度包分析（DPI）**：通过集成人工智能，防火墙能够对传输的数据进行更深层次的检查。人工智能技术能够识别复杂的攻击行为，如DDoS攻击、SQL注入、跨站脚本攻击（XSS）等，并在攻击发生之前作出响应。
- **自动化响应**：人工智能技术使得防火墙能够自动识别和响应安全事件，无须人工干预。这可以大大提高防火墙的反应速度，并减少人工误判或遗漏。
- **智能流量预测**：人工智能通过分析历史网络流量数据，能够预测未来可能出现的攻击行为。例如，人工智能可以根据用户的正常行为模式预测其可能的访问行为，并提前对潜在的风险进行识别和阻止。

11.2.7 入侵检测技术

入侵检测技术（Intrusion Detection Technology，IDS）是网络安全中的关键技术之一，旨在实时监测网络或计算机系统中的异常活动或潜在攻击，并及时发出警报。随着信息技术和互联网的迅猛发展，网络攻击手段日趋复杂，传统的防火墙和病毒扫描软件已无法全面应对多样化的安全威胁。因此，入侵检测技术作为一种重要的防御手段在网络安全领域得到了广泛应用。入侵检测技术实施的实例是入侵检测系统（Intrusion Detection System，IDS），是一种对网络传输进行即时监视，在发现可疑传输时发出警报或采取主动反应措施的网络安全设备，是进行入侵检测的软件与硬件的组合。

1. 入侵检测系统的功能

入侵检测是防火墙的合理补充，帮助系统应对网络攻击，扩展系统管理员的安全管理能力（包括安全审计、监视、进攻识别和响应），提高信息安全基础结构的完整性。它从计算机网络系统中的若干关键点搜集信息，并分析这些信息，查看网络中是否有违反安全策略的行为和遭到袭击的迹象。入侵检测系统被认为是防火墙之后的第二道安全闸门，在不影响网络性能的情况下能对网络进行检测，从而提供对内部攻击、外部攻击和误操作的实时保护。入侵检测系统与防火墙在功能上是互补关系，通过合理搭配和部署，二者可以联动提升网络安全级别。入侵检测系统可以检测来自外部和内部的入侵行为和资源滥用；防火墙在关键边界点进行访问控制，实时发现和阻断非法数据。它们在功能上相辅相成，在网络安全中承担不同的角色。

2. 入侵检测技术的分类

入侵检测按技术可分为特征检测和异常检测。按检测对象可分为基于主机的入侵检测和基于网络的入侵检测。

（1）特征检测

特征检测是收集非正常操作的行为特征，建立相关的特征库，当检测的用户或系统行为与库中的记录相匹配时，系统就认为这种行为是入侵。特征检测可以将已有的入侵方法检查出来，但对新的入侵方法无能为力。

（2）异常检测

异常检测是总结正常操作应该具有的特征，建立主体正常活动的"活动档案"，当用户活动状况与"活动档案"相比有重大偏离时即被认为该活动可能是入侵行为。

（3）基于主机的入侵检测

基于主机的入侵检测产品主要用于保护运行关键应用的服务器或被重点检测的主机上。主要对该主机的网络实时连接及系统审计日志进行智能分析和判断。如果其中的主体活动十分可疑（特征可能或违反统计规律），入侵检测系统就会采取相应措施。

（4）基于网络的入侵检测

基于网络的入侵检测是大多数入侵检测厂商采用的产品形式，通过捕获和分析网络包来探测攻击。基于网络的入侵检测可以在网段或交换机上进行监听，以对连接在网段上的多个主机有影响的网络通信进行检测，从而保护主机。

3. 人工智能技术在入侵检测中的应用

传统的入侵检测系统依赖于规则匹配和特征分析，虽然能够应对许多已知的攻击，但对于未知攻击的识别能力较弱。为解决这一问题，人工智能技术，尤其是机器学习和深度学习，已经被广泛应用于入侵检测系统中。

- **机器学习**：机器学习通过对大量历史数据的训练，帮助入侵检测系统识别新的攻击模式。与传统方法相比，机器学习能够识别到更多隐藏的威胁，并减少误报率。常见的机器学习方法包括支持向量机（SVM）、决策树、K近邻等。
- **深度学习**：深度学习作为机器学习的一个重要分支，特别适合处理大规模、复杂的网络流量数据。深度神经网络（DNN）和卷积神经网络（CNN）等技术在入侵检测中的应用，使得系统能够自动提取特征并识别复杂的攻击行为。
- **自适应检测**：人工智能技术还使得入侵检测系统具有自适应能力，能够根据攻击模式的变化自动调整检测策略。例如，系统可以根据不断变化的攻击模式，自动生成新的检测规则或优化现有的规则。

11.2.8 漏洞扫描与修复技术

漏洞扫描与修复技术是信息安全管理中至关重要的手段之一，它帮助组织识别和修补系统中的漏洞，从而有效防止黑客利用这些漏洞进行攻击。随着网络攻击手段的不断演进，漏洞扫描与修复技术已经成为防御信息系统安全威胁的关键措施，能够大大减少安全漏洞带来的风险。

知识拓展

漏洞的危害

漏洞可能被攻击者利用，进而突破系统的防护措施，造成数据泄露、系统瘫痪、服务中断或其他严重后果。漏洞的危害不仅限于单一系统的安全威胁，它们可能被用作攻击链中的一环，导致更大范围的安全事件。例如，攻击者可以利用漏洞获取管理员权限、篡改数据、植入恶意代码，甚至远程控制受影响的设备。随着技术的不断发展，漏洞的利用手段日益复杂，防范漏洞带来的风险已经成为信息安全管理中的一项重要任务。

1. 漏洞扫描的原理

漏洞扫描技术通过自动化工具对计算机系统、网络设备、应用程序等进行全面检查，发现潜在的安全漏洞。漏洞扫描的基本流程通常包括以下几个步骤。

① 信息收集与目标识别：漏洞扫描工具首先收集目标系统的详细信息，如操作系统版本、应用软件版本、网络拓扑结构等。这些信息有助于分析哪些漏洞可能对目标系统产生威胁。

② 漏洞库匹配：漏洞扫描工具会将目标系统的信息与已知的漏洞数据库进行匹配。漏洞数据库包含大量已知的安全漏洞，包括操作系统漏洞、应用程序漏洞、网络协议漏洞等。通过对比，扫描工具可以识别出目标系统中可能存在的安全漏洞。

③ 扫描与检测：在信息收集和漏洞库匹配的基础上，扫描工具会主动检测系统的配置、开放端口、运行的服务、权限设置等，以寻找潜在的漏洞。这个过程通常需要扫描整个系统的各个层面，包括硬件、操作系统、网络协议、应用程序等。

④ 漏洞评估与报告：漏洞扫描工具会根据扫描结果生成报告，列出所有检测到的漏洞，并为每个漏洞提供详细的描述，确定风险级别和解决方案。这些报告可帮助系统管理员了解漏洞的严重性，进而决定优先修复哪些漏洞。

2. 漏洞扫描的类型

常见的漏洞扫描类型如下。

- **网络漏洞扫描**：主要对网络中的设备、主机和服务进行扫描，检测开放端口、服务漏洞、弱口令等。网络漏洞扫描可以帮助识别企业网络中的潜在安全风险。
- **主机漏洞扫描**：主要扫描计算机中的操作系统和应用软件，检查是否存在已知的漏洞、配置错误或未打补丁等。主机漏洞扫描可以帮助防止攻击者利用主机上的漏洞进行渗透。
- **Web应用漏洞扫描**：专门针对Web应用程序进行扫描，检测常见的Web漏洞，如SQL注入、跨站脚本攻击（XSS）、文件上传漏洞等。Web应用漏洞扫描对于保护网站和Web服务至关重要。
- **数据库漏洞扫描**：扫描数据库管理系统（DBMS）中的漏洞，检查数据库的配置和权限设置，防止恶意用户访问敏感数据或篡改数据。

> **知识拓展**
>
> **专业漏洞扫描工具**
>
> 漏洞扫描技术的实现依赖于一系列工具，这些工具能够帮助网络管理员高效、准确地检测和修复系统漏洞。常见的漏洞扫描工具包括专业的Nessus、开源的OpenVAS、基于云的QualysGuard、入侵测试常用的Burp Suite、Web服务器常用的Nikto等。

3. 漏洞常见的修复方法

漏洞扫描技术能够帮助用户发现系统中的潜在漏洞，发现漏洞之后，如何及时有效地修复这些漏洞是确保系统安全的关键。漏洞修复技术的基本方法通常包括以下几种。

- **安装补丁程序**：安装补丁程序是修复漏洞最常见的方法，操作系统和应用程序开发商通常会定期发布安全补丁，用于修复已知的安全漏洞。及时安装这些补丁能够有效防止漏洞被恶意攻击者利用。
- **配置修复**：漏洞不仅仅是软件或硬件的缺陷，还可能是系统配置错误导致的。例如，某些敏感文件权限设置不当或过多的开放端口可能会为攻击者提供入侵的机会。通过检查并修正系统配置，可以有效避免一些安全问题。
- **加强防御**：一些漏洞可能无法立即修复，或者修复操作复杂且高风险。此时，可以通过采取防御措施来降低漏洞带来的风险。例如，使用防火墙和入侵检测技术对网络流量进行监控，或者启用多因素认证来增强系统的安全性。
- **代码修复**：对于Web应用等定制化的系统，漏洞修复可能涉及修改源代码。通过修复应用程序中的代码漏洞，消除潜在的安全风险。例如，修补SQL注入漏洞、跨站脚本漏洞等是Web应用程序开发中的常见修复方法。

动手练 使用"更新"功能为系统安装补丁

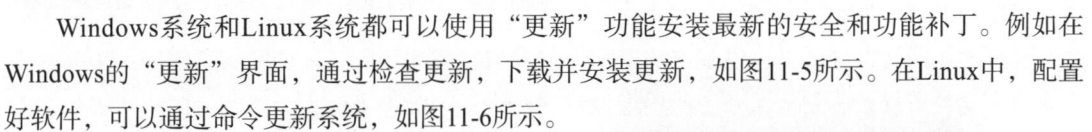

Windows系统和Linux系统都可以使用"更新"功能安装最新的安全和功能补丁。例如在Windows的"更新"界面，通过检查更新，下载并安装更新，如图11-5所示。在Linux中，配置好软件，可以通过命令更新系统，如图11-6所示。

图 11-5 　　　　　　　　　　图 11-6

11.2.9 无线安全技术

无线安全技术为用户提供便捷的连接方式，与此同时，也带来了更多的安全隐患。无线网络的开放性和信号传播的无形性使其容易成为攻击者的目标，因此，保护无线网络免受攻击显得尤为重要。无线安全技术包括多种措施，旨在加强无线网络的安全性，保障数据的机密性和完整性。

（1）无线加密技术

无线加密技术主要包括WEP（有线等效隐私）、WPA（WiFi保护接入）和WPA2等。通过对无线传输的数据进行加密，防止数据在传输过程中被窃取。WEP是最早的加密标准，安全性较差；WPA和WPA2在加密算法和密钥管理上有所改进，提供更高的安全性。现今大多数无线网络使用WPA2或更高版本，如WPA3加密标准。

（2）身份认证与访问控制

无线网络的身份认证和访问控制措施可以有效防止未经授权的设备连接到网络。常见的认证协议包括EAP（扩展认证协议），例如EAP-TLS（基于证书的认证）和EAP-PEAP（保护的EAP）。这些协议可以结合网络认证服务器，确保只有合法用户可以连接到无线网络。此外，使用MAC地址过滤和网络接入控制等技术，可以进一步加强对无线网络的访问控制。

（3）无线入侵检测与防御系统

随着无线技术的普及，入侵者通过伪造AP（接入点）、中间人攻击、信号干扰等手段进行攻击的情况日益增多。无线入侵检测系统（WIDS）和无线入侵防御系统（WIPS）可以通过监控无线网络的流量和行为，及时发现异常并进行响应。例如，WIDS可以识别未经授权的无线设备接入网络，WIPS则可以阻止恶意设备与网络建立连接。

（4）物理层防护

由于无线信号易受物理干扰和攻击，物理层的防护措施同样不可忽视。通过信号屏蔽、定向天线和无线信号加密等方式，可以限制无线信号的传播范围和泄露，从而避免信号被远程截获或干扰。此外，使用频率跳变技术和信道干扰等手段可以有效减少无线网络遭受干扰的风险。

（5）VPN与无线安全

虽然无线网络本身可以提供基本的安全保护，但在公共场所或未加密的无线网络中，数据传输的安全性依然无法完全保证。使用虚拟专用网络（VPN）可以为无线网络的用户提供一条加密的隧道，确保在公共的无线网络环境中传输数据的机密性与完整性。

11.2.10 数据备份与还原技术

数据备份与还原技术是信息安全领域中不可或缺的技术手段之一，旨在保护数据免受丢失、损坏或遭受恶意攻击（如勒索病毒）的威胁。数据备份是将重要数据复制并存储在不同位置的过程，还原则是指当原始数据丢失或损坏时，从备份中恢复数据。有效的备份与还原技术能够在发生数据丢失或灾难性事件时，迅速恢复系统和数据的正常运行，确保业务连续性和信息安全。

1. 数据备份的类型

数据备份技术根据备份方式和备份目标的不同，可以分为以下几类。

（1）本地备份

本地备份是指将数据备份到同一台计算机的不同磁盘或同一磁盘的不同分区，也可以是同一局域网内的其他计算机上。本地备份的优点是速度快、成本低，缺点是可靠性较低，容易受到自然灾害或人为破坏的影响。

（2）异地备份

异地备份是指将数据备份到位于不同地理位置的存储介质上。如网络上另一个位置的计算机、服务器或其他的存储设备中。异地备份的优点是可靠性高，可以有效抵御自然灾害或人为破坏的影响，缺点是速度慢、成本高。

（3）冷备份

冷备份是指将数据备份到不易发生变化的存储介质上，例如光盘。冷备份的优点是长期保存成本低，缺点是备份介质的容量较小、备份及恢复速度慢。

（4）热备份

热备份是指将数据备份到易于访问的存储介质上，例如硬盘、SSD等。热备份的优点是恢复速度快，缺点是长期保存成本高。

（5）云备份

云备份可以利用大型互联网公司提供的网盘，将重要资料备份到网盘中。也可以使用自己的网络备份服务器进行云备份。

2. 数据备份的策略

数据备份的策略主要指按照实际情况采用的数据备份的方式和方法。常见的数据备份策略包括完全备份、增量备份和差异备份。

（1）完全备份

完全备份就是备份系统中的所有数据，包括系统、程序以及用户数据等，每个被备份的文件标记为已备份。这种备份方式数据最全，也能提供最完整的数据保护。完全备份的优点是备份与恢复的操作比较简单，备份比较稳定，相对来说也最可靠；其缺点在于需要备份的数据量最大，消耗的存储空间最多，备份过程也相对最慢。

> **知识拓展**
>
> **复制备份**
>
> 复制所有选定的文件，被备份的文件不做已备份标记。这种方式不会影响其他备份操作，用户可以在正常备份和增量备份之间使用复制备份来备份文件。

（2）增量备份

增量备份指对上一次备份（包括完全备份和增量备份）后发生变化或新增的数据做备份。此种备份策略的优点是每次需要备份的数据量小，消耗存储空间小，备份所需时间短；其缺点是备份与恢复的操作都较为复杂，备份时需要区分哪些数据被修改过，恢复时首先也需要一次完全备份作为基础，然后依照顺序恢复历次增量备份。如果完全备份损坏，则无法进行任何恢复。

（3）差异备份

差异备份会备份自上次完全备份以来所有变动的数据，不会像增量备份那样清除备份标记，因此每次差异备份的内容会不断累积。其优点是恢复过程较简单，只需一次完全备份和最近一次差异备份即可；缺点是每次备份的数据量可能逐渐增大，备份时间也会变长，在长期使用中可能比增量备份占用更多存储空间。

> **知识拓展**
>
> **持续数据保护**
>
> 持续数据保护（Continuous Data Protection，CDP）是一种数据备份和恢复技术，它连续地、实时地监测和记录数据的变化。这种技术可以实时或几乎实时地备份数据，提供更高级别的数据保护。数据发生变化时，系统会自动生成一个时间戳，并将变化的数据备份到备份设备，而不是在固定的时间点进行备份。这意味着CDP可以根据时间戳来回滚数据，恢复到任意时间点的状态，这极大地提高了数据恢复的灵活性。

3. 数据备份与还原和人工智能的结合

人工智能技术在数据备份与还原中扮演着越来越重要的角色，它通过智能化分析、预测与优化，显著提升了备份与还原的效率、安全性和可靠性。这种结合不仅简化了传统备份流程，还为企业应对复杂的网络安全威胁和数据管理挑战提供了全新的解决方案。

（1）智能化备份策略生成

传统备份需要人为设定备份时间、频率和类型，而人工智能能够通过机器学习算法，自动分析数据的使用模式、更新频率和重要性，为用户生成最优的备份策略。人工智能可以动态调整备份频率，根据文件的重要性和使用频率决定哪些数据需要频繁备份，哪些数据可以减少备份频率。针对敏感数据，人工智能会建议更高频率或更安全的备份方式，如异地备份或云备份。

（2）异常检测与实时防护

在备份和恢复过程中，恶意攻击（如勒索软件）可能会篡改、加密或破坏数据。人工智能可以利用异常检测技术，在早期发现备份数据或备份流程中的异常行为。例如，人工智能能够实时分析备份文件的完整性，如果检测到文件突然被加密或删除，将立即中断备份操作并发出警告。通过监控备份日志，人工智能可以发现并报告潜在的安全威胁（如未经授权的访问），确保备份环境的安全性。

（3）备份数据压缩与优化

人工智能通过数据分析和压缩算法，可以在不损失数据质量的情况下，大幅减少备份所需的存储空间。例如，人工智能能够识别重复数据（重复数据删除技术），只备份新增或变化部分，减少存储空间占用。可以根据数据类型选择最优压缩算法，提高数据存储和传输效率。

（4）智能恢复过程

恢复数据的传统流程往往耗时耗力，而人工智能可以通过自动化技术快速完成恢复任务，并确保数据恢复的准确性。例如，人工智能会根据业务的紧急程度和恢复目标优先恢复关键系统或数据，保障业务的连续性。在恢复过程中，人工智能可以对数据的完整性和一致性进行自动验证，避免因恢复错误导致业务中断。

（5）预测性维护与灾难恢复

人工智能的预测能力能够提前发现系统或硬件故障，防止因备份设备故障而导致数据丢失。例如，通过对存储设备运行数据的分析，人工智能可以预测磁盘或存储服务器的潜在故障，及时触发预防性措施（如迁移备份数据）。在灾难恢复场景中，人工智能可以模拟不同的恢复路径，选择最快速、最有效的恢复方式，减少业务中断时间。

> **知识拓展**
>
> **云备份与人工智能的融合**
>
> 在云环境中，人工智能能够为备份和还原提供更多支持，人工智能可以动态分配云资源，优化备份和还原的速度与成本。结合人工智能的自动化运维，云备份系统可以在高峰期分流备份任务，避免服务器过载。

动手练 使用DISM++对系统进行备份与还原

DISM++是一款强大的Windows优化及备份还原工具,其中备份还原对于新手非常实用,通过DIMS++可以备份整个系统分区,包括其中的所有文件。系统出现故障后,可以随时还原整个系统分区。启动软件后,配置备份的映像说明,选择备份的保存位置,就可以启动备份,如图11-7所示。备份时选择同一镜像文件还可以进行增量备份。还原时和安全系统一样,选择镜像及还原的位置即可。如果进行了增量备份,还可以选择不同的增量进行还原,如图11-8所示。

图 11-7　　　　　　　　　　图 11-8

11.2.11　病毒与木马的防范技术

病毒与木马的防范技术是信息安全领域的核心内容之一,旨在保护计算机系统和网络免受恶意程序的侵害。病毒和木马是常见的恶意软件,它们通过自我复制、伪装或隐秘运行对目标系统造成破坏、窃取敏感数据,甚至控制设备行为。随着技术的不断发展,防范病毒与木马的方法也在不断升级,逐渐朝着自动化、智能化方向迈进。

1. 病毒与木马的定义与危害

计算机病毒是一种能够自我复制的恶意程序,通常会附着在文件、应用程序或操作系统中,可能导致系统崩溃、数据损坏、性能下降等问题。

木马程序通过伪装成合法软件诱骗用户安装,其目的是窃取用户数据、远程控制计算机或在设备中植入其他恶意程序。

危害性包括数据泄露、财务损失、隐私侵害、业务中断以及潜在的法律责任等。

2. 关键防范技术

病毒和木马的关键防范技术如下。

- **实时监控**:通过防病毒引擎对计算机和网络环境进行持续监控,检测和阻止异常活动。例如,杀毒软件可实时扫描新下载的文件或访问的链接,以防止恶意程序入侵。
- **沙盒技术**:将可疑文件或程序置于隔离的虚拟环境中运行,从而观察其行为,确认是否具有病毒或木马特征。这种方法能够有效避免未知威胁直接影响系统。
- **特征码检测**:基于特征码的病毒防护是传统方法,通过匹配已知病毒的指纹特征,快速查杀已知威胁。

- **启发式分析**：通过分析程序代码或行为模式，发现未知或变种病毒。这种方法能够弥补特征码检测的不足。
- **行为控制**：限制高危行为（如文件自修改、远程访问）以防止恶意程序执行。
- **虚拟补丁技术**：对软件的安全漏洞进行动态修复，从而减少恶意程序利用漏洞进行攻击的可能性。

3. 综合防护策略

病毒与木马的防范需要综合考虑技术和管理层面的措施。
- **定期更新防病毒软件**：确保病毒库和防护规则保持最新状态，以应对最新威胁。
- **分层防护**：在不同层面（如网络、终端、服务器）部署防护措施，确保全面覆盖。
- **教育与培训**：提高用户的安全意识，例如避免单击不明链接或安装可疑软件。
- **备份与还原**：定期对重要数据进行备份，以应对病毒或木马造成的破坏。

4. 基于人工智能的病毒与木马检测

人工智能技术在病毒与木马防范中发挥了重要作用，尤其是在行为分析和威胁情报处理方面。
- **行为分析检测**：传统防病毒软件主要依赖病毒特征库，而人工智能能够通过分析文件和程序的运行行为识别潜在威胁，还能快速发现未知病毒和木马。
- **机器学习算法**：人工智能通过对大量病毒和木马样本的学习，能够准确地预测恶意程序的特征。例如，深度学习模型可从网络流量中识别异常模式，从而及时拦截攻击。
- **自适应安全策略**：人工智能可根据威胁变化实时调整防护策略，例如增强关键文件的保护级别或限制某些敏感操作。

动手练 使用系统的杀毒工具进行病毒查杀

Windows自带防毒杀毒工具，用户可以搜索"安全中心"，从里面的"病毒和威胁防护"中启动病毒的扫描和查杀，如图11-9所示。默认是"快速扫描"。从扫描选项中还可以设置"完全扫描""自定义扫描"等，如图11-10所示。除了扫描病毒外，在"安全中心"中还可以更新病毒库、管理防火墙、管理实时保护功能、设置应用和浏览器控制等。

图 11-9　　　　　　　　　　图 11-10

11.3 信息安全前沿技术

随着信息技术的不断发展，信息安全面临的威胁越来越复杂，传统的安全防护技术已难以满足新兴挑战的需求。因此，信息安全领域的研究与创新不断推进，众多前沿技术逐渐应用于保障信息系统的安全性。

11.3.1 零信任架构与人工智能

零信任架构是一种信息安全策略，基于"从不信任，始终验证"的原则，不信任任何内部或外部的网络请求。所有的用户、设备、流量等都需要经过严格的身份验证、授权及持续监控，确保每一个环节都进行安全检查。

零信任架构通过严格的身份验证和持续监控确保网络安全，但随着网络环境的不断变化和攻击手段的日益复杂，单纯依赖传统的安全防护手段已经无法满足当下的安全需求。因此，人工智能技术的引入，为零信任架构提供了更智能、更灵活的安全防护手段。

（1）身份验证与行为分析

在零信任架构中，身份验证是至关重要的一步。传统的身份验证方法，如密码或多因素认证，能够提供一定程度的安全性，但容易受到钓鱼攻击、密码泄露等威胁。人工智能通过行为分析技术，能够识别用户的正常行为模式，并与异常行为进行对比，一旦发现异常行为，就能立刻触发警报或限制访问，从而提供更为智能化的身份验证和访问控制。

（2）威胁检测与响应

人工智能特别擅长处理大量的数据并快速作出决策。在零信任架构下，人工智能可以对用户、设备及网络流量进行实时监控和数据分析，识别潜在的安全威胁。通过机器学习算法，人工智能能够持续学习并调整检测模式，不仅能够识别已知的攻击方式，还能通过异常模式识别新型攻击。

（3）自适应安全策略

零信任架构中的安全策略通常是基于用户身份、设备状态和访问行为等多个维度来进行动态调整。人工智能可以通过学习历史数据和环境变化，帮助零信任系统实时生成和调整安全策略。

11.3.2 自动化与智能化的安全防护

随着信息技术的迅猛发展和网络攻击手段的不断进化，传统的安全防护方法已经难以满足现代网络环境中对安全性的高要求。在这种背景下，自动化和智能化的安全防护成为新一代网络安全的关键方向。自动化安全防护指的是利用技术手段，自动化地进行安全管理和威胁响应，智能化安全防护则借助人工智能、机器学习等技术，使得安全防护不仅能够自动执行，还能根据实时数据进行智能决策与自我优化。这种智能化、自动化的防护机制能够大幅提高安全防护的效率、准确性和响应速度。其核心技术如下。

（1）机器学习与异常行为检测

智能化安全防护系统的核心之一是基于机器学习的异常行为检测。与传统的基于规则的检测方式不同，机器学习算法可以借助大量历史数据，自动学习并识别网络中的正常行为模式。一旦出现偏离正常模式的异常行为，系统将自动识别并触发警报。例如，人工智能系统能够实时监控用户的登录习惯、访问频率、设备状态等，发现异常行为时自动采取措施，如强制二次验证或暂时冻结账户。

（2）人工智能与攻击预测

借助深度学习和数据挖掘技术，人工智能技术可以对大量的网络流量数据进行分析，识别潜在的攻击模式，并对攻击进行预测。例如，人工智能技术可以分析网络流量中的微小异常，预测未来可能发生的DDoS攻击、钓鱼攻击、恶意软件传播等。通过这种预测，网络安全系统能够提前采取防范措施，减少对业务的影响。

（3）自适应安全策略

智能化防护系统能够根据不断变化的网络环境、用户行为和潜在威胁，动态调整安全策略。这种自适应能力使得安全系统能够根据实时数据自动调节访问控制、权限管理等策略，从而更好地应对不同的威胁。例如，当检测到某个设备的异常行为时，系统可以自动降低该设备的访问权限，或进行更严格的身份验证。

11.3.3 量子技术对信息安全的影响

量子技术，尤其是量子计算的快速发展，对传统的信息安全体系产生了深远影响。量子计算机的出现和应用可能使现有的加密技术面临前所未有的挑战，特别是对于当前广泛使用的公钥加密算法。量子计算利用量子比特（Qubits）和量子叠加原理，能够在极短的时间内完成传统计算机无法完成的复杂运算，进而破解传统加密算法。

（1）量子计算对区块链的影响

区块链技术依赖Hash函数和公钥加密来保障交易的安全性和匿名性。量子计算能够高效破解这些加密算法，尤其是在验证区块和生成签名时。

（2）量子计算与云计算的安全

随着云计算的普及，大量敏感数据存储在云端，这些数据的安全性直接关系到用户隐私和企业机密。量子计算的出现可能使得现有的云存储安全防护措施变得不再安全。因此，云计算服务提供商必须加紧研究量子安全技术，以应对量子计算带来的挑战。

（3）量子计算与物联网的安全

物联网设备和传感器通常使用低功耗、低计算能力的硬件，这使得它们的加密和认证功能较为薄弱。量子计算能够破解现有的加密技术，极大地威胁物联网的安全性，尤其是当物联网设备被用作网络攻击的载体时，量子计算的威胁更加严峻。

11.4 实训项目

本章介绍了信息安全的相关知识，下面通过实训项目进行安全知识的巩固和应用扩展。

11.4.1 实训项目1：扫描局域网主机

【实训目的】了解局域网扫描目的，掌握扫描的过程，读懂扫描到的参数信息。

【实训内容】

① 下载并运行扫描工具Nmap，以及网络抓包库npcap。
② 设置扫描的网段参数，启动扫描。
③ 查看扫描到的主机信息，如图11-11所示。
④ 生成当前局域网的拓扑结构。

图 11-11

11.4.2 实训项目2：使用第三方安全软件查杀病毒

【实训目的】

了解病毒查杀的原理和常见的查杀模式，掌握使用第三方安全软件查杀病毒的操作步骤。

【实训内容】

① 下载并安装第三方安全软件。
② 升级病毒库。
③ 使用快速查杀功能查杀关键位置，如图11-12所示。

图 11-12

第 12 章

人工智能基础

人工智能是当前信息技术领域的核心技术之一，正在推动社会生产力的深刻变革。目前，人工智能已经在医疗、教育、金融、交通等行业展现出巨大的潜力与价值。然而，人工智能技术的飞速发展也带来了诸多伦理、法律和社会问题，如何平衡技术进步与社会影响成为重要议题。

12.1 人工智能概述

人工智能使机器能够完成通常需要人类智能才能完成的任务，使得机器能够在不依赖传统编程指令的情况下，根据外部环境或内部数据进行自我调整和学习。近年来，随着计算能力的提升、数据量的增加以及算法的进步，人工智能的应用已在各行业得到广泛推广。

12.1.1 人工智能的定义

人工智能是计算机科学的一个分支，目标是使机器能够模拟或复制人类的思维、学习、推理、决策等能力，从而解决复杂的问题、提高效率，并为各行各业提供创新的解决方案。人工智能通常被分为狭义人工智能、通用人工智能和超级人工智能。

- **狭义人工智能（弱人工智能）：** 专注于执行特定任务的人工智能，例如语音识别助手和图像识别系统。
- **通用人工智能（强人工智能）：** 具有人类等同的智能，可以执行任何人类能够完成的智能任务。目前仍处于理论阶段。
- **超级人工智能：** 远超人类能力的智能体。尚处于假设阶段，主要为哲学和伦理学关注。

12.1.2 人工智能与其他学科的关系

人工智能是一项跨学科的技术，涉及多个学科的交叉融合，其研究和发展依赖于计算机科学、数学与统计学、神经科学、认知科学、工程学等领域的知识和技术。具体来说，人工智能与以下学科的关系尤为紧密。

（1）计算机科学

人工智能的基础架构和算法设计依赖于计算机科学的理论与技术。计算机科学提供了人工智能所需的硬件支持和软件架构。

（2）数学与统计学

数学与统计学为人工智能提供了理论基础，尤其是在算法优化、数据分析、模型评估等方面，数学工具不可或缺。概率论、线性代数、优化理论等都是人工智能研究的核心内容。

（3）神经科学

神经科学为人工智能提供了启示，尤其是在深度学习和神经网络的构建上。通过模拟大脑神经元的工作机制，人工智能在处理复杂任务时取得了显著成效。

（4）认知科学

认知科学研究人类思维和认知过程，其理论对于理解人工智能如何模拟人类智能具有重要意义。人工智能的目标之一就是复制或扩展人类的智能模式，因此，认知科学对人工智能的发展具有重要的理论指导作用。

（5）工程学

工程学为人工智能的应用提供了实际解决方案，尤其是在机器人学、智能硬件和自动化系统等方面，工程学为人工智能的应用提供了物理基础和技术支撑。

12.1.3 人工智能的工作原理

人工智能是通过数据和算法训练机器，使其能够识别模式并从数据中学习，从而实现预测和决策。人工智能的工作原理可以分为以下几个核心步骤。

（1）数据收集与预处理

收集相关领域的数据，并对数据进行清洗、标准化、去噪等处理，使其适合用于训练机器学习模型。数据是人工智能的"燃料"，人工智能通过数据识别模式和特征，训练模型。

（2）特征提取与选择

从数据中提取有用的特征，以便模型能有效地进行学习和预测。

（3）选择模型与算法

根据任务的性质选择合适的机器学习算法或模型，如分类模型、回归模型、深度神经网络等。算法是人工智能的"引擎"，为人工智能系统的决策和推理能力提供技术支撑。

（4）模型训练与优化

使用数据训练模型，调整模型参数，利用算法优化模型的性能。

（5）模型评估与应用

评估模型的效果，如准确率、召回率等指标，并将模型应用于实际场景中。

12.2 人工智能的关键技术

人工智能的快速发展依赖于多个核心技术的支撑，这些技术不仅推动了人工智能从理论研究走向实际应用，还极大地拓展了其在各行业的应用范围。其中，机器学习、深度学习与神经网络、自然语言处理、计算机视觉专家系统与知识图谱等技术被认为是人工智能领域的关键支柱。随着计算能力的提升和数据规模的扩大，人工智能技术的演进变得更加迅速。下面对人工智能的关键技术及其核心原理进行介绍。

12.2.1 机器学习

机器学习是人工智能的一个重要分支,通过让机器从数据中"学习"规律、模式,从而使机器能够在没有明确编程的情况下执行任务。它是实现人工智能的核心技术之一,广泛应用于各领域。机器学习又分为以下几种类型。

(1)监督学习(Supervised Learning)

监督学习指的是通过已有的标注数据进行学习,使模型能够预测新的数据结果。在这种学习模式下,输入数据与输出结果是已知的,模型通过对输入数据和输出标签之间的关系进行训练,学习到合适的映射关系。通过误差反向传播(如梯度下降法)来最小化模型的预测误差,逐步提高预测精度。

> **知识拓展**
>
> **监督学习的常见算法**
>
> 监督学习的常见算法有线性回归(Linear Regression)、逻辑回归(Logistic Regression)、支持向量机(SVM)、决策树(Decision Tree)、K最近邻(K-Nearest Neighbor,KNN)、神经网络(Neural Network)等。

(2)无监督学习(Unsupervised Learning)

无监督学习的任务是从没有标签的输入数据中挖掘数据的内在结构和规律,如相似性或关联性。通常用于数据的聚类、降维等任务。

> **知识拓展**
>
> **无监督学习的常见算法**
>
> 无监督学习的常见算法有K均值聚类(K-Means Clustering)、主成分分析(PCA)、自组织映射(SOM)、层次聚类(Hierarchical Clustering)等。

(3)强化学习(Reinforcement Learning)

强化学习是一种通过与环境的交互来进行学习的方式,算法通过试错和奖励机制优化行为策略,即通过奖励(正向反馈)或惩罚(负向反馈)来引导人工智能系统学习最优策略。强化学习系统的目标是最大化长期的累积奖励。

> **知识拓展**
>
> **强化学习的常见算法**
>
> 强化学习的常见算法有Q学习(Q-learning)、深度Q网络(DQN)、策略梯度方法(Policy Gradient)、Actor-Critic方法等。

(4)半监督学习与迁移学习

半监督学习介于监督学习和无监督学习之间,模型使用少量标注数据与大量未标注数据进行训练。迁移学习则是将已学到的知识从一个领域迁移到另一个相关领域,这对于数据稀缺的问题非常重要。

12.2.2 深度学习与神经网络

深度学习是机器学习的一个子集，尤其侧重于使用深层神经网络（深度神经网络）学习数据的特征和规律，能够通过层级结构提取数据的高阶特征。深度学习在图像识别、语音识别、自然语言处理等领域取得了显著成果。

（1）神经网络（Neural Network）

神经网络是深度学习的基础，其灵感来源于生物神经系统，通过模拟人脑神经元连接的数学模型来解决复杂问题。神经网络通过层级的结构，将输入信息通过不同的权重进行加权、求和，并通过激活函数进行非线性处理，最终生成输出结果。常见的类型有以下几种。

- **前馈神经网络（Feedforward Neural Network，FNN）**：最基本的神经网络结构，信息从输入层经过隐藏层到达输出层。
- **卷积神经网络（Convolutional Neural Network，CNN）**：通过卷积操作提取图像的局部特征，广泛应用于图像分类、目标检测等任务。
- **循环神经网络（Recurrent Neural Network，RNN）**：适用于序列数据处理，如自然语言处理和时间序列预测。RNN具有记忆性，可以通过时间步长传递信息。

（2）深度神经网络

深度神经网络是具有多个隐藏层的神经网络。通过增加层数，DNN能够捕捉到数据更复杂的特征和模式。其特点如下。

- 可以通过增加网络的深度学习更高阶的特征。
- 适合处理大规模数据。
- 需要大量的训练数据和计算资源。

（3）生成式对抗网络（Generative Adversarial Network，GAN）

生成式对抗网络由两部分组成：生成器和判别器。生成器的任务是生成逼真的数据，判别器的任务是区分生成的数据与真实数据。两者通过对抗训练不断提高性能，最终生成器能够生成高质量的样本数据。主要应用有图像生成、风格迁移、数据增强等。

（4）自编码器

自编码器（Autoencoder）是一种无监督学习算法，主要用于数据降维和特征学习。它通过将输入数据编码成一个低维表示，再将其解码回原始数据来进行训练。自编码器可用于图像去噪、异常检测等任务。

12.2.3 自然语言处理

自然语言处理（Natural Language Processing，NLP）和语音识别是人工智能在人机交互领域的重要技术，使机器能够理解和生成人类语言。

（1）自然语言处理

自然语言处理是人工智能的一个重要分支，旨在让计算机理解、生成和处理人类语言。自然语言处理涉及语法、语义、上下文分析等内容。其目标是让机器能够理解文本或语音中的信息，并作出合适的反应。自然语言处理广泛应用于语音识别、机器翻译、情感分析、问答系统等领域。

（2）机器翻译

机器翻译是自然语言处理的一个重要应用，旨在通过计算机系统自动翻译文本。最初，基于规则的机器翻译（如统计机器翻译）取得了一定成果，但深度学习技术的引入（如神经机器翻译）极大地提升了翻译质量。

（3）情感分析与文本分类

情感分析是自然语言处理中的一项应用，目的是识别文本中的情感倾向（如积极、消极、中立）。文本分类则是将文本分配到预定类别的过程，广泛应用于垃圾邮件过滤、新闻分类、社交媒体分析、客户反馈分析等领域。

（4）语音识别

语音识别（ASR）使计算机能够将语音转换为文本，广泛应用于语音助手、自动字幕生成、语音控制等领域。端到端语音识别模型（如DeepSpeech、Wav2Vec）大幅提升了语音识别的准确率，使其在智能音箱、车载系统和客服机器人中得到了广泛应用。

12.2.4 计算机视觉

计算机视觉旨在使计算机能够"看"并且"理解"图像和视频，通过处理图像或视频数据，识别其中的物体、场景、活动等信息，广泛应用于自动驾驶、安防监控、医学影像等领域。

（1）图像识别

图像识别是计算机视觉的一个基础任务，目的是从图像中识别出物体或场景。深度学习中的卷积神经网络（CNN）被广泛用于这一任务。图像识别依赖于大量的图像数据进行训练，通过多层卷积神经网络提取图像的特征，并分类或标注目标物体。主要应用包括人脸识别、物体检测、交通监控、医学影像分析等。

（2）目标检测与实例分割

目标检测不仅要识别图像中的物体，还需要标出物体的具体位置。实例分割则是对图像中的每个像素进行分类，精确地确定物体的边界。常用技术包括YOLO（You Only Look Once）、Faster R-CNN、Mask R-CNN等。

（3）图像生成与风格迁移

图像生成是通过模型生成新的图像，风格迁移是将一种图像的艺术风格应用到另一张图像上。主要应用包括艺术创作、虚拟现实、游戏开发等。

12.2.5 专家系统与知识图谱

专家系统旨在模拟领域专家的决策过程，通常包含一个规则库和推理引擎。专家系统利用大量的领域知识和规则，通过逻辑推理来解决复杂问题。知识图谱则是通过图的形式表示实体及其之间的关系，是人工智能系统的知识基础。

专家系统由两个主要部分组成：知识库和推理引擎。知识库用来存储专家的知识和规则；推理引擎是基于规则库对输入进行推理，得出结论。

知识图谱通过图结构组织和表示知识，图中的节点代表实体，边代表实体之间的关系。它是人工智能的一项基础技术，用于增强人工智能系统的推理能力和知识理解能力。主要应用包括搜索引擎、推荐系统、智能问答等。

12.3 人工智能的挑战与未来发展

人工智能在给社会带来便利的同时，也面临着一系列挑战。这些挑战不仅仅是技术层面的，也包括伦理、法律、社会影响等方面。随着人工智能的不断发展，需要审视它带来的潜在问题，并探讨未来可能的突破方向。

12.3.1 人工智能的伦理与法律问题

随着人工智能技术的广泛应用，伦理与法律问题变得愈发突出。人工智能系统在决策、判断以及执行任务时，往往涉及复杂的伦理问题，尤其在涉及人类安全、隐私、权利等方面时。

（1）人工智能决策的透明度

许多系统，尤其是深度学习模型，由于其"黑箱"性质，往往很难解释其决策过程。这使得在某些场合，例如自动驾驶或医疗诊断时，人工智能的判断可能没有足够的透明度，难以追责，甚至可能引发伦理争议。

（2）隐私保护与数据安全

人工智能系统需要大量数据进行训练，其中涉及用户的隐私信息。如何平衡数据的有效利用与个人隐私的保护，成为当今社会关注的重点。例如，人工智能在个性化推荐、健康监测等领域的广泛应用可能会泄露用户的个人数据。

（3）算法偏见与歧视

人工智能模型是基于历史数据训练的，然而历史数据本身可能存在偏见，这可能导致人工智能在实际应用中出现歧视性决策。例如，招聘系统中可能存在性别、种族的偏见，导致某些群体被不公正地排除。

（4）应对策略

要解决人工智能带来的伦理与社会挑战，需要从政策、技术和社会多方面入手，如建立针对人工智能的伦理与法律框架，明确隐私保护、算法公平性和责任划分等方面的标准。推动可解释性人工智能的研究，提升算法的透明性和可信性，减少偏见和歧视的风险。通过公众教育和参与，让人们了解人工智能的风险与优势，增强公众对技术的理解和监督能力。在国际层面促进人工智能伦理规范的协同制定，共同应对技术的跨国性问题。

> **知识拓展**
>
> **面向未来的伦理导向**
>
> 未来，人工智能的伦理发展需要优先考虑用户隐私和安全，将技术发展的方向与人类福祉结合。确保人工智能技术的普惠性，避免技术鸿沟扩大，减少弱势群体受到的负面影响。随着人工智能技术的快速演变，伦理和法律规范需要灵活调整，以适应新兴技术和应用场景。

12.3.2 算力与数据资源的限制

尽管人工智能在各领域取得了显著进展，但其发展依赖于强大的计算能力和海量数据资源。算力和数据资源的限制仍然是当前人工智能技术面临的关键问题。

(1) 高算力需求

许多人工智能应用，尤其是深度学习，要求计算机具备强大的算力。这不仅对硬件提出了很高的要求，还使得能源消耗问题日益严峻。随着人工智能模型越来越复杂，训练这些模型所需的计算资源成倍增长。

(2) 数据的质量与可得性

人工智能技术的有效性依赖于大量的高质量数据。然而，数据的获取和标注是一个复杂且昂贵的过程，且许多领域的数据难以获取或质量较差。例如，医学数据可能因为隐私问题而无法充分共享，限制了人工智能在该领域的应用。

(3) 可持续发展问题

由于人工智能的资源消耗巨大，尤其是训练大规模深度学习模型时，面临着如何使人工智能技术更节能、环保的挑战，如怎样平衡算力需求和环境影响。

12.3.3 人工智能的社会影响与就业问题

人工智能的广泛应用，尤其是在自动化生产和服务领域，可能对社会产生深远影响。随着越来越多的任务被机器取代，人工智能可能会带来社会结构的变化和劳动力市场的重新调整。

(1) 自动化与就业取代

人工智能技术，尤其是自动化技术，将大量重复性劳动和低技能工作的任务交给机器人处理。这可能导致某些职业的消失，尤其是在制造业、物流、客服等领域。虽然新的工作形式可能会出现，但转型过程中可能导致大规模的失业。

(2) 技能差距与教育需求

随着人工智能在各行业的渗透，传统的职业技能可能不再适应新的需求。面对技术的变化，教育体系需要进行调整，培养具备人工智能相关技能的劳动力，帮助劳动者进行职业转型。

(3) 资源分配

人工智能的发展可能会加剧社会不平等现象，尤其是在技术和资源分配上。部分国家、企业和个人可能因无法及时接受新技术而陷入困境。因此，如何促进技术普及和公平分配成为亟待解决的问题。

12.3.4 人机协作与通用人工智能的发展

未来，人工智能不仅替代人类完成任务，更将成为人类的合作伙伴。人机协作的模式正在逐步发展，尤其是在某些复杂任务中，人工智能可以与人类互补，提升工作效率。

(1) 人机协作

人机协作的目标是利用人工智能的计算能力和人类的创造性、判断力共同完成任务。例如，在医疗诊断中，人工智能可以辅助医生分析影像数据，医生利用其临床经验作出最终的诊断决定。

(2)通用人工智能

通用人工智能指的是能够在所有任务上表现出与人类相似智能的人工智能。当前的人工智能主要集中于特定领域的应用，能够在某些任务上超越人类，但通用人工智能的实现仍然是未来的长期目标。实现通用人工智能将使得人工智能不仅仅是专业工具，而是具备独立思考和适应能力的"全能助手"。

(3)增强人类智能

未来的人工智能将不仅局限于替代人类的劳动，更多的是与人类智能的相互补充。通过人工智能技术，人类的能力将得到增强，例如脑机接口技术的应用可能使人类的思维能力与计算机更为紧密结合，创造出全新的认知方式。

12.3.5 人工智能与其他技术的融合趋势

人工智能作为当今最具颠覆性的技术之一，其潜力远不止于单一领域的突破。随着信息技术的不断发展，人工智能正在与其他新兴技术深度融合，如大数据、云计算、物联网（IoT）、区块链、量子计算等。这种技术交叉的趋势不仅为各行业带来创新驱动，还显著提升了各技术领域的应用效率与智能化水平。

(1)人工智能与大数据

人工智能与大数据的结合被视为技术发展的核心动力。大数据提供了人工智能训练模型所需的海量数据，人工智能则通过分析这些数据来提取出有用的信息和模式。人工智能算法的快速处理能力，使大数据分析更加高效和精准，从而支持实时决策。人工智能与大数据结合的应用覆盖了精准医疗、个性化推荐、智能交通等领域。

(2)人工智能与物联网

物联网设备的普及为人工智能提供了丰富的数据来源，两者结合正在推动万物智能互联的实现。通过人工智能分析物联网设备生成的数据，可以实现对环境和设备状态的实时感知与预测维护。人工智能赋予物联网设备自适应和学习能力，例如智能家居系统根据用户习惯自动调整设备参数。在智慧城市、工业4.0等领域，人工智能+物联网正在推动基础设施智能化和生产力提升。

(3)人工智能与云计算

云计算提供了人工智能所需的计算能力和存储资源，两者结合让人工智能的开发和部署更加便捷。通过云计算的按需分配特性，开发者可以在云端快速部署人工智能模型和算法。人工智能结合边缘计算技术，使数据处理更贴近数据源头，提升实时响应能力。云服务降低了人工智能开发和应用的门槛，让更多企业和开发者能够参与到人工智能技术创新中。

(4)人工智能与区块链

区块链与人工智能的结合正在解决传统数据管理中的诸多问题。区块链的去中心化和加密特性为人工智能数据处理提供了更高的安全性。区块链保证了数据的真实性和完整性，提升了人工智能分析结果的可信度。人工智能赋予区块链智能合约更高效的自动化能力，应用于金融交易和供应链管理等领域。

（5）人工智能与量子计算

量子计算的强大并行计算能力有望解决人工智能面临的计算瓶颈。量子计算能够极大提升复杂人工智能模型的训练速度，加速机器学习与深度学习的研究进展。人工智能结合量子算法可在优化问题（如路径规划、资源分配）上提供更高效的解决方案。量子计算为人工智能的数据加密和传输提供了更高级别的安全保障。

（6）人工智能与5G通信技术

人工智能与5G技术的结合为万物互联和超低延迟的通信提供了技术支撑。人工智能被用于5G网络的智能化管理，如频谱分配和网络流量优化。结合人工智能的5G网络使自动驾驶和远程医疗能够实现低延迟的实时决策。5G设备内置人工智能芯片，可实现更强大的边缘计算能力。

（7）人工智能与安全技术

人工智能在公共安全和网络安全领域的作用日益显著。人工智能通过异常行为分析发现潜在的安全威胁。人工智能被用于预测犯罪热点区域，优化警力部署。人工智能支持网络入侵检测和攻击响应的自动化实施。

12.4 实训项目

日常生活和学习中，有很多地方可以用到人工智能，下面通过练习了解人工智能的实际应用案例。

12.4.1 实训项目1：使用人工智能生成摇奖程序

【实训目的】掌握 Python 环境的搭建、使用人工智能生成脚本的过程以及如何执行 Python 脚本。

【实训内容】

① 从官网中下载并安装Python。

② 打开DeepSeek，生成所需的Python脚本。

③ 将Python脚本内容复制到文本文档中并改名。

④ 使用Python命令执行该脚本，如图12-1所示。

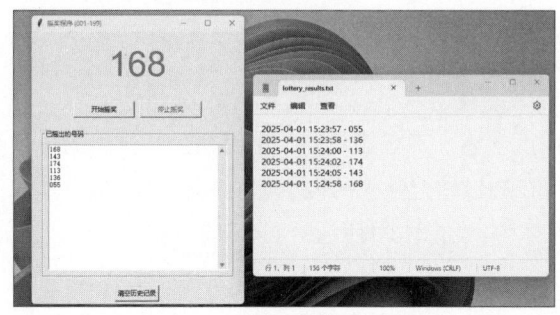

图 12-1

12.4.2 实训项目2：通过浏览器插件使用人工智能

【实训目的】了解多种人工智能的使用方法、掌握浏览器插件的安装，以及通过浏览器插件使用人工智能。

【实训内容】

① 进入Microsoft Edge扩展中心。

② 搜索并安装"豆包，浏览器人工智能助手"插件。

③ 启动并使用插件，如图12-2所示。

图 12-2

第13章

人工智能的应用

随着人工智能技术的普及，人工智能生成技术（AIGC）已经逐步渗透到各行业，改变了人们的日常工作方式。本章将简单介绍AIGC技术在办公方面的基础应用，包括办公文案生成、图片设计和处理、音视频创作等。

13.1 主流AIGC工具

国内较为优秀的AIGC工具有很多，例如DeepSeek、文心一言、智谱清言、讯飞星火等。与国外主流工具相比，国内工具更符合我们的语言习惯和理解方式，生成的内容更加贴近实际需求。

1. DeepSeek

DeepSeek是由杭州深度求索人工智能基础技术研究公司推出的一款专注于深度搜索和内容生成的人工智能工具，旨在通过结合强大的搜索能力和生成式AI技术，为用户提供更精准、高效的信息获取和内容创作体验，如图13-1所示。

2. 文心一言

文心一言是百度公司推出的一款基于人工智能技术的自然语言处理工具，能够高效地理解和处理文本数据，提升语言任务的性能。它是百度公司在多模态、跨领域以及知识增强领域的领先产品，如图13-2所示。

图 13-1

图 13-2

3. 智谱清言

智谱清言大模型是由智谱AI团队开发的中英双语对话模型，基于GLM大模型架构，旨在提供高效、通用的"模型即服务"AI开发新范式。它在中文问答和对话方面经过了深度优化，能够生成文本、翻译不同语言、编写不同风格的创意内容，并能回答用户的各种问题，如图13-3所示。

4. 讯飞星火

讯飞星火大模型是由科大讯飞公司推出的新一代认知智能大模型。它能够与用户进行自然的对话互动,并在对话中提供内容生成、语言理解、知识问答、推理和数学能力等方面的服务,如图13-4所示。

图 13-3

图 13-4

以上是几个较为常用的语言处理类AIGC工具,主要用于生成办公文案、数据处理分析、制作PPT文稿等。除此之外,还有一些专业领域的AIGC工具也很好用。例如,图形图像设计工具有即梦AI(图13-5)、豆包AI等;短视频创作工具有可灵AI(图13-6)、腾讯混元AI视频等;3D模型生成工具有Tripo、腾讯混元3D等。

图 13-5

图 13-6

13.2 与AIGC高效沟通

想让AIGC生成符合要求的内容,提示词的设计是关键。精准有效的提示词能引导AI生成高质量的内容。想学会使用AIGC工具,先要了解提示词的设计方法。

13.2.1 提示词类型

提示词是引导AI生成内容的文字描述,是用户与AI之间的沟通桥梁。其核心作用是向AI提供明确的指令或问题,让AI了解它要回答什么或做什么。提示词不同,生成的内容也不同。根据应用场景和目标,提示词大致可以分为以下几种类型。

1. 指令型

指令型提示词明确告诉AI要执行的具体任务,例如撰写、总结、翻译、生成代码等。这类提示词通常以"请""生成""撰写"等动词开头,确保AI按照指定任务输出。例如,请用简洁的语言总结《三体》的主要剧情,控制在300字以内。

2. 开放型

开放型提示词较为宽泛,允许AI自由发挥,通常适用于创意写作、故事生成、观点探讨等

263

任务。开放型提示词的结果可能会更加丰富,但由于缺乏具体限制,AI的输出可能不完全符合预期。例如,请写一个关于"时间旅行"的短篇故事。

这类提示词能激发AI的创造力。如果目标明确,可以通过增加细节来引导AI生成更符合需求的内容。

3. 约束型

约束型提示词会给AI设定条件、限制或格式,使生成的内容更符合预期,例如字数限制、写作风格、信息重点等。例如,用正式的商务邮件格式写一封求职信,申请数据分析师职位。这类提示词能够更好地把控AI输出的内容。

4. 角色扮演型

角色扮演型提示词是让AI扮演某个角色,从该角色的视角进行对话或写作。这类提示词在对话生成、虚拟助手、AI客服等应用场景中十分常见。这种方式可以让AI的输出更加符合特定领域的专业表达或特定人物的风格。例如,假设你是《哈利·波特》中的邓布利多,请给哈利·波特一些人生建议。

5. 示例引导型

示例引导型提示词通过提供示例,让机器学习并模仿特定的写作风格、格式或类型,以提高AI生成的准确性,适用于结构化内容创作。例如,"这款耳机采用主动降噪技术,支持蓝牙5.0,续航长达30小时,适合长途旅行使用。"请按照同样的风格写一段智能手表的介绍。

实际应用中,用户可以结合多种提示词类型,不断调整和优化,以获得更符合需求的内容输出。

13.2.2 提示词优化方法

要通过AIGC获得更贴合实际的内容,提示词设计应遵循以下几项原则。

- **目标明确清晰**:提示词应避免模糊不清,确保AI准确理解用户意图。
- **提供上下文信息**:AI生成内容时会依赖提供的信息,补充上下文信息可以帮助AI更好地理解问题,并生成符合情境的内容。
- **复杂问题分步引导**:处理相对复杂的任务时,需进行多轮对话,将复杂任务分解为多条提示词分步完成。
- **避免有歧义的提示词**:有歧义的提示词容易让AI解读为多种不同的含义。用户需要通过明确的用词、补充必要的背景信息和限定条件,确保提示词具有单一性,避免提示词出现偏见和幻觉引导,保证生成的内容客观且真实可靠。

有了初始提示词后,AIGC生成的内容可能不会完全符合预期,这就需要对提示词进行优化,以便生成高质量的内容。

1. 细化提问边界

初始词过于笼统会导致生成的内容偏离预期。用户可通过补充细节、限定范围或明确格式来减少模糊性。常用于生成特定主题、风格或格式的内容场合。

初始提示词：请撰写一篇关于海洋环保的文章。

优化提示词：以"塑料污染对海洋生态的影响"为主题，用通俗易懂的语言写一篇800字的科普文章，包含数据案例和解决方案，适合中学生阅读。

2. 加入示例引导

提供具体的参考模板或示例有助于AI更准确地理解任务目标，生成的内容更贴合需求。用户可在提示词中加入类似的示例，引导生成具有相同结构或风格的文章内容。

初始提示词：请帮我写一份云南旅游攻略。

优化提示词：请按照以下结构写一份云南旅游攻略。

- 行程安排：7天自驾路线，含昆明、大理、丽江。
- 必吃美食：列出5种当地特色菜和推荐餐馆。
- 注意事项：高原反应、自驾路况等。
- 费用预算：住宿、餐饮、景点门票等。

3. 分阶段迭代优化

通过分阶段生成和优化，逐步细化内容，减少一次性生成的偏差。适用于需要复杂或多层次内容时，如长篇故事、研究报告等。

初始提示词：请写一篇关于未来城市生活的科幻短篇小说。

第一轮优化：请写一篇发生在2050年的科幻短篇小说。描述一座高度智能化的未来城市，主角是一位年轻的科学家，他在探索城市中的一项新技术时遇到了挑战。

第二轮优化：请写一篇发生在2050年的科幻短篇小说，故事背景是一座高度智能化的未来城市"新亚特兰蒂斯"。主角是一位名叫艾丽的年轻女科学家，她对城市中一项名为"神经链接网络"的新技术充满好奇。艾丽在探索这项技术的过程中，意外发现了一个可能导致整个城市陷入危机的安全漏洞，她必须在有限的时间内找到解决方案，同时面对来自技术巨头和政府机构的压力。

4. 反问式提示

通过挖掘方向思维，从非传统角度切入，启发机器深入分析，生成更有深度的内容。适用于需要分析性或思考性的内容，如影评、研究报告等。

初始提示词：写一篇关于《哪吒之魔童闹海》的影评。

优化提示词：如要让读者理解《哪吒之魔童闹海》的争议性，影评中应重点分析哪些方面？

> **动手练** 生成朋友圈文案

周末去户外爬山，在山顶看着远处的风景，顿时感觉轻松、愉快，所有烦恼都烟消云散，想用朋友圈来记录此时此刻的心情。

提示词：以"周末爬山"为主题，生成一段用于发布朋友圈的文案。以抒发轻松快乐、烦恼消失的心情。

内容生成如下。

周末逃离城市的喧嚣，背上行囊去爬山。
一路向上，山风轻拂，阳光洒在脸上，所有的烦恼仿佛都被风吹散了。
站在山顶，俯瞰脚下的风景，心中只剩下宁静与快乐。
生活就该这样，偶尔放空自己，回归自然，找回最简单的快乐。

13.3 多元化办公应用

在日常办公领域，AIGC已展现出了巨大的潜力，它凭借自动生成文本、深度数据分析及一键生成PPT等技术，承担了那些耗时的、重复性、机械性工作，使办公人员能够将时间和精力集中于核心任务上，提升了工作效率。

13.3.1 办公文案写作

先进的人工智能技术能在短时间内快速生成大量文案，并根据需求提供多样化的创作风格和思路，同时利用算法和数据分析挖掘创意灵感，生成前所未有的创意内容，为文案创作者提供精准、创新的灵感方向和优化建议。

1. 根据主题生成文案

凭借卓越的自然语言处理技术，AIGC能够迅速产出条理清晰、内容丰富的文章。此外，还能根据用户的特定需求进行个性化调整，提供多种写作风格和格式选项，内置的自动错误检查和优化功能确保了文章的高质量，以及在各种应用场景下的适用性。

例如，要生成一份艺术节活动策划案，以DeepSeek工具为例，只需在文本框中输入本次策划案的主题和要求等信息，如图13-7所示，单击"发送"按钮 ⬆，稍等片刻即可生成与之相对应的内容。

2. 文案润色与续写

自然语言处理技术能够基于用户提供的初始内容或主题，进行内容的润色、延伸和拓展操作。以讯飞星火工具为例，在文本框中输入需要润色的内容，单击"文本润色"按钮，在展开的菜单中选择要生成的类型、风格以及修辞手法，单击"发送"按钮。系统随即根据选择的项目自动生成提示词，并返回润色结果，如图13-8所示。

如果需要对文章进行续写，那么可将所需文档上传至平台，并在文本框中输入"续写内容"，单击"发送"按钮。系统会快速读取该文档，并生成相应的续写内容，如图13-9所示。

图13-7

图13-8 　　　　　　　　图13-9

3. 多语种在线翻译

AI在线翻译是基于人工智能技术实现的一种智能语言翻译服务。这种技术使计算机能够理解和转换不同语言之间的语义和语法，从而实现实时、准确、高效的翻译。大多数AIGC工具都具备语言翻译功能。以讯飞星火工具为例，在文本框中输入内容后，单击"中英翻译"按钮，并设置翻译语言类型即可，如图13-10所示。

图 13-10

13.3.2 表格数据精准分析

相较于传统数据分析方法，AIGC展现了更高的灵活性和智能化。它能高效处理大规模数据，自动识别并修正异常值，还能迅速生成可视化图表和报告。这一技术不仅提升了数据分析的效率，也为非技术背景的用户进行数据分析提供了极大便利。

以智谱清言工具为例，切换到"数据分析"模式。将数据表上传至平台，并在文本框中输入分析的具体要求，单击"发送"按钮，稍后系统会对数据文件进行分析，并返回分析结果，如图13-11所示。

图 13-11

动手练 一键生成语文课件

WPS AI软件能够实现一键生成幻灯片，这个功能可以让用户轻松创建演示文稿。只需输入幻灯片主题或上传现有文档，系统便能自动生成包含详细大纲及完整内容的演示文稿，从而显著提升制作演示文稿的效率与质量。下面以生成《荷塘月色》教学课件为例介绍具体操作。

步骤01 发送主题。新建WPS演示文稿，在功能区中单击"WPS AI"按钮，打开"WPS AI"窗口，输入"《荷塘月色》教学课件"提示词，单击"生成大纲"按钮，如图13-12所示。

图 13-12

步骤02 生成PPT大纲。系统随即生成相应主题的PPT大纲，单击"生成幻灯片"按钮，如图13-13所示。

步骤03 选择模板，创建PPT。选择一个合适的幻灯片模板，单击"创建幻灯片"按钮，如图13-14所示。

步骤04 生成PPT。WPS AI随即自动生成一份《荷塘月色》教学课件，如图13-15所示。

图 13-13

图 13-14

图 13-15

13.4 图片智能处理

目前，AI绘画已成为图像生成和处理的重要工具，它不仅重新定义了设计师的创作方式和思维模式，更为设计师提供了前所未有的多样化和个性化的艺术作品与图像处理体验。

13.4.1 文生图

文生图即由文本生成图像，即通过文字描述生成图像的技术。用户可以通过输入一段描述性的文本，例如一个场景、一个人物或物体的描述，然后AIGC算法会根据这段文本生成一张与之匹配的图像。这一技术利用深度学习和人工智能算法，将用户输入的文本信息转化为视觉图像，广泛应用于艺术创作、广告设计、游戏开发等领域。

以即梦AI工具为例，进入"图片生成"界面，在文本框中输入提示词，单击"立即生成"按钮，系统会根据提示词内容自动生成创意图像，如图13-16所示。单击生成的任意一张图像，可将其放大预览。

图 13-16

13.4.2 图生图

图生图是指通过输入一幅图像生成另一幅图像的技术。这一技术在计算机视觉和深度学习领域中得到了广泛应用，主要用于图像转换、风格迁移、图像修复等任务。图生图技术的核心在于利用深度学习模型，特别是生成对抗网络和条件生成模型来实现图像之间的转换。

以即梦AI工具为例，在"图片生成"界面单击"导入参考图"按钮，将参考图上传至平台，并设置参考的图片维度，单击"保存"按钮，如图13-17所示。在文本框中输入生成要求提示词，单击"立即生成"按钮，稍等片刻即可生成相应的图片效果，如图13-18所示。

图 13-17

图 13-18

动手练 抠取图片中的沙发

图像的抠取是AI图像处理技术中的一项关键功能，它旨在从原始图像中精确分离出目标对象或特定区域。下面利用豆包AI工具进行图片抠取操作。

步骤01 上传图像。在豆包AI的"图像生成"界面单击"AI抠图"按钮，上传参考图，如图13-19所示。

步骤02 抠除背景。单击"抠出主体"按钮，系统将对图像进行处理，如图13-20所示。

图 13-19

图 13-20

步骤03 查看效果。系统处理完成后，单击可放大预览抠取效果，如图13-21所示。

知识拓展
智能合成技术

图片抠取后，用户可单击"智能编辑"按钮，在文本框中输入图片合成提示词，如"将沙发融入一个现代简约风格的家居场景中"。单击"发送"按钮，稍等片刻系统会根据要求生成相应的图像。

图 13-21

13.5 音视频高效创作

AIGC技术除了能够生成文档、图片外，还可以根据要求生成音频和视频内容，极大地提升影音内容创作的效率和质量，降低了制作成本，为音视频创作带来了前所未有的便利。

13.5.1 生成配音与配乐

配音合成是指通过人工智能技术生成自然、流畅的语音输出。常用于有声书、播客、游戏角色对话、智能助手（小度、小爱）互动领域。AI配音合成工具也很多，例如魔音工坊、讯飞智作、剪映、TTSMAKER等。

以TTSMAKER在线配音工具为例，用户只需在文本框中输入配音内容，并在右侧列表中选择主播音色，输入验证码后，单击"开始转换"按钮，如图13-22所示。单击"播放"按钮可试听转换的语音内容，如图13-23所示。单击"下载文件到本地"按钮可下载该语音文件。

图 13-22 　　　　　　　图 13-23

AIGC技术在配乐生成方面的应用也越来越广泛。该技术可帮助音乐爱好者快速生成各种风格的歌曲、旋律、和声和节奏。目前，国内的AI音乐生成工具有很多，例如天工AI、海绵音乐、网易天音等。

以海绵音乐为例，进入"创作"界面，用户可选择"灵感创作"和"自定义创作"两种生成方式。其中，"灵感创作"模式可根据用户要求输入一句话或音乐主题，自动生成一段音乐；"自定义创作"模式可根据提供的歌词，或一键生成的歌词，以及设定的曲风、音色等选项进行定制化创作。

在"输入灵感"文本框中输入创作提示词，如图13-24所示，单击"生成音乐"按钮。稍等片刻，系统会自动生成三段音频供用户选择，如图13-25所示。单击音频播放按钮可进行试听。单击音乐右侧的分享按钮可将该音乐进行分享。

图 13-24 　　　　　　　图 13-25

13.5.2 文生视频

文生视频是根据用户提供的文字指令和各种参数生成高质量的视频。用户只需输入一段描述文字，再选择模型和视频比例，等待数秒后即可生成视频。

以可灵AI为例，进入"AI视频"创作界面。切换到"文生视频"选项卡，在"创意描述"文本框中输入提示词，并设置生成模式、时长、视频比例等参数，以及不希望在视频中呈现出的内容提示词，单击"立即生成"按钮，如图13-26所示。稍等片刻生成的视频会以缩览效果呈现出来，双击可放大显示，如图13-27所示。

图 13-26　　　　图 13-27

13.5.3 智能数字人播报

数字人是运用人工智能技术和计算机图形学创造出来的，能够模拟人类外貌、动作、表情并进行自然语言交互的高度逼真虚拟人物，广泛应用于娱乐、教育、客户服务、虚拟现实体验、社交媒体、广告营销等领域，为用户带来更加沉浸式和个性化的交互体验。常用的数字人工具有剪映、腾讯智影等。

以腾讯智影工具为例，进入"数字人播报"界面，选择"模板"选项卡，并选择一个数字人模板，单击"应用"按钮，即可应用该模板。在页面右侧选择"播报内容"选项，在文本框中输入播报提示词，单击"创作文案"按钮即可自动生成文案，如图13-28所示。

图 13-28

文案生成后，用户可选择播报人的音色。单击默认的音色按钮，在打开的"选择音色"对话框中选择一个合适的音色，单击"确认"按钮即可应用该音色，如图13-29所示。最后，在

"播报内容"底部单击"保存并生成播报"按钮,即可生成播报。

图 13-29

动手练 海边写真视频片段

可灵AI能够根据上传的图片内容和提示词生成一段视频,该功能极大地降低了专业视频的创作成本与门槛,为用户提供丰富的创作灵感与可能。下面利用可灵AI中的AI图片和AI视频功能创作人物写真视频。

步骤01 输入提示词。打开可灵AI界面,单击"AI图片"按钮,进入"AI图片"界面,选择图片模型为"可图1.0",在"创意描述"文本框中输入提示词,如图13-30所示。

提示词:情侣在海边的合影,青春和朝气,站立的姿势,摄影构图。

步骤02 设置图片比例。设置图片比例为2∶3,"生成数量"使用默认的"4张",单击"立即生成"按钮,如图13-31所示。

图 13-30 　　　　　图 13-31

步骤03 生成图片。系统随即根据提示词生成4张图片,效果如图13-32所示。

图 13-32

步骤 04 执行"生成视频"命令。从生成的图片中选择一张满意的图片，将光标移动到该图片上方，单击"生成视频"按钮，如图13-33所示。

步骤 05 输入创意描述提示词。切换至"AI视频"面板，所选图片默认为"首帧图"，在"图片创意描述"文本框中输入提示词，如图13-34所示

步骤 06 设置参数。设置生成模式、生成时长等参数，在"不希望呈现的内容"文本框中输入提示词，单击"立即生成"按钮，如图13-35所示。

图 13-33　　　　　　　　图 13-34　　　　　　　　图 13-35

步骤 07 预览视频。稍作等待，即可根据图片和描述提示词生成视频，视频效果如图13-36所示。

图 13-36

13.6 实训项目

本章主要介绍了AIGC技术在办公、图像设计、短视频创作等领域中的应用。下面通过两个实训练习对所学知识进行巩固和消化。

13.6.1 实训项目1：为装饰瓶更换背景

【实训目的】通过练习，掌握AIGC图像抠取和背景合成技能，效果如图13-37所示。

图 13-37

【实训内容】

利用AIGC（豆包AI）的"AI抠取"工具抠取装饰瓶主体，然后利用"智能编辑"工具，通过设计提示词，将其融入其他背景中。

13.6.2 实训项目2：制作手机产品渲染动画

【实训目的】通过练习，掌握AIGC文生视频技能，效果如图13-38所示。

【实训内容】

利用AIGC（可灵AI）工具的"文生视频"功能输入提示词，并设置视频比例、运镜方式、运镜参数，以及不希望呈现的内容等，单击"立即生成"按钮即可。

图 13-38